引汉济渭工程环境风险分析与管理

靳李平　著

科 学 出 版 社

北　京

内 容 简 介

本书系统论述引汉济渭工程在建设期以及运行期的环境风险分析与管理，从引汉济渭整个工程所引起的水环境风险、生态环境风险、地质灾害风险以及公众健康风险方面对建设期、运行期的风险逐项分析评价，提出预防风险的对策和措施。全书分为两大部分，第一部分（第1、2章）主要介绍环境风险理论基础及评价管理体系，第二部分（第3～8章）对引汉济渭工程建设期和运行期的环境风险进行分析与评价，并提出相应的控制对策。

本书可为水利水电工程建设环境风险控制提供理论依据和决策参考，也可以作为高等院校环境风险管理、水利水电工程建设与管理等相关课程的教材，以及环境风险管理相关领域研究人员的参考书籍。

图书在版编目（CIP）数据

引汉济渭工程环境风险分析与管理/靳李平著. —北京：科学出版社，2016.6

ISBN 978-7-03-049229-6

Ⅰ. ①引… Ⅱ. ①靳… Ⅲ. ①水利工程-工程施工-环境管理-研究-陕西省 Ⅳ. ①X83

中国版本图书馆 CIP 数据核字（2016）第 147121 号

责任编辑：祝 洁 乔丽维/责任校对：李 影

责任印制：肖 兴/封面设计：红叶图文

科 学 出 版 社 出版

北京东黄城根北街16号

邮政编码：100717

http://www.sciencep.com

新科印刷有限公司 印刷

科学出版社发行 各地新华书店经销

*

2016年6月第 一 版 开本：720×1000 1/16

2016年6月第一次印刷 印张：17 1/2

字数：350 000

定价：95.00 元

前　言

随着社会经济的发展，为解决水资源分配不均和能源不足的制约因素，近年来我国兴修了众多大型水利水电工程和跨流域调水工程。水利水电工程建设涉及因素众多，投资大、周期长，在工程建设期和运行期，上下游地质地貌和生态环境都不可避免地会发生改变，由此而带来的环境风险尤其值得人们重视。从全国工程实践来看，由于事先没有充分进行环境风险评估和环境风险分析，在工程建设期和建成后突发环境事故时有发生，使国家经济遭受巨大损失，同时也带来诸多社会不稳定的因素。

引汉济渭工程是陕西省着眼发展大局，解决水资源瓶颈制约的全局性、基础性、公益性和战略性水利项目，对实现全省水资源优化配置，统筹解决关中、陕北地区发展用水问题，促进陕南地区发展循环经济，综合治理渭河水生态环境，实现区域协调和可持续发展具有十分重要的作用。该工程通过黄金峡水利枢纽、秦岭输水隧洞和三河口水利枢纽的建设，将秦岭山以南的汉江水调入秦岭以北渭河流域的陕西关中地区，主要解决西安、宝鸡、咸阳、渭南、杨凌等城市生活和经济发展用水问题。工程静态总投资 191 亿元，建设总工期 78 个月，按照一次规划建设、调水规模分期达到的方案实施，2020 年将调水 10 亿 m^3，2030 年达到最终调水 15 亿 m^3。工程建设范围涉及汉江上游、秦岭山脉，穿越国家动植物自然保护区，工程的建设和运行对当地环境影响较大。因此，分析、研究引汉济渭工程建设和运行潜在的环境风险对工程建设过程的环境管理，以及建设一个绿色、生态、民生工程具有十分重要的意义。

本书以引汉济渭工程为研究对象，旨在：

(1) 通过分析工程涉及区域的水环境、大气环境、声环境、生态环境和社会环境现状，结合工程性质和运行特点，客观科学地预测和评价工程建设和运行期可能存在的风险，提出预防风险的对策和措施。

(2) 为工程建设和运行过程中的环境管理、环境监理、环境监测和环境保护提供依据，实现引汉济渭工程建设与环境的协调和可持续发展。

(3) 通过对该工程环境风险的分析、预防措施的研究，唤起决策者和建设者对水利水电工程建设期、运行期环境风险的认识，高度重视工程建设期、运行期环境保护的管理和投入。

全书分为两大部分，第一部分是环境风险理论基础及评价管理体系，第二部分是关于引汉济渭工程就其水源区、输水沿线、受水区三大部分的环境风险识别与分析，并提出相应的环境风险控制策略与环境管理措施，从而减少该工程在建设期、运行期的环境风险，降低环境风险带来的损失。

全书由 8 章构成，其中第 1～4 章由陕西省引汉济渭工程协调领导小组办公室靳李平撰写并整理，第 5 章由西安建筑科技大学王丹整理，第 6 章由陕西省水利电力勘测设计研究院靳楠整理，第 7 章由西安建筑科技大学蒋丹丹整理，第 8 章由陕西省引汉济渭工程协调领导小组办公室江滔整理。全书由西安建筑科技大学金鹏康教授审核。

由于本书涉及的项目研究时间长、资料繁杂，作者对该项目的环境风险管理的认知水平有限，书中难免有不足之处，恳请广大读者批评指正。

目　录

第1章　环境风险管理理论基础

1.1　风险与环境风险

1.1.1　风险

学术界对风险的内涵没有统一的定义，由于对风险的理解和认识程度不同，或对风险的研究角度不同，不同的学者对风险概念有着不同的解释，但总体上可以归纳为以下几种代表性观点。

1）事件结果发生的不确定性表征

人们在从事某种活动或做出某种决策的过程中，由于考虑的角度不同，将会导致事件结果具有不确定性，使得事件存在发生或不发生的可能。针对这一现象，很多学者提出了各自的理论。

Mowbray 等（1995）称风险为不确定性；Williams 和 Heins（1985）将风险定义为在给定的条件和某一特定的时期，未来结果的变动；March 和 Shapira（1992，1987）认为风险是事物可能结果的不确定性，可由收益分布的方差测度；Bromley（1991）认为风险是公司收入流的不确定性。

Markowitz（1952）将证券投资的风险定义为该证券资产的各种可能收益率的变动程度，并用收益率的方差来度量证券投资的风险，通过量化风险的概念改变了投资大众对风险的认识。由于方差计算的方便性，风险的这种定义在实际中得到了广泛的应用。

2）损失发生的不确定性表征

风险的基本含义是损失的不确定性，是生产目的与劳动成果之间的不确定性，其受到了很多学者的认同。例如，Rosenbloom（1972）将风险定义为损失的不确定性；Crane（1984）指出“Risk means uncertainty of loss”，认为风险意味着未来损失的不确定性；Ruefli 等将风险定义为不利事件或事件集合发生的机会。这些含义既强调了风险表现为收益不确定性，又强调了风险为成本或代价的不确定性。若风险表现为收益或者代价的不确定性，说明风险产生的结果可能带来损失、获利或既无损失也无获利，属于广义风险，如金融风险；若风险表现为损失的不确定性，说明风险只能表现出损失，没有从风险中获利的可能性，属于狭义风险。

这种观点在辩证哲学中又分为主观学说和客观学说两类。主观学说认为不确定性是主观的、个人的和心理上的一种观念，是个人对客观事物的主观估计，而不能以客观的尺度予以衡量。所谓的不确定性包括发生与否的不确定性、发生时间的不确定性、发生状况的不确定性以及发生结果严重程度的不确定性。客观学说则是以风险客观存在为前提，以风险事故观察为基础，以数学和统计学观点加以定义，认为风险可用客观的尺度来度量。例如，佩费尔将风险定义为可测度的客观概率的大小；奈特认为风险是可测定的不确定性。

3）可能发生损失的损害程度的表征

上面提出了风险是损失发生的不确定性的概念，并且在某种程度上，这种不确定性是可以被测定的。因此，根据风险的可测定性，很多学者对风险的定义进行了进一步的补充与说明。

段开龄(1999)认为，风险可以引申定义为预期损失的不利偏差。这里的所谓不利是对保险公司或被保险企业而言的。例如，若实际损失率大于预期损失率，则此正偏差对保险公司而言即为不利偏差，也就是保险公司将面临风险。Markowitz(1952)在别人质疑的基础上，排除可能收益率高于期望收益率的情况，提出了下方风险(downside risk)的概念，即实现的收益率低于期望收益率的风险，并用半方差(semi variance)来计量下方风险。

4）损失的大小和发生的可能性表征

从上述三个观点可以看出，风险总是不确定的。由于这种不确定性的存在，各种结果发生的可能性也是相当的。因此，若在各自结果发生之前指出风险是单一的，这显然是不准确的。为了尽量全面地概括并理解风险，很多学者在各自的领域中陆续提出了自己的见解。

朱淑珍(2002)在总结各种风险描述的基础上，把风险定义为在一定条件下和一定时期内，由于各种结果发生的不确定性而导致行为主体遭受损失的大小以及这种损失发生可能性的大小，风险是一个二维概念，其以损失发生的大小与损失发生的概率两个指标进行衡量。

王明涛(2002)在总结各种风险描述的基础上，把风险定义为：风险是指在决策过程中，由于各种不确定性因素的作用，决策方案在一定时间内出现不利结果的可能性以及可能损失的程度。它包括损失的概率、可能损失的数量以及损失的易变性三方面内容，其中可能损失的程度处于最重要的位置。

5）风险构成要素相互作用的结果

风险因素、风险事件和风险结果是风险的基本构成要素。风险因素是风险形成的必要条件，是风险产生和存在的前提。风险事件是外界环境变量发生预料未及的变动而导致风险结果的事件，是风险存在的充分条件，在整个风险中占据核心地位。因此，风险事件是连接风险因素与风险结果的桥梁，是风险由可能性转化为现实性的媒介。

根据风险的形成机理，郭晓亭和蒲勇健(2004)将风险定义为：风险是在一定时间内，以相应的风险因素为必要条件，以相应的风险事件为充分条件，有关行为主体承受相应的风险结果的可能性。叶青和易丹辉(2000)认为，风险的内涵在于它是在一定时间内，有风险因素、风险事故和风险结果递进联系而呈现的可能性。

这五种观念各有优点，但为了在实际中方便使用，一般情况下，都遵循国际标准化组织对风险的定义(ISO 13702—1992)。根据国际标准化组织的定义，风险是衡量危险性的指标，是某一有害事故发生的可能性与事故后果的组合。通俗地讲，风险与危险的可能性有关，表示发生不幸事件的概率，以风险度来描述。风险度则是标准方差与均值之比，其值越大，就表明存在的风险越大。

总体上，风险具有客观性、普遍性、必然性、可识别性、可控性、损失性、不确定性和社会性这八项基本特征。例如，人们在社会经济活动中都面临着各种风险，其经常遇到的灾害风险、工程风险、投资风险、健康风险、污染风险和决策风险等，是客观存在的，是不可避免的，并且在一定的条件下表现出某些规律。因此，在面临各种风险时，需要社会各部门、各行各业主动认识风险、积极管理风险、有效控制风险，把风险减至最小的程度。

1.1.2　环境风险

环境风险是风险在环境中的体现，是由自然原因和人类活动所引起的，并通过环境介质传播，是能对人类社会以及自然环境产生破坏甚至导致毁灭性作用等不幸事件发生的概率以及后果，是一种特殊的风险。人们对环境风险的研究最早追溯到 20 世纪三四十年代的自然灾害的系统研究，图 1-1 说明了 1950～1998 年全球因地震、水灾、风灾、旱灾及寒潮等自然灾害而造成的保险损失和经济损失(单位：亿美元)。不难看出，环境风险的研究是社会发展的必然产物，是时代继续进步的必不可少的一部分。

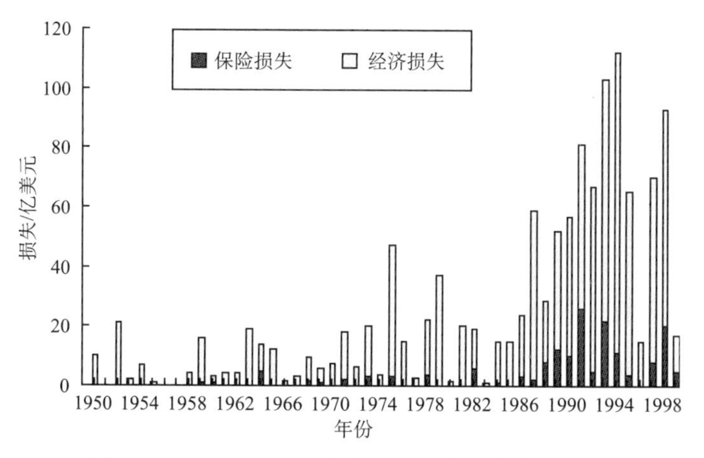

图 1-1　1950～1998 年全球因自然灾害造成的损失

从风险评价与管理的角度来说，环境风险是指突出性事故对环境(或健康)的危害程度，用风险值 R 表征，它定义为单位时间内事故发生概率 P 与该事故造成环境(或健康)后果 C 的乘积。用 R 表示，即

$$R = P \times C \tag{1-1}$$

总的来说，环境风险具有不确定性和危害性的特点。

不确定性是指人们对事件发生的时间、地点以及强度等难以预料准确；危害性是对事件以及建设项目的后果而言的，具有风险的事件和建设项目对其承受者都会造成一定的威胁，并且一旦事情发生，就会对承受者造成一定的损失或者伤害，包括对承受者的人身伤害、经济损失、社会福利乃至对当地的生态系统带来不同程度的危害。

环境与我们的生活息息相关，因此从某种程度上说，环境风险广泛存在于人类的各种活动中，其性质和表现方式复杂多变。从不同角度可作不同分类，按风险源分类，可以分为化学风险、物理风险以及自然灾害引发的风险；按承受风险对象分类，可以分为人群风险、设施风险和生态风险等。例如，在药品运输的过程中，药品由于其各自成分的化学性质运输中存在化学风险；运输车辆在行驶的过程中由于机械障碍等而导致的交通事故为物理风险，也是设施风险；在某地段由于天气原因而发生滑坡则属于自然灾害引发的风险，即生态风险。

一个完整的环境风险系统主要包括以下几个方面。

(1) 风险源即可能产生危害的源头。任何风险源都有正负面的反映，关键在于对风险源相关的效益和风险的权衡与取舍。

(2) 初级控制包括对风险源的控制设施以及维护、管理等使之良好运作等主要与人有关的因素。

(3) 二级控制主要是针对风险传播的自然条件的控制。

(4) 目标主要是指人群以及对环境区域变化比较敏感的物种。

在三峡水电站中，三峡水库则为较简单的环境风险系统。水库作为风险源，对库区及周边地区的耕地、居民等存在洪水淹没风险，为了尽量地避免风险，对水库库容进行季节性调节。

1.2 环境风险管理基础

1.2.1 风险、环境与环境风险管理

风险管理虽然是在 20 世纪 50 年代以后发展的一门新兴的管理学科，但是由于其发展很快，现已成为一种国际上的前言学科，越来越受到各国工程运行领域的重视，在工程安全管理中得到广泛而迅速地推广和应用。而环境风险管理，则

可视为风险管理在环境保护领域的应用，是环境管理的重要组成部分。图 1-2 表示了三者之间的关系。

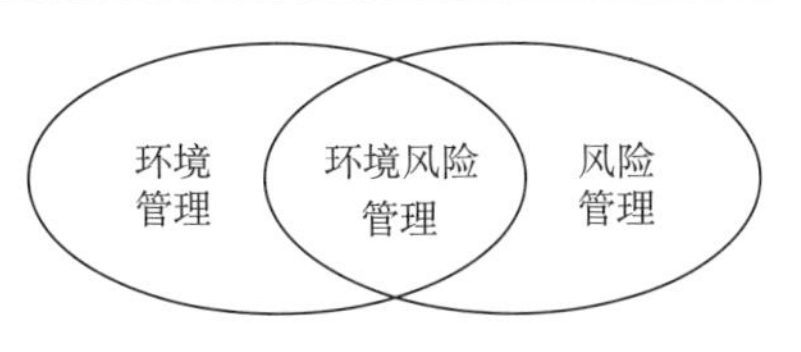

图 1-2　风险、环境与环境风险管理之间的关系图

1. 风险管理的概念

所谓风险管理，是指通过识别风险、衡量风险、分析风险，从而有效地控制风险，用最经济的方法来综合处理风险，以实现最佳安全生产保障的科学管理方法，其研究对象分为静态风险和动态风险。

对于风险管理过程的认识，不同的组织或个人是不一样的。美国系统工程研究所把风险管理的过程主要分成若干个环节，即风险识别、风险分析、风险计划、风险跟踪、风险控制和风险管理沟通。美国项目管理协会制定的项目管理体系 PMBOK 中描述的风险管理过程则为：风险管理规划、风险识别、风险定性分析、风险量化分析、风险应对设计、风险监视和控制六部分。我国毕星等主编的《项目管理》一书把项目风险管理的阶段分为风险识别、风险分析与评估、风险处理、风险监督四个阶段，并对风险管理的方法进行了总结，见图 1-3。

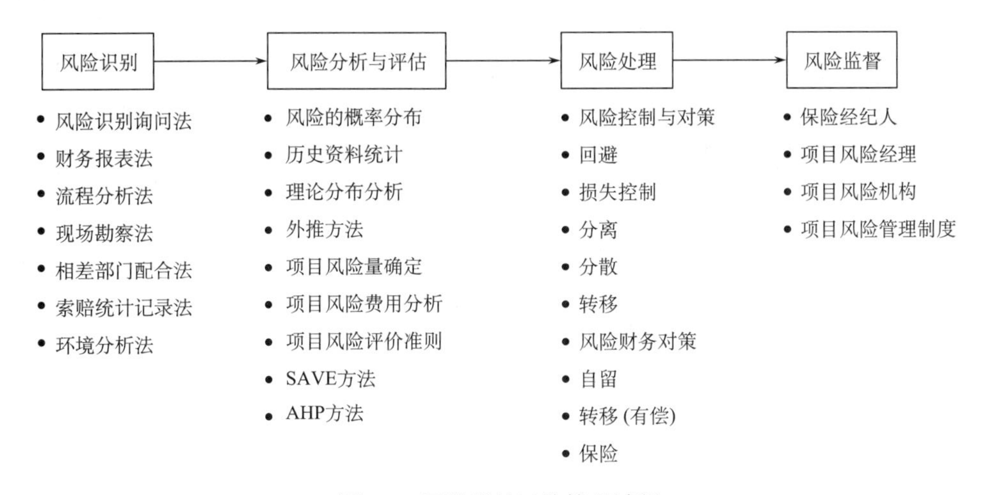

图 1-3　四阶段的风险管理过程

例如，南水北调工程，其在建设运行中所面临的风险包括工程、水文、生态环境、经济和社会等方面的事件或事故。工程在建设、调水、经营过程中遇到的这些意外，其后果将可能严重到足以把调水工程陷入困境，甚至影响我国西部经济发展、社会稳定等。风险管理的任务就是通过风险分析确定南水北调工程在建设、运行中存在的风险，制定风险控制管理措施，以降低损失。

2. 环境管理的概念

环境管理从20世纪70年代初开始形成，并逐步发展成为一门新兴学科。国内外学者在对环境管理的概念与内涵认识日益深化下，将环境管理主要概括为以下四个方面。

(1) 协调发展与环境的关系。可以说，建立可持续发展的经济体系、社会体系和保持与之相适应的可持续利用的资源和环境基础，是环境管理的根本目标。

(2) 运用各种手段限制人类损害环境质量的行为。人在管理活动中扮演着管理者和被管理者的双重角色，对环境质量具有决定性的作用，因此环境管理的核心是对人的管理。

(3) 环境管理是一个动态过程。它必须适应社会、经济、技术的发展，并通过及时调整政策措施，使人类的经济活动不超过环境的承载能力和自净能力。

(4) 由于环境保护作为国际社会共同关注的问题，环境管理则需要超越文化和意识形态等方面的差异，并采取协调合作的行动。

综上所述，可以认为，环境管理总体上是指依据国家的环境政策、法律、法规和标准，坚持宏观综合决策与微观执法监督相结合，从环境与发展综合决策入手，运用各种有效管理手段，调控人类的各种行为，协调经济、社会发展同环境保护之间的关系，限制人类损害环境质量的活动以维护区域正常的环境秩序和环境安全，实现区域社会可持续发展的行为总体。其中，管理手段包括法律、经济、行政、技术和教育五个手段，人类行为包括自然、经济、社会三种基本行为。

由于环境管理的内容涉及土壤、水、大气、生物等各种环境因素，其领域涉及经济、社会、政治、自然、科学技术等方面，范围涉及国家的各个部门，因此环境管理具有高度的综合性，主要内容可分为环境计划管理、环境质量管理和环境技术管理三方面(表1-1)。

表1-1 环境管理内容

分类	管理任务
环境计划管理	环境计划包括工业交通污染防治、城市污染控制计划、流域污染控制计划、自然环境保护计划，以及环境科学技术发展计划、宣传教育计划等；包括在调查、评价特定区域的环境状况的基础区域环境规划
环境质量管理	主要有组织制订各种质量标准、各类污染物排放标准和监督检查工作，组织调查、监测和评价环境质量状况以及预测环境质量变化趋势
环境技术管理	确定环境污染和破坏的防治技术路线和技术政策；确定环境科学技术发展方向；组织环境保护的技术咨询和情报服务；组织国内和国际的环境科学技术合作交流等

为了保证环境管理的有效性，目前我国正在实施八项制度措施，为环境管理提供有效的政治保障，即环境影响评价制度、“三同时”制度(同时设计、同时施

工、同时使用)、排污收费制度、环境保护目标责任制、城市环境综合整治定量考核制度、排污许可证制度、污染集中控制制度、污染源限期治理制度。

3. 环境风险管理的概念

环境风险管理是实现可持续发展的有力保证，与环境规划并称为环境管理的两大支点。同时，作为风险管理的一个重要分支，环境风险管理是指由环境管理部门、企事业单位和环境科研机构运用各种先进的管理工具，通过对环境风险的分析、评价，并考虑到环境的种种不确定性，提出决策的方案，力求以较少的环境成本获得较多的安全保障。从根本上讲，环境风险的管理过程是决策者以存在风险的特定事物和事件为对象，权衡经济、社会发展与环境保护之间的相互关系，根据现有经济、社会、技术发展水平和环境状况做出的综合决策过程，是指根据环境风险评价的结果，按照恰当的法规条例，选用有效的控制技术，进行削减风险的费用和效益分析，确定可接受风险度和可接受的损害水平；是进行政策分析及考虑社会经济和政治因素，决定适当的管理措施并付诸实施，以降低或消除事故风险度，保护人群健康与生态系统的安全。

1.2.2 环境风险管理理论

1. 环境风险管理的理论体系

从前面可知，环境风险管理是风险管理在环境领域的特殊应用。因此，环境风险管理的理论体系与风险管理的理论体系同出一辙，唯一有所差别的就是其管理的对象不同。

风险管理包括风险分析、风险评价和风险控制，其相互关系见图 1-4。

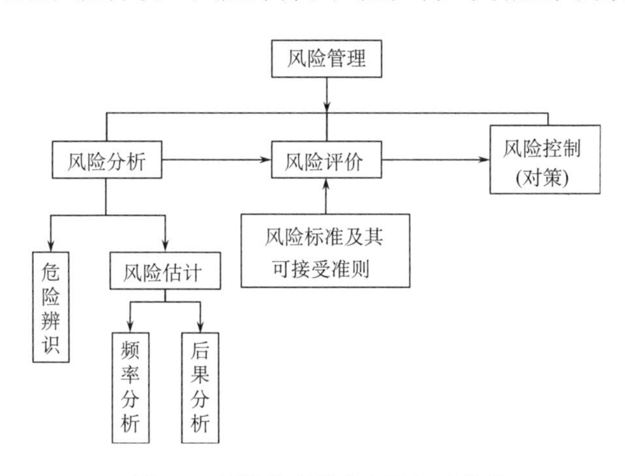

图 1-4　风险管理的内容及相互关系

其中风险分析是研究风险发生的可能性及其所产生的后果和损失，是在特定的系统中进行危险辨识、频率分析、后果分析的全过程，见图 1-5。

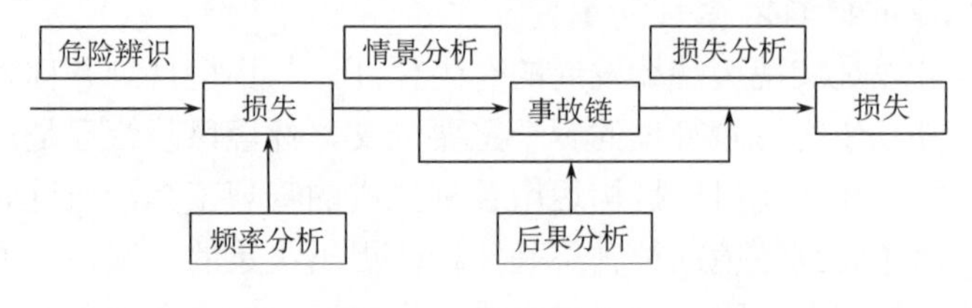

图 1-5　风险分析内容

危险辨识：在特定的系统中确定危险并定义其特征的过程。

频率分析：分析特定危险发生的频率或概率。

后果分析：分析特定危险在环境因素下可能导致的各种事故后果及其可能造成的损失，包括情景分析和损失分析。

情景分析：分析特定危险在环境因素下可能导致的各种事故后果。

损失分析：分析特定后果对其他事物的影响，进一步得出其对某一部分的利益造成的损失，并进行定量化。

风险评价即在频率分析和后果分析的基础上，根据相应的风险标准判断系统的风险是否可以接受，是否需要采取进一步的安全措施。风险分析和风险评价合称风险评估。

在风险评估的基础上，采取措施和对策降低风险的过程，就是风险控制。因此，风险管理是指包括风险评估和风险抑制的全过程，是一个以最低成本最大限度地降低系统风险的动态过程。

2. 环境风险管理的基本过程

环境风险管理依据一定的科学程序，是一个连续的、循环的、动态的过程。一个完整的环境风险管理周期主要包括建立环境风险管理目标、环境风险分析、环境风险决策、环境风险处理等几个基本步骤，见图 1-6。

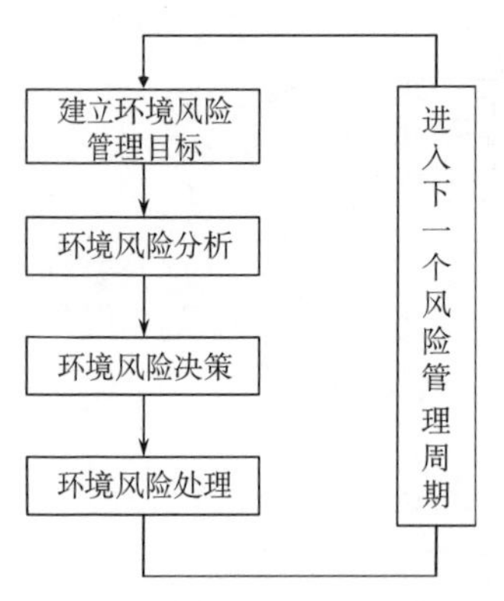

图 1-6　环境风险管理程序图

1）建立环境风险管理目标

环境风险管理的目标分为损失前的管理目标和损失后的管理目标。

损失前的管理目标是环境风险管理者选择最经济和有效的方法来减少或避免损失的发生，将损失发生的可能性和严重性降至最低程度，从而提高工作效率。简言之，损失前的管理是以节约成本、减少忧虑心理、履行有关义务为目标。损失后的管理目标是一旦损失发生，尽可能减少直接损失和间接损失，使其尽快恢复到损失前的状况，从而可以维持生存，保证生产服务的持续和实现稳定的收入。

三峡水电站的全周期中，在工程建立之前，选址、移民等都属于损失前的管理目标，是以达到社会经济与生态的协调发展为主要目的，若缺少这一部分，则会容易出现不可控制的突发局面；在工程建设完成并运行的过程中，陆续出现一系列相关的社会、生态矛盾，这时就涉及损失后的管理。如果缺少损失后的管理，所出现的矛盾将会继续恶化，最终导致无法弥补的损失。因此，两者缺一不可。

在确定管理目标时，应该遵循现实性、明确性、层次性和定量性四个基本原则。其中，现实性是确定风险管理的首要原则，是及时处理现实存在的危及人类安全和自然稳定问题的有力保障；层次性是要求管理者应该依据工作的流程或者根据风险管理目标的重要程度，将其划分为不同层次，从而利于风险管理目标的实施，使实施具有针对性；定量性，即将管理目标具体数量化，从而进一步明确管理目标。

2）环境风险分析

环境风险分析分为环境风险识别、环境风险估计和环境风险评价。

(1) 环境风险识别。环境风险识别是环境风险管理的基础，是对环境风险的感知和发现。环境风险识别是环境风险管理工作成效的主要取决因素。需要环境风险管理人员在进行了实地调查研究之后，运用有关的知识、方法等理论体系对潜在存在的各种风险进行系统的归纳，并总结出企业或项目面临的财产、责任、人身和环境损失风险。环境风险识别需要遵循全面周详、综合考察、量力而行、科学计算和系统化、制度化、经常化的原则。

风险识别的过程实际上就是收集有关风险事故、风险因素、损失暴露、危害和损失等方面信息的过程，主要包括以下几个方面：发现或者调查风险源、认知风险源、预见危害和重视风险暴露。在风险事故发生以前，发现引发环境事故的风险源，是环境风险识别的核心，只有发现了环境风险源，才能更精确地选择环境风险处理技术，改变环境风险因素存在的条件，才能更好地防止风险因素的增加和聚集。一般来说，引发环境风险事故的风险源大致可以分为物质风险源、工程施工污染源以及工程运行期污染源。认知风险源是指环境风险管理人员理解和测定环境风险源的能力，是环境风险识别的关键。不同的环境风险识别人员，对环境风险源识别认知的能力和水平也是有所差距的。如果环境风险识别人员缺乏经验，对已经暴露的风险源视而不见，就会导致本来可以避免的环境风险事故发生。例如，在项目施工场地现场污水的排放，如果环境风险识别人员在现场实地调查的时候可以发现污水排放，就可以避免污水排放所导致的二次污染，从而避免一系列环境事故的发生。因此，加强环境风险管理人员责任意识教育，培养环境风险管理人员认识风险源的能力，可以提高环境风险管理水平。此外，无论由什么环境风险因素引发的环境风险事故，都会产生比较大的损失。因此，环境风险识别的重要步骤就是能够预见危害，只有这样，才能将产生危害的条件消灭在萌芽状态。最后是重视环境风险暴露，其是环境风险识别的重要步骤，那些可能面临损失的物质、环境系统、人文地理，都有环境风险暴露的可能。例如，露天管道会受到酸雨的腐蚀，可能破坏大气净化系统的正常运行，因此必须重视环境暴露。重视环境风险暴露，就是重视环境风险因素与环境风险事故的关系。

通常，环境风险管理者不可能有足够的损失资料和清楚地识别风险。为了更好地识别环境风险，环境风险管理者一般会在获得的普遍意义的环境风险管理资料上运用一系列的具体环境风险识别方法去发现从而识别环境风险。目前，环境风险识别的方法有很多种，主要有：①风险损失清单分析法。风险损失清单法是环境风险识别的重要方法，主要用来识别风险管理单位面临的各种风险源。为了识别风险管理单位所面临的各种风险，风险管理者要制定一个识别风险的框架，来概括所有可能发生的损失。然而，构造风险管理框架需要的工作量比较大，因此管理人员需编制出各种各样的风险损失清单，列举出风险管理单位可能面临的所有风险，帮助管理者识别风险。在风险损失清单中，大多数风险源是针对可保风险和纯粹风险编制的，所列项目是人们已经识别的、最基本的损失风险。②现场调查法。现场调查法是一种常用的识别方法。该法要求环境风险管理人员亲临现场，通过直接观察风险管理单位的设备、实施、操作流程和运行等，了解风险管理单位的生产经营活动和行为方式，调查其中所存在的风险隐患。③事故树分析法。事故树分析方法是以图解表示的方法来调查损失发生前的种种失误事件的情况，或对各种引起事故的原因进行分解分析，具体判断哪些失误最可能导致损失风险发生。④流程图分析法。流程图法是识别环境风险管理单位面临的潜在损失风险的重要方法。该法是将环境风险主体按照施工流程和生产运营的日常生活中所存在的逻辑关系绘成流程图，并针对流程中的关键环节和薄弱环节来具体调查环境风险、识别环境风险的办法。

在实际运用中，需要根据各自的优缺点(表1-2)，灵活运用，从而及时发现各种可能引发环境风险事故的风险因素。

表 1-2　四种环境风险识别方法的优缺点比较表

方法	优点	缺点
风险损失清单分析法	降低风险管理的成本，节省人力物力和不必要的支出；避免遗漏重要的风险源	只考虑了纯粹风险，未考虑投机风险，不可能概括风险管理单位面临的特殊风险

续表

方法	优点	缺点
现场调查法	获得风险管理单位从事活动的现场调查报告；了解风险管理单位的资信情况；防止风险事故的发生	耗费时间多；管理成本高；风险管理人员的风险识别能力和水平决定调查的结果
事故树分析法	可识别风险；可判断系统内部发生变化的灵敏度；可确定消除风险的措施	事故树的绘制需要专门的技术；识别风险的管理成本比较高；相关概率的准确程度直接影响着估测的结果
流程图分析法	比较清楚地显示活动(或工序)流程的风险；流程图强调活动的流程，而不寻求引发风险事故的原因；识别风险需要流程图解释的配合	不能识别一切风险；流程图是否正确决定着风险管理部门识别风险的准确性；管理成本比较高

(2) 环境风险估计。环境风险估计，又称环境风险度量，就是对风险存在及发生的可能性以及风险损失的范围与程度进行估计和度量，是在风险识别的基础上，运用大数定理、概率推理原理、类推原理和惯性原理，通过对大量过去损失资料的定量分析，估测出风险发生的概率和造成损失的幅度。环境风险估计可能性描述可见表 1-3，其作用是降低不确定性的层次和水平(等级分类见表 1-4)，以此来提高不同认识水平的管理者对风险的认识。

表 1-3　环境风险估计可能性描述

可能性	描述
频繁	在大多数情况下事件连续发生
很可能	在大多数情况下事件有可能发生
有时	在某些情况下事件应该发生
不太可能	在某些情况下事件可能发生
极少	在特定环境下事件才可能发生

表 1-4　确定性与不确定性的等级分类

不确定性水平	特征
无(确定)	结果可以精确预测
水平 1(客观不确定)	结果确定和概率可知
水平 1(主观不确定)	结果确定但概率不可知
水平 3	结果不完全确定，概率不可知

(3) 环境风险评价。环境风险评价是针对某设施项目的建设、运转，或者是区域开发行为所引起的环境问题对人类健康、社会经济发展、生态系统等造成的风险可能带来的损失做进一步的评估，并以此提出减少环境风险的方案和决策。《建设项目环境风险评价技术导则》(HJ/T 169—2004)给建设项目环境风险评价做出如下定义：对建设项目的建设和运行期间发生的可预测突发事件或者事故(一般不包括认为破坏及自然灾害)引起的有毒有害、易燃易爆等物质的泄漏，或者突发事件产生的新的有毒有害物质，所造成的对人身安全与环境的影响和损害进行评估，提出防范、应急与减缓措施。在建设项目的环境风险评价中，往往只对所有可能发生的事故中最严重的重大事故展开评价，这类事故也称为最大可信事故。目前，环境风险评价主要考虑的是与项目有关的突发性灾难事故，包括易燃、易爆和有毒物质、放射性物质在失控状态下的泄漏，大型建设项目(桥梁、水坝、水利工程)的故障。虽然发生这种重大事故的概率很小，但其一旦发生，所造成的损失却是不可估量的。例如，20 世纪 80 年代的苏联切尔诺贝利核电站的事故，使一座美丽的小城变成了鬼城，成为震惊世界的重大污染事故。

环境风险评价的分类也是多种多样的，一般分为自然灾害环境风险评价、有毒有害化学品环境风险评价和生产过程与建设项目的环境风险评价三类。自然灾害环境风险评价，指对地震、火山、洪水、台风等自然灾害的发生以及其带来的化学性与物理性的风险进行评价；有毒有害化学品环境风险评价，指对某种化学物品或有毒物质从生产、运输到使用、丢弃的整个过程中可能产生的危害人体健康、生态系统的可能性及其结果进行评价；生产过程与建设项目的环境风险评价，指对一个生产过程或者建设项目所引起的具有不确定性的风险发生概率及其危害后果的评价。

环境风险评价是环境管理的理论依据，是指在环境风险估计的基础上，对引发风险事故的风险因素进行综合评价，以此为依据可选择合适的环境风险管理技术并制定正确的风险管理方案，以达到对高风险的环境因子进行有效管理的目的，并使其对人体健康的危害降至最低。

根据事件发生概率，我们可以对环境灾害做一简单的风险计算。通过计算，可以将风险划分为可忽略的、轻微的、中等、严重的和灾害的五种情况(环境风险评价等级见表1-5)。与之相对应的环境风险优先处理顺序则为高、较高、中等、低。当风险不满足风险标准(即风险较高)时，需要选择风险应对措施，制定应对方案，计算剩余风险。若剩余风险仍不满足风险标准，则需要重新选择风险应对措施，直至所制定的应对方案能够满足风险标准。

表 1-5　环境风险评价等级

可能性	后果				
	可忽略的	轻微的	中等	严重的	灾害的
频繁	较高	较高	高	高	高
很可能	中等	较高	较高	高	高
有时	低	中等	较高	高	高
不太可能	低	低	中等	较高	高
极少	低	低	中等	较高	较高

一个完整的环境风险评价大体分为源项分析、事故后果分析和风险表征或风险评价三个阶段。图 1-7 表示了风险定量分析或评价程序，其中，源项分析对应图中的危害分析与事故频率计算，事故后果分析对应图中后果估计，风险表征或风险评价对应图中风险计算与风险评价阶段。

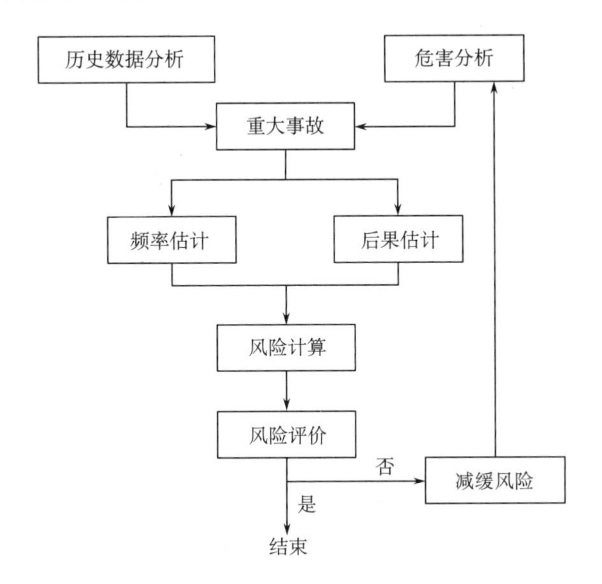

图 1-7　风险定量分析或评价程序

3）环境风险决策

环境风险决策是环境风险管理的重要步骤，分为选择风险管理技术和进行风险决策两个步骤。处理风险的方式主要有控制法和财务法两种。控制法是指规避风险、降低风险等，财务法则主要包括风险抑制和风险转移方法等。风险管理技术的相关内容将在 1.4 小节中详述。

4）环境风险处理

对于不同可能性(表 1-5)的环境风险，表 1-6 给出了不同的处理方式。同时，根据风险管理计划，对自留风险要建立准备金，或采取一定的防损减损方法。对需要转移的风险，如果决定采取购买保险的方式来转移，就需要比较和选择保险人、代理人等因素来进行购买保险。在 1.4 小节中，将具体介绍环境风险控制的相关技术。

表 1-6　环境风险优先处理表

可能性	处理方式
高	不可接受，必须立即采取措施改进，并且需要对这类高风险进行日常监测
较高	应采取改进措施，对较高风险也应该进行日常监测
中等	人们对此关心，愿采取措施预防
低	人们并不担心这类事故发生，但应定期监测以确保这类风险等级不会发生变化

1.2.3　环境风险管理制度

针对各种环境污染事件，我国根据《中华人民共和国环境保护法》已经初步建立了《国家突发环境事件应急预案》，其包含了国家总体应急预案、专项应急预案、部门应急预案、地方应急预案和企事业应急预案五个层次的应急预案体系。但是仅仅有应急预案还不是完整的环境风险管理。完整的环境风险管理制度应包括“预防—应急—处理”。其中，预防为主是环境风险管理的一个重要原则，环境风险的事前防范要远远好于事后的警告和补救；应急预案则是为了在紧急状态发生时，能够有充分准备地、井然有序地去应付危机，达到减少公众的生命和财产损失的目的；应急之后的进一步处理，即指对被污染环境的整治和恢复、对受害群众的救助、对责任承担人的处理以及对事故的教训总结。

值得注意的是，目前我国环境风险管理正呈现分类管理、风险研究、制订计划、风险立案、重点风险源直接管理的发展趋势。

1）分类管理

分类管理的前提需区分环境污染事故和环境污染事件。环境污染事故由于其不可预见性和不可控性，是环境风险管理的对象。环境污染事件则由于其可预见性和可控性，不属于风险管理的对象，而应当属于环境管理的对象。例如，目前的水污染紧急状况中，大多数情况是可避免污染事件所造成的可预料后果，而并非不可预料和不可控的污染事故所造成的。

2）风险研究

风险研究指对环境风险管理理论的研究，包括风险管理方法、管理标准和制度，从而对环境风险管理的模式进一步研究。

3）制订计划

制订计划，需要国家、省级地方政府、各部门以及风险源(如排污企业)的全方面配合。国家制订环境风险管理计划，负责区域环境风险管理；省级地方政府制订地方环境风险管理计划，负责地方环境风险管理；各部门应当根据各自的管理职能对相关环境风险进行管理；风险源则需建立环境风险管理的模式，对环境风险管理担负主要职责。

4）风险立法

国家需要制定相应的法律法规，规定各级政府和风险源的责任，对环境风险的机制提供法律依据，包括紧急污染状况的预警和污染事故的应急预案等。

5）重点风险源的直接管理

重点风险源的直接管理指建立全国性重点环境风险源的清单，主要包括大气污染源和水污染源。对于重点风险源，在国家和地方两个层次上建设预警系统，制订应急预案，并且，应当将重点风险源的直接管理权纳入已有的法规和政策。

但是，中国环境科学研究院院长孟伟认为现行的环境管理制度对环境风险的科学评估不够、对环境风险的预防和预警性不足、对环境风险的综合决策性不强。

因此，当下需要转变环境管理理念，从流域的尺度上看问题，实现容量、总量管理；同时，可以开展环境风险管理试点和示范，实现从管理对象、监测预警、评价体系到综合决策的创新。

1.3　环境风险识别基础

1.3.1　环境影响

1. 环境影响的概念

环境影响是指人类或人类社会的各种活动对环境产生的作用和引起的环境变化以及由此而导致的对人类或人类社会的效应。

国际环境管理体系标准ISO 14001中对环境影响的定义原文是：“Environmental impact-any change to the environment, whether adverse or beneficial, wholly or partially resulting from an organization’s activities, products or services. ”(参考译文：环境影响是“群体或者部分地有组织的活动、产品或服务给环境造成的任何有害或者有益的变化。”)通常认为，环境影响包括人类社会的各种活动对环境的作用和环境对人类社会的反作用两个方面。

建设项目环境影响是指建设项目的施工兴建、竣工后正常生产中和服务期满后对环境产生的、诱发的环境质量变化或者一系列新环境条件的出现。

2. 环境影响的识别

建设项目的环境影响识别在于通过一定方法找出建设项目对环境影响的各个方面的风险，定性地分析说明环境风险的性质、程度以及所影响的可能范围，特别是不利的影响，为环境影响做出预测，指出目标，为污染综合防治指明方向；通过污染综合防治，控制不利影响，使不利影响降低到符合环境质量标准的要求，达到不危害人们正常生活的可接受程度，从而使经济建设、社会建设、环境建设实现“三个同步”。

总体而言，建设项目的环境影响识别可以使环境影响预测有的放矢，减少了环境治理的盲目性，使得污染防护综合治理具体、实际并且有一定的针对性。因此，环境影响识别是环境风险评价中的重要环节，做好这项工作具有十分重要的意义。

3. 环境影响识别的分类

建设项目的环境影响，按照它的排放污染物种类、性质、数量、污染途径以及开发的健身活动方式的不同，可以分为很多种类型，见图 1-8。

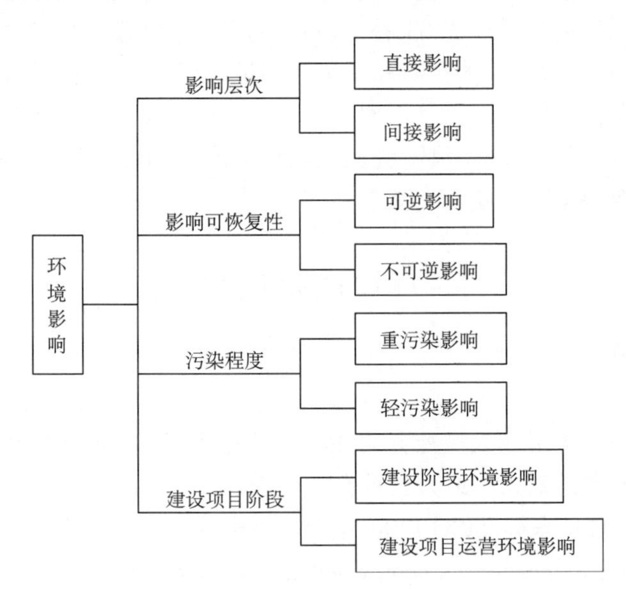

图 1-8　环境影响的分类

1）环境影响层次

按环境影响的层次分类，环境影响可分为直接影响和间接影响。直接环境影响是指建设项目污染源排放的污染物或者能量直接作用于接受产生的危害。例如，水利工程建设排入大气的 CO、TSP 等污染物，以及其对当地的自然生态环境所造成的危害等。间接环境影响是指建设项目污染源排放的污染物或者能量，在其传输、扩散的过程中产生了转化过程，形成二次污染物。例如，排入大气的碳氢化合物(C_mH_n)和氮氧化物(NO_x)等在达到一定的数量时，经过阳光(紫外线)照射会发生光化学反应，产生二次污染物。二次污染物直接作用于人体、动植物、建筑物以及器皿等，其影响往往比污染物直接影响的危害更大，所以绝不能忽视。

2）环境影响的可恢复性

按环境影响的可恢复性分类，环境影响可分为可逆影响和不可逆影响。可逆影响是指施加影响的活动一旦停止，环境状况就会慢慢恢复到原来的状态，或者指产生的影响在经过人为的修复后可以恢复到原来的状态。例如，在项目建设的施工阶段会产生一定的噪声，当建设项目完成时，噪声源消失，噪声的影响也就会随着消失。不可逆影响是指施加影响的活动一旦对环境造成某种影响，无论自然系统自我修复还是人为修复，环境都不能恢复到原来的环境状态，如珍稀动、植物物种一旦灭绝，它就会在世界上永远消失，不会再存在。

3）污染程度

按污染程度分类，环境影响可分为重污染影响和轻污染影响。重污染影响是指建设项目排放的污染物种类多、数量大、污染物毒性大并且难以降解，对环境生态系统造成难以恢复的影响，如有色金属、石油化工等项目产生的污染物均为重污染影响。轻污染影响是指建设项目排放的污染物种类少、数量小、污染毒性低，对环境产生的影响较小，如食品制造业、水利工程建设等。

4）建设项目阶段

按建设项目阶段分类，环境影响可分为建设阶段的环境影响和建设项目运营期的环境影响。建设阶段的环境影响是指建设项目在开发、建设、施工期间产生的环境影响，包括建筑材料和设备的运输、装卸、储存等过程产生的影响，施工场地产生的扬尘、施工污水、施工噪声的影响，土地利用、地形地貌的改变影响，拆迁移民等对社会文化经济产生的影响等。建设项目运营期的环境影响是指建设项目在建设竣工后，投入正常运行时对环境产生的影响。由于一个建设项目建成之后会使用很长一段时间，所以建设项目的运营期中产生的环境影响持续的时间也相当长。因此，这个阶段是环境风险评价的重点，也是建设项目环境风险管理的重点。

4. 环境影响识别的基本内容

建设项目对环境产生的影响主要取决于两个方面：建设项目的工程特征、建设项目所在地的环境特征。建设项目由于行业、原辅材料消耗不同，生产的工艺及生产过程所排放的污染物种类、数量同样存在悬殊差别，对环境的影响也各不相同。不难发现，建设项目排放的污染物是产生环境影响的根源。因此，只有充分了解、认识和掌握建设项目的工程特征，才能更好、更准确地做出环境影响识别。当然，建设项目所在地的环境特征不同，对同样数量的同一污染物的敏感程度也不同，产生的环境影响也就自然不同。所以，从某种程度上，充分了解建设项目所在地的环境特征，是环境影响识别所必需的。

环境影响识别的基本内容见表1-7。在这整个过程中，我们首先要明确其中最重要的一点，就是必须了解建设项目所在地的环境功能区划分，并应该遵守“建设项目的性质要和本地的环境功能相协调”的原则。

表 1-7　建设项目的环境影响识别基本内容

分类	涉及内容
建设项目的工程特征	项目性质、规模、原铺材料消耗、成分、单耗、总能耗、利用率、循环利用率、逐级重复利用率、供水量等；项目生产工艺、管理水平以及向环境排放的污染物种类、数量、性质、浓度、排放方式、排放制度、排放去向、排放口位置等
建设项目所在地的环境特征	自然环境特征：地形、地貌、气象、水文、地质和土壤状况等 社会环境特征：人口分布、工业布局、土地利用、农业布局以及当地的发展状况、绿化、文物古迹、风景旅游地、自然保护区等 环境质量现状：大气环境质量现状(各种污染物在大气中的一次浓度和日平均浓度)，水环境(江、河、湖、海以及地下水)中各种污染物浓度，水体的自净能力，土壤的环境质量现状，声环境现状及生态环境状况；项目所在地的环境对这些污染物的扩散、稀释和纳污能力，以及污染物在环境中的迁移、转化规律

5. 环境影响的识别方法

环境影响的识别方法主要有两种，一种是利用环境影响识别表进行识别，另一种是根据建设项目排放的污染物对环境要素的影响逐一分析的方法。这两种方法各有各自的特点，在实际运用中，需要根据具体的情况而选择。

1）环境影响识别表

环境影响识别表是专门为环境影响识别而设计的表格。在这种表格里面，设计了一般建设项目可能对环境产生影响的各个方面。在对建设项目进行环境影响识别的时候，首先对环境影响识别表中的每一项内容进行逐一对照，并对相应的项目进行询问，再判断该项目是否对环境产生影响。在识别之后，再进行分析，找出主要的环境影响和次要的环境影响，然后得出环境评价的重点。

不同的建设项目有不同的环境识别表，一般的建设项目的环境识别表主要包括以下内容。

（1）环境污染影响。环境污染影响主要分为大气污染影响、水环境污染影响、噪声环境影响、固体废弃物环境影响和其他环境影响及危险品 6 个方面。总体上，这些污染影响的大小及范围既会随着污染物性质、浓度的不同而不同，也会受到污染源的种类影响。因此，为了充分了解某建设项目的这些污染影响，一般其环境识别表根据污染类别而分类(表 1-8)。

表 1-8　环境污染影响类别及其识别内容表

环境污染影响类别	环境污染影响识别内容
大气污染影响	① 是否向大气中排放污染物，排放何种污染物，数量多少？ ② 是否会降低大气的质量？如果降低了，降低的程度多少？ ③ 是否会改变大气的物理和化学性质？
水环境污染影响	① 向水体中排放了什么污染物？浓度、数量、性质怎样？ ② 是否会影响受纳水体的水质，影响程度如何？ ③ 是否会影响地下水水量、水质？ ④ 是否会消耗地下水、地面水，影响当地水位？ ⑤ 是否会对水体中的动植物产生影响，影响程度如何？ ⑥ 是否会改变河水的流量，影响河道和航运？ ⑦ 是否会引起水体温度的变化？
噪声环境影响	① 是否有噪声源，声功率级有多大？ ② 噪声源的位置，有无隔音装置？ ③ 建设项目产生的噪声对周围地区的影响，是否会超过其所在功能区的标准？
固体废弃物环境影响	① 建设项目排放了什么固体废弃物，数量多少？ ② 固体废弃物的管理、处置方法如何？ ③ 固体废弃物是否会对水环境、土壤环境产生的影响？程度怎样？
其他污染影响	① 建设项目是否会产生热、光、放射性、电磁波、振动等影响？ ② 其他影响的影响对象是什么？影响程度如何？
危险品	建设项目是否排放有剧毒的污染物、易燃易爆物质？

(2) 对地质和自然灾害的影响。主要表现为:①是否会影响当地的土地质量？②是否对项目所在地的土壤或者地质的稳定性产生影响？③是否会增加项目建设区的水土流失或者浪费土地资源？④有无产生特大自然灾害的危险,如诱发地震、泥石流、山体滑坡等其他灾害？⑤是否增加所在地的火灾危险？

(3) 对农业生态以及野生动植物的影响。主要表现为：①排放的大气污染物是否会影响农作物的产量或者品质？②排放的废水是否会危害农作物生长，影响产量、品质？③对当地的动植物是否会产生重大影响，如植物物种的灭绝、野生动物的迁徙、活动方式的重大改变等？④是否会破坏这一地区的食物链结构？

(4) 对能源、自然资源开发的影响。主要表现为：①是否影响电力、石油、天然气和其他矿物资源的开发、生产、运输以及使用？②是否会影响能源和自然资源的保护？

(5) 对土地利用和管理的影响。主要表现为：①是否改变这一地区土地利用的性质？②对评价区内国家文物古迹、革命遗址、自然保护区有无影响？③是否影响风景游览区和地方特有的景观？④是否改变当地的基础经济、交通运输状况，影响人口密度？⑤是否需要居民搬迁和调整农业布局？⑥是否会影响当地经济发展？⑦是否会提高当地人民的生活水平？

因此，完整的环境影响识别表应该从工程特征、环境特征以及前面所述的各种环境类型出发，进行编制。

2）建设项目排放的污染物对环境要素的影响分析

建设项目向环境中排放的污染物(能量或者影响因子)是产生环境影响的根源。污染物的排放去向直接关系到它影响的环境要素和影响的程度。因此，根据建设项目排放的污染物(能量或者影响因子)分析建设项目对环境产生的影响是可行的。

建设项目的行业很多，同一行业的建设项目差异也很大，不但排放物有所差别，而且污染物的排放量也有很大的差异，因此，几乎没有统一的分析方法。一般的分析程序都包括不利影响和有利影响，也有其他的分析程序如第一种的环境影响识别表。

1.3.2　工程分析

工程分析主要是通过对工程全部组成、一般特征和污染特征进行全面分析，从项目总体上纵观开发建设活动与环境全局的关系，同时从微观上为环境影响分析工作提供所需数据，故工程分析是环境影响预测、评价和风险分析的基础，并且贯穿于整个风险分析工作的全过程。在工程分析中，应该力求对生产工艺和建设项目进行优化论证，并且提出符合清洁生产要求的清洁生产工艺建议，指出工艺和建设项目上应该重点考虑的防污减污问题。除此之外，工程分析还应该对环保措施方案中拟选工艺、设备以及它的先进性、可靠性、实用性进行论证分析。

由于建设项目对环境影响的表现不同，工程分析可以分为以污染影响为主的污染型建设项目的工程分析和以生态破坏为主的生态影响型建设项目的工程分析。这里所指的生态影响型建设项目主要是水利、水电、矿业、农业、林业、铁路公路工程项目，旅游、区域开发等对生态环境造成影响的自然资源开发建设项目，本节主要以生态影响型工程分析为主。

1. 工程分析的目的及作用

水利工程建设的工程分析为环境影响中的生态影响型建设项目工程分析，其目的和其他建设项目工程分析的目的相同，都是为下一步的工作打下基础，使建设项目能够充分避免或减少隐患。概括起来说，该工程分析的作用为以下四个方面。

1）为项目决策提供依据

生态影响型建设项目工程分析是从环保角度对项目建设的性质、产品结构、生产规模、原料来源和预处理、工艺技术、设备选型、能源结构、技术经济指标、总图布置方案、占地面积、土地利用、移民数量和安置方式等方面做出具体的分析意见，但是在以下几种情况下，如果建设项目的工程分析不符合相关的法律法规，也可以直接对建设项目做出结论。

（1）在特定或敏感的环境保护地区，如生活居住区、文教区、水源保护区、名胜古迹与风景浏览区、疗养区、自然保护区等法定界区内，要布置有污染影响并且足以造成危害的建设项目时，可以直接做出否定的结论。

（2）通过工程分析发现改、扩建项目与技术改造项目实施后，污染状况比现状有明显改善，可做出肯定的结论。

（3）在水资源紧缺的地区布置大量消耗水资源的建设项目，如果没有妥善解决供水的措施，可以做出改变产品结构和限制生产的规模，或者否定建设项目的结论。

（4）对于在自净能力差或者环境容量接近饱和的地区安排建设项目的情况，若该项目的污染物排放将增大现状负荷，而且无法从区域进行调整控制，原则上可以做出否定的结论。

2）弥补“可行性研究报告”对建设项目产污环节和源强估算的不足

在建设项目“可行性研究报告”中，有的时候只对拟建工程的主要生产环节进行了初步研究，而对生产中具体的产污环节、运营期的风险没有明确的说明，特别是当有关于产污强度的估算数据的可靠性和完整性不能满足环境风险评价对数据的要求时，工程分析就显得十分重要。因此，在环境风险评价、分析与管理的过程中需要对所有的工艺流程、工程流程、运营流程重新进行详细的分析，对风险源仔细核算，为风险的预测、防治对策的提出以及风险的总体控制提供可靠的基础数据。

3）为环保设计和生产工艺提供优化建议

在工程分析过程中，运用物料衡算和清洁生产审计法，可以发现拟建项目的工艺过程中的原材料利用和工艺技术中不合理的环节以及废水、废气和固体废弃物的主要来源和削减排放量的主要途径，这可以为改进生产工艺和项目建设提供明确的方向。另一方面，过程分析对环保措施方案总拟选的工艺、设备以及它们的先进性、可靠性、实用性所提出的意见，也是优化环保设计、降低环境风险发生率不能缺少的资料。

4）为项目的环境管理提供建议指标和科学数据

工程分析筛选的污染因子、风险因子都是日常环境管理的对象，是项目开发建设活动进行环境管理控制的建议指标。

2. 工程分析的技术原则与要求

（1）提出的数据资料一定要真实、准确、可信。对于建设项目的规划、可行性研究和设计等技术文件中所提供的资料、数据、图件等，要能够满足工程分析的需要和精度要求，并能进行分析、复核校对后引用。

（2）凡是可定量表述的内容，如污染物的排放量、排放浓度等，应通过分析尽量给出定量的结果。

（3）贯彻执行我国环境保护的法律、法规和方针、政策，如产业政策、能源政策、土地利用政策、环境技术政策、节约用水要求以及清洁生产、污染物排放总量控制、污染物达标排放、“以新带老”原则等。针对这些法律法规中的内容，提出相应的生态保护建议。

（4）开发建设活动特点和周围环境特点的不同使得工程分析必须具有针对性，要突出重点、表征建设项目环境影响的特征，并根据各类型建设项目的工程内容及其特征，抓住其对环境可能产生较大不利影响的主要因素并进行深入分析。

3. 工程分析的基本方法

工程分析的基本方法大体上可分为类比法、资料复用法、物料衡算法(包括总物料衡算、有毒有害物料衡算和有毒有害元素物料衡算等)和排污系数法四种方法。这四种方法各有各的优缺点，在实际运用中需要根据工程实际来具体选择。

1）类比法

项目之间的相似性和可比性分为工程一般特征的相似性、污染物排放特征的相似性及环境特征的相似性。工程一般特征的相似性表现在项目性质、规模、车间组成、产品结构、工艺路线、生产方法、原料、燃料成分与消耗量、用水量和设备类型等方面上。污染物排放特征的相似性包括排放类型、浓度、强度与数量，排放方式与去向以及污染方式与途径。环境特征的相似性则为气象、地貌、生态、环境功能以及污染情况等的相似性。

目前，在类比法中，使用最多的就是经验排污系数法公式，该公式为

$$A = AD \times M \tag{1-2}$$

$$AD = BD - (aD + bD + cD + dD) \tag{1-3}$$

式中，A 为某污染物的排放总量，m^3；AD 为单位产品某污染物的排放定额；M 为单位总产量，m^3；BD 为单位产品投入或生成的某污染物量，m^3；aD 为单位产品中某污染物的量，m^3；bD 为单位产品所生成的副产物、回收品中某污染物的量，m^3；cD 为单位产品分解转化掉的污染物量，m^3；dD 为单位产品被净化处理掉的污染物量，m^3。

2）资料复用法

资料复用法是利用同类工程已有的环评资料或可研报告等资料进行工程分析，

这种方法虽然比较简单，但是由于数据的准确性很难保证，只能在评价等级较低的项目工程分析中使用。

3）物料衡算法

在众多计算方法中，物料衡算法是计算污染物排放量的常规和最基本的方法，其基本公式为

$$\sum G_{投入} = \sum G_{产品} + \sum G_{流失} \tag{1-4}$$

式中，$\sum G_{投入}$ 为投入系统的物料总量，m^3；$\sum G_{产品}$ 为产出产品总量，m^3；$\sum G_{流失}$ 为物料流失总量，m^3；

（1）总物料衡算。总物料衡算公式如下所示：

$$\sum G_{排放} = \sum G_{投入} - \sum G_{回收} - \sum G_{处理} - \sum G_{转化} - \sum G_{产品} \tag{1-5}$$

式中，$\sum G_{排放}$ 为投入物料中的某污染物总量，m^3；$\sum G_{投入}$ 为进入产品结构中的某污染物总量，m^3；$\sum G_{回收}$ 为进入回收产品中的某污染物总量，m^3；$\sum G_{处理}$ 为净化处理掉的某污染物总量，m^3；$\sum G_{转化}$ 为生产过程中被分解、转化的某污染物总量，m^3；$\sum G_{产品}$ 为某污染物的排放总量，m^3。

（2）单元工艺过程或单位操作的物料衡算。对单元过程或某工艺操作过程进行物料衡算，可以确定这些单元工艺过程、单一操作的污染物产生量，如对管道和泵输送、吸收过程、分离过程、反应过程等进行物料衡算，可以确定这些加工过程的物料损失量，从而了解污染物产生量。在基础资料比较详实、生产工艺比较熟悉的情况下，优先采用物料衡算法计算污染物排放量。

4）排污系数法

排污系数法是根据生产过程对单位的经验排放系数进行计算，求得污染物排放量的计算方法。其中，排放系数是根据实际调查的数据，不断积累并加以统计分析而得出的。

污染物的产生量一般可以用以下经验公式进行计算：

$$G' = K'M \tag{1-6}$$

式中，G'为某污染物的产生量，m^3；K'为单位产品的经验产污系数；M 为某产品的年产量，m^3。

污染物的排放量则可以用以下公式计算：

$$G = KM \tag{1-7}$$

式中，G 为某污染物的排放量，m^3；K 为单位产品的经验排污系数；M 为某产品的年产量，m^3。

4. 工程分析的基本内容

工程分析的内容，原则上是应该根据建设项目的工程特征，包括建设项目的

内容、性质、规模、能量与资源用量、污染物排放特征以及项目所在地的环境条件来确定。但是，生态影响型建设项目的内容不同于污染型建设项目的工程分析。一般地，生态影响型建设项目包括大型水利枢纽、大型露天采矿、高速公路、输油输气管道等工程建设项目，其工程分析的内容应结合工程自身的特点，从而提出工程施工期和运营期的影响和潜在影响因素，尽量给出量化指标。本书重点介绍大型水利枢纽建设项目(如南水北调)的工程分析基本内容，其通常包括下列几个部分(具体见表 1-9)。

表 1-9　工程分析的基本内容

工程分析项目	工作内容
建设项目概况	一般特征简介 工程特征 项目组成 施工和运营方案(给出工程布置图) 方案比选
施工计划和施工方式分析	法律法规、产业政策、环境政策和相关规划的符合性 选址选线、施工布置和总图布置的合理性 清洁生产和区域循环经济可行性
生态环境影响源项分析	工程行为识别 重点工程识别 原有工程识别
主要污染物与污染源强分析	废水污染 废气污染 固体废弃物污染 噪声污染
环境保护方案分析	施工和运营方案合理性 工艺和设施的先进性和可靠性 环境保护措施的有效性 环保设施处理效率的合理性和可靠性 环保投资合理性
替代方案分析	生态环境影响强度分析 与推荐方案比较 工程选线、选址合理性
其他分析	非正常工况分析 事故风险识别和源项分析 防范和应急措施

1）建设项目概况

建设项目基本概况包括一般特征简介、工程特征、项目组成、施工和运营方案(给出工程布置图)、方案比选等。其中，工程的项目组成及施工布置指按工程的特点给出工程的项目组成表，并说明工程的不同时期存在的主要环境问题。然后，项目负责人员需结合工程的设计，介绍工程的施工布置，并给出施工布置图以及比选方案。

2）施工计划和施工方式分析

结合相关的法律法规、产业政策、环境政策等分析建设项目的合理性，并结合工程的建设进度和介绍工程的施工规划，对与生态环境保护有重大关系的规划建设内容和施工进度做详细介绍，从而确定建设项目选址选线、施工布置和总图布置的合理性，确定清洁生产和区域循环经济可行性。

3）生态环境影响源项分析

通过调查，从生态完整性和资源分配的合理性出发对项目建设可能造成的生态环境影响源强进行分析，能定量地给出所需的数据，如占地面积、植被破坏量(特别是珍稀植物的破坏量)、淹没面积、移民数量和水土流失量等均应给出量化数据。

4）主要污染物与污染源强分析

对于建设项目中主要的污染物——废水、废气、固体废弃物的排放量和噪声发生源源强，必须给出生产废水和生活污水的排放量及主要的污染物排放量；废气排放源的位置，并说明排放源的排放性质(固定源、移动源、连续源、间断源)及主要的污染物产生量；固体废弃物中工程弃渣和生活垃圾的产生量；噪声的声源种类和声源强度等。

5）环境保护方案分析

一个建设项目为了达到与环境的协调发展，它的环境保护方案必须在整个建设方案中占重要地位。主要的环境保护方案分析包括对施工和运营方案的合理性分析，工艺各设施的先进性和可靠性的分析，环保措施的有效性和环保措施处理效率的科学性、可靠性以及环保投资的合理性分析。

6）替代方案分析

通常，在大型水利枢纽建设项目中替代方案分析一般指结合工程设计，主要就替代方案的生态环境影响强度，特别是将量化指标与推荐方案进行比较，从环境保护的角度分析工程选线、选址推荐方案的合理性。

除以上分析外，工程分析还包括非正常的工程状况分析、事故风险源的识别和风险源项目的分析以及在出现突发状况时的防范和应急措施等其他分析。总体概括起来，工程分析需要包括以下几个要点。

(1) 完整分析所有工程组成。工程分析要对拟建主、辅工程简要描述及分析(主要工程措施、工艺、施工方法和运行特点)。一般建设项目工程由主体工程、辅助工程、配套工程、公用工程和环保工程五部分组成，在工程分析中必须考虑所有的工程建设活动，把所有工程活动都纳入分析中，如为工程建设开通的进场道路、施工道路、工业作业场地、重要原材料的生产(原料生产、采石场、取土场)、拆迁居民安置地等。评价人员往往容易忽视或漏掉主体工程以外的其他工程的分析，这就要求评价人员认真阅读和分析工程设计文件中的各个工程部分，选取其中与环境有关的内容，做到“一个都不能少”。

(2) 考虑全过程和各种不同的运行方式。建设项目根据实施过程的不同可分为选址选线期(如公路铁路的选址选线和石油天然气的钻探选点)、设计方案期、建设期、运营期和运营后期(矿山闭矿、渣场封闭与复垦)。生态环境影响是一个过程，因此必须做到全过程分析。除此之外，对大型水利枢纽建设项目来说，还需要进行生态恢复期的工程分析。

另外，由于不同的施工方式和运行方式会对环境造成不同的影响，进行工程分析时，还需要考虑到这一点，如公路建设之桥隧方案或大挖大填、机械作业或手工作业等，集中开发还是分散进行，永久占地还是临时占地。

(3) 突出重点工程。以上两点都需要评价人员全面地进行工程分析，然而每个方面都进行详细的工程分析是不需要也是浪费时间和精力的，因此，需要把握好重点工程，对重点工程进行详细的工程分析。所谓重点工程，一是指工程规模比较大的，其影响范围大或时间比较长的；二是位于环境敏感区附近的，虽然规模不是最大，但造成的环境影响却不小的。

1.4　环境风险控制

环境风险控制就是利用合理合法的措施控制损失程度的不确定性以及对损失程度的波动性进行控制的一种活动。在本节中所提及的四种控制技术中，风险规避与风险减缓属于对损失程度进行控制的风险控制技术，风险抑制和转移则为控制损失波动性的风险控制技术。

1.4.1　环境风险控制制度

迄今为止，环境风险管理尚未列入我国相关的法律法规中，也未形成良好完备的管理制度。正如环境管理中制度的不完善性，当前我国在环境风险管理方面的相关法律也是不完善的，这导致了先污染后治理现象的频繁发生。由于在风险控制方面，我国也没有相应完善的法律制度，因此建议相关部门首先应不断完善在环境风险等相关方面的法律制度。当然，广大公众的参与及环保意识的提高、建设项目负责部门对环境危害的高度重视都是实现环境风险控制的必要前提。

1.4.2　环境风险控制技术原则

为了更好地控制系统中存在的环境风险，在实际建设项目全周期中，必须遵循以下几个基本原则。

1. 闭环控制原则

一个完整的系统应该包括输入、输出、通道信息反馈并能通过决策来控制输入这样一个完整的闭环控制过程，其最基本的示意图见图 1-9。只有闭环控制才能达到系统优化的目的。而做好闭环控制，最重要的是要有信息反馈和控制措施。

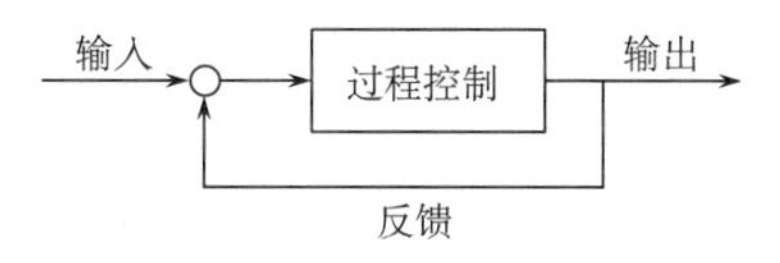

图 1-9　闭环控制示意图

2. 动态控制原则

从图 1-9 可以看出，整个系统并非是静止不动的，但输出结果只受输入这单一因子的影响。因此，只有通过相关的合理方式来充分认识系统的运动变化规律，并能从中进行适时正确的控制，才能收到预期的效果。

3. 分级控制原则

根据系统的组织结构(环境监测部门、风险管理部门等)和危险的分类规律(如暴露频率等)，采取分级控制的原则，可使得风险目标被分解，在责任分明的基础上，最终实现系统的总控制，见图 1-10。

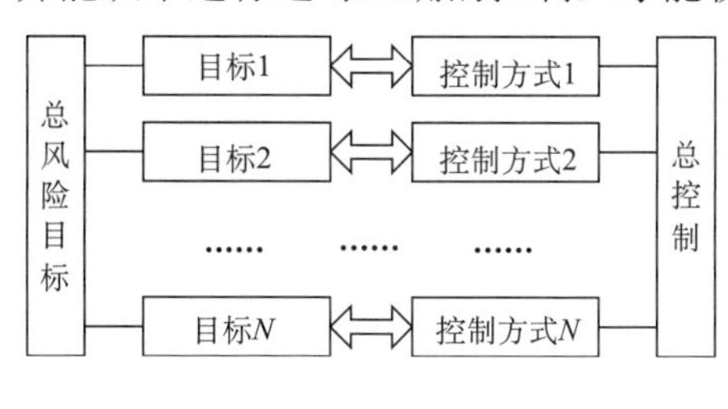

图 1-10　分级控制示意图

4. 多层控制原则

除上述 3 个原则外，还需要坚持多层控制。通过多层控制，可以增加系统的可靠程度，从而尽可能地实现风险目标的无害化处理。

1.4.3　环境风险控制技术

环境风险控制主要分为规避环境风险、降低环境风险、抑制环境风险和转移环境风险四种技术。在这些技术中，很多工程实例往往都是同时使用两种或两种以上技术来降低风险，如有些企业在管理火力发电厂中，会将电厂转移至人口较少的郊区，并通过经常维修机组使其正常运行等措施来减少风险。

1. 规避环境风险

当环境风险评价结论达到了不被社会接受的程度，且又没有比较好的减少环境风险的方法时，可以主动放弃或拒绝实施该项可能引起较大环境风险损失的项目。例如，淮河流域污染严重，小造纸厂是主要污染源，其生产过程中所产生的环境风险已经达到了社会不可接受的程度。因此，政府采用关闭小造纸厂的手段，来降低淮河水污染的环境风险。这是一种从根本上避免环境风险的措施，是最简单的风险处理方法。

但是，这种方式抑制了当地社会经济的发展，从某种程度上，加剧了环境与发展之间的矛盾。因此，除了不可避免的事故(如地震、海啸等自然灾害)和正在实施的工程外，规避风险也并不能完全适用于任何除此之外的项目，其适用的情况主要有以下几个方面。

(1) 某种特定风险所致的损失概率和损失程度相当大。

(2) 风险规避适用于采取其他风险处理技术的成本超过其产生的效益，而采用风险规避方法可使损失的可能性等于零。

(3) 风险规避使用于客观上不需要的项目，没有必要冒险。

(4) 风险太大，一旦造成损失，单位无力承担后果。

2. 降低环境风险

降低风险，又称预防风险，是当环境风险无法避免时，在风险损失发生前，为了消除或减少可能引起损失的各种因素而采取的具体措施，可以通过技术改进，采用更先进的生产工艺、技术和设备，以提高生产的稳定性和安全性，同时通过提高风险管理水平来消除或减少环境风险。例如，为了减少废水排放事故的发生，在生活污水处理系统设置双回路电源，确保系统的正常运转，或对给排水管网进行定期巡检等。

一般地，预防风险主要有工程物理法、人们行为法和规章制度法三种方法(各内容见表1-10)。其中，人们行为法强调安全教育和人的动机，通过教育措施来规范人们的行为，如为防止火灾而设置防火设施并禁止明火等。规章制度法是指国家、企业制定相应的规章制度，要求风险管理单位在国家规章制度的范围内进行经济和社会活动，预防风险事故的发生，企业制定的规章制度不得违反国家的法律法规。

表 1-10　预防风险的方法的内容

方法	主要内容
工程物理法	预防风险因素的产生；减少已经存在的风险因素；防止已经存在的风险因素释放能力或者限制能量释放的速度；防止存在的风险因素释放能量；改善风险因素的时间和空间分布；隔离风险因素与人、财、物；改变风险因素的基本性质；加强风险单位或个人的防护能力；防止风险因素的聚集；救护被损害的风险单位，修护或者复原被损害的风险单位
人们行为法	安全法制教育；安全技能教育；安全态度教育
规章制度法	制定相应的规章制度来规范经济和社会活动

总体上，降低环境风险是一种最普遍采用的方式，其与规避风险的区别在于，没有消除损失发生的可能性。这就要求我国应在环境容量许可的条件下，全面推行清洁生产，形成低投入、低消耗、低排放和高效率的节约型增长方式。

3. 抑制环境风险

抑制风险是指在事故发生时或之后，为减少损失而采取的各种措施，主要通过采用安全和控制系统来阻止事故的蔓延，但这类措施必须是系统有实效时才起作用，同时也需要引入报警与控制系统自身的失误率。其中，建设缓冲系统是一种费用较少、效果较好的方法。

表 1-11 以油库为例，分析了事时措施与事后措施。

表 1-11　油库的事时与事后措施

事时措施	事后措施
现场指挥人员撤离，救助伤者； 电话联系救援人员； 开启自动灭火系统； 组织抢救能抢救的财产等	灾后建立基金； 及时修理并恢复火灾损害的财产； 消除安全隐患； 友好接待责任事故受害者等

4. 转移环境风险

转移风险是指改变风险发生的时间、地点及承受风险对象的一种处理方法，可以通过两种方式来实现——保险转移与非保险转移，即如果建设项目所具有的环境风险不被社会所接受，则可以通过变更项目地点，或改变项目周围环境使它达到能够接受环境风险的程度，如移民等。同时，还可以通过制定合理的保险费率，对环境风险进行投保，让保险公司承担环境风险的经济损失。但是，环境风险转移不适用于正在施工的项目和工程。

参 考 文 献

毕星，翟丽. 2000. 项目管理. 上海：复旦大学出版社.
程水源，崔建升，刘建秋，等. 2003. 建设项目与区域环境影响评价. 北京：中国环境科学出版社.
段开龄. 1999. 风险管理教育的发展. 北京：新华出版社.
耿雷华，姜蓓蕾，刘恒，等. 2010. 南水北调东中线运行工程风险管理研究. 北京：中国环境科学出版社.
郭廷忠. 2007. 环境影响评价学. 北京：科学出版社.
郭晓亭，蒲勇健. 2004. 证券投资基金风险分析与实证研究. 重庆：重庆大学博士学位论文.
胡宣达，沈厚才. 2001. 风险管理学基础——数理方法. 南京：东南大学出版社.
梁凯. 2012. 生态影响型建设项目环境影响评价中的工程分析. 广东化工，(4)：119-125.
卢有杰，卢家仪. 1998. 项目风险管理. 北京：清华大学出版社.

罗云, 樊云晓, 马晓春. 2004. 风险分析与安全评价. 北京: 化学工业出版社.
王罗春, 蒋海涛, 胡晨燕, 等. 2003. 环境影响评价. 北京: 冶金工业出版社.
王明涛. 2002. 证券投资风险计量、预测与控制. 上海: 上海财经大学出版社.
温鹏, 匡尚富, 贾仰文. 2009. 水利投资风险的基本理论研究. 水利水电技术, 40 (9): 12-17.
谢非. 2013. 风险管理原理与方法. 重庆: 重庆大学出版社.
叶青. 2001. 中国证券市场风险的度量与评价. 北京: 中国统计出版社.
叶青, 易丹辉. 2000. 中国证券市场风险分析基本框架的研究. 金融研究, (6): 65-79.
朱世云, 林春绵. 2013. 环境影响评价. 2 版. 北京: 化学工业出版社.
朱淑珍. 2002. 金融创新与金融风险——发展中的两难. 上海: 复旦大学出版社.
Bromiley P. 1991. Testing a causal moolle of corporate risk taking and performance. Academy of Management Journal, 34: 37-59.
Crane F J. 1984. Insurance Principles and Practice. 2nd Edition. New York: Wiley.
Fabozzi F J. 1999. 投资管理学. 2 版. 周刚, 等, 译. 北京: 经济科学出版社.
Markowitz H. 1952. Portfolio Selection. Journal of Finance, 7(1): 77-91.
March J G, Shapira Z. 1987. Managerial perspective on risk and risk taking. Management Science, 33: 1404-1418.
March J G, Shapira Z. 1992. Variable risk preferences and the focus of attfention. Psychological Review, 99: 172-183.
Mowbray A H, Blanchard R H, Williams C A. 1995. Insurance. 4th Edition. NewYork: McGraw-Hill.
Rosenbloom J S. 1972. A Case Study in Risk Management. New Jersey: Prentice Hall.
Williams C A, Heins R M. 1985. Risk Management and Insurance. New York: McGraw-Hill.

第 2 章 水利工程环境风险评价管理体系

2.1 水利工程环境风险及其评价流程

2.1.1 水利工程环境风险

水利工程环境风险是指水利工程在特定时空条件下发生非期望事件的概率及其引起的环境后果。广义上看，该环境风险指在人类的水利工程建设活动中所引发的危害而造成的损失，包括人体健康、社会经济、生态系统等方面。一般情况下，水利工程环境风险具有以下特征。

1）损失的潜在性

在水利工程中，结构塌方是最常见的风险事故之一，从导致这种事故发生的因素中并不难发现，其在此之前已经存在——可能是采购的建材质量不合格或者材料、型号与设计不符，可能是设计单位的结构设计不合理，也可能是承包商的施工工艺不当等。总体上，损失风险往往积蓄至某程度时，才会爆发出来。

2）损失的不确定性

不确定性是指发生损失的可能性无法确定。在水利工程建设中，影响损失的因素太多，包括自然环境、设计、材料质量、施工、管理人员素质和施工技术水平等，每一个环节都可能因为不可靠因素而导致风险。当采用新方案施工时，发生什么样的风险事故，造成什么样的损失更是难以估计。由于水利工程所处的环境系统和所影响的环境区域都是复杂的大系统，广泛存在的不确定性是产生风险的根本原因。

近年来水利工程所引起的环境问题日益受到人们的关注，如三峡水电站对生态环境的影响越来越受到争议。从某种程度上来讲，水利工程的建设意味着该工程将会对整个河流流域内资源、生态、环境因素的整体改变，其必然会对环境造成一定程度的影响，因此，人类对水资源的利用并不总是有利的。更重要的是，目前国内外越来越多的水利工程所潜在的隐患都已经慢慢突显出来，有的甚至已经对环境产生了灾难性的影响。因此对正在建设或即将建设的水利工程而言，通过环境风险管理，如在其建设、运行中参考现有的水利工程来减少环境风险是十分必要的。

2.1.2 水利工程环境风险评价流程

水利工程建设中潜藏着众多环境风险，对环境风险进行有效分析是工程顺利建设的重要保证。目前，国际上出现了很多水利工程破坏环境的案例，我国原有的水利工程更是出现了很多问题，没有达到经济发展的预期目标，也破坏了当地的生态环境。但是，为解决水资源短缺，实现水资源合理配置，满足防洪、供水、发电、航运等方面的要求，我国仍然需要继续修建大量水利水电工程，所以建立一个完善的水利工程环境风险评价过程是很有必要的。

首先，水利工程的环境风险评价是建立在大量建设项目的风险后果的定量数据之上的。经过环境风险评价，可以在项目建设前对所设计的工程方案进行环境风险预测，根据风险事故的类型、产生原因及事故可能影响的范围和结果，为项目选址的合理性、设计方案的可行性做技术上的论证，同时针对事故风险提出的相应对策与措施，在一定程度上降低事故的发生率，减少事故发生后对人类及环境的影响范围与程度。当缺少各种基础资料的积累时，可以采用定性和定量相结合的方法，组织人员到现场进行调查、采样、收集尽可能多的资料，再由专家评分和定权，由加权所确定的指标值作为风险后果大小的估计值。

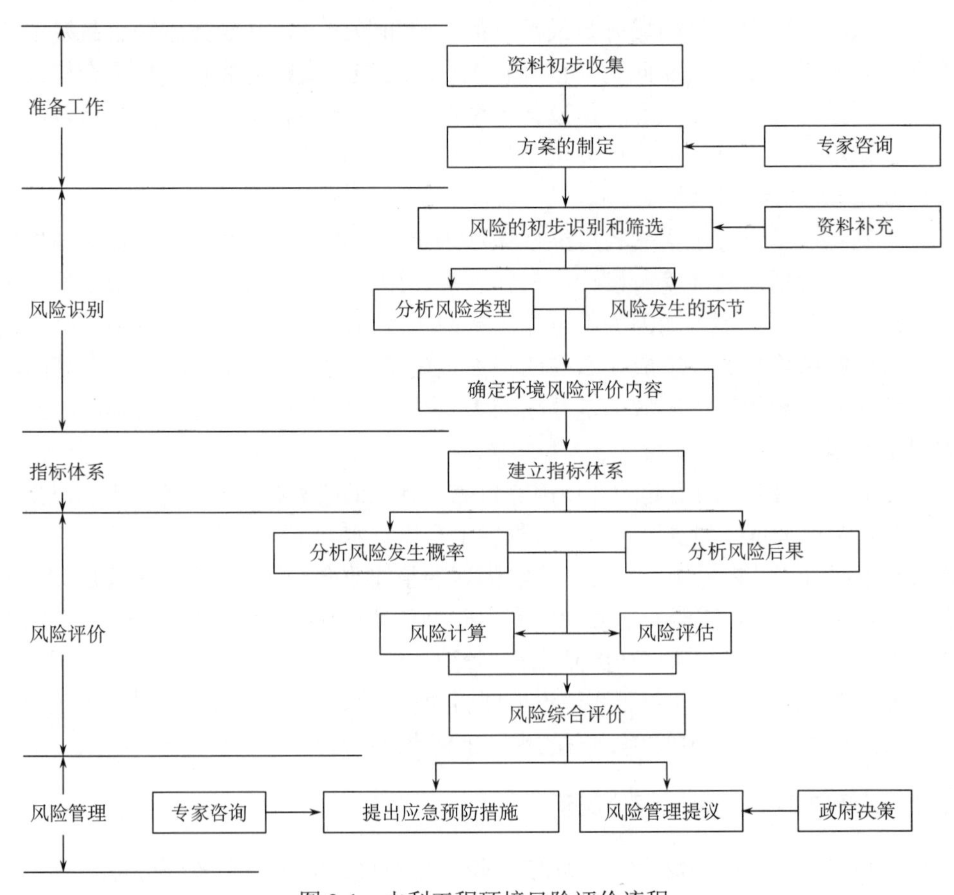

图 2-1　水利工程环境风险评价流程

其次，水利工程项目的环境风险评价，应仔细研究其建设过程及运行管理过程中的特性，综合分析可能发生危险的环节和环境、产生风险的频率和影响范围、可能产生的“多米诺”效应及其后果等，并对影响范围内的人口、自然环境状况进行综合的效益分析。

完整的水利工程环境风险评价流程见图 2-1。

2.2　水利工程环境风险识别

2.2.1　水利工程环境风险识别的含义、内容及方法

1. 水利工程环境风险识别含义

环境风险识别是环境影响评价的首要任务之一。同一般风险识别类似，水利工程的环境风险识别就是通过资料收集与分析，确定水利工程在建设、运行等过程中风险发生的时间和地点，以及其对环境的影响程度。

就水利工程而言，依据工程项目的全生命周期理论，其将消耗相关地区大量的人类社会有限资源(自然资源和能源)，同时将破坏生态系统并产生大量的环境污染。水利工程项目对环境、能源和资源的影响见图 2-2。

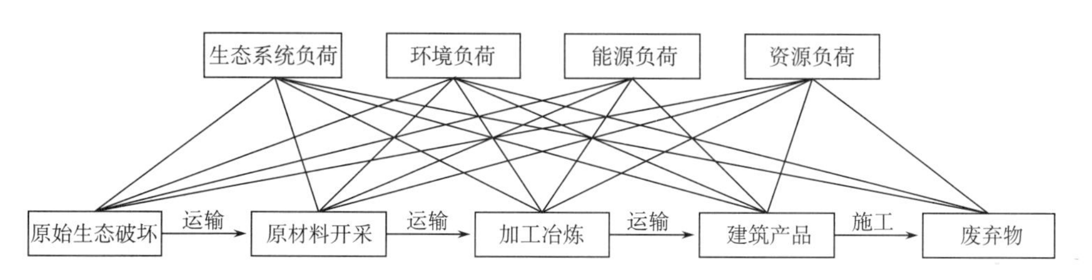

图 2-2　水利工程项目对生态、环境、资源影响结构图

2. 水利工程环境风险识别内容

在风险识别之前，首先必须明确，水利工程除了同一般土木工程一样具有易受外界因素及不可抗力影响等特点外，还有其自身的特点。总体上，一般水利工程自身包括以下几个特点。

(1) 水利工程承担挡水、蓄水和泄水的任务，因而对水工建筑物的稳定、承压、防渗、抗冲、耐磨、抗冻、抗裂等性能都有特殊要求，需按照水利工程的技术规范，采取专门的施工方法和措施，确保工程质量，若无法保证这些性能，则该水利工程将面临巨大风险。

(2) 水利工程对地基的要求比较严格，水利工程常处于地质条件比较复杂的地区和部位，地基处理不好就会留下隐患，事后难以补救，需要采取专门的地基

处理措施。

(3) 水利工程多在河道、湖泊、沿海及其他水域施工，这就需要根据水流的自然条件及工程建设的要求进行施工导流、截流及水下作业。

(4) 水利工程要充分利用枯水期施工，有很强的季节性和必要的施工强度，有的工程因受气候影响还需采取温度控制措施。因此，要把握时机，合理安排计划，精心组织施工，及时解决施工中的防洪、度汛等问题。

(5) 在许多大型水利工程项目内往往还有着许多小项目，容易发生施工干扰，敏感性要比其他建设类项目强。

(6) 水利工程施工过程中的爆破作业、地下作业、水上水下作业和高空作业等，常常平行交叉进行，对施工安全非常不利。因此，必须采取有效措施，防止安全事故发生。

在明确工程本身特点的基础上，某特定的水利工程在识别风险时(与一般的建设项目识别方式相似)需要针对该工程特点来研究。与此同时，对水利工程风险源进行分析时，还需要考虑以下几方面的内容：①分析所有与水利工程有关的风险；②分析水利工程建设和运营过程中的重大环境风险，以作为风险分析的重要内容；③对水利工程带来的潜在风险源进行识别。

虽然目前我国还没有关于水利工程环境影响的成熟的技术导则，但是可以通过查阅资料和咨询专家等方法确定适合本水利工程风险评价的大体方案。由于各个水利工程对环境的影响方式千差万别，影响程度也大小不一，所以首先应对风险进行初步的识别和筛选，再分析风险的类型以及风险发生的环节，筛选出对环境影响范围大、影响程度深的因子，同时应尽量避免或减少各个指标之间的重叠部分。

3. 水利工程环境风险识别方法

目前，水利工程环境风险识别主要采用专家调查法、层次分解法和幕景分析法。这三种方法有各自的分支，也有各自的特点，在实际中，为了较准确地识别环境风险，需要针对各自的水利工程特点选择较适宜的识别方法。

1) 专家调查法

由于在环境风险识别的工作中很难进行实验分析，并且很难运用数学模型进行理论的推导，所以主要还是采用经验分析的方法和推断的方法。但是，又因为个别分析者的经验具有局限性，所以一般集中采用一些有专门经验的专家的意见对环境风险进行识别。

下面是两种比较常用的专家调查法。

(1) 德尔菲法(Delphi method)。德尔菲法是美国著名咨询机构在 20 世纪 50 年代发明的，其评价过程是首先在参加的专家之间相互匿名，然后对各种结果进行统计处理，并带有反馈性地进行反复的意见测验。这种方法通常采用试卷问题调查的形式，对项目施工中存在的危险源进行分析、识别，提出规避风险的方法和要求。它可以大大节省调查时间，提高工作的效率，且具有隐蔽性，不易受他人或其他因素的影响，能够获得更广泛的意见，使最后做出的结论更具合理性。

(2) 头脑风暴法(brainstorming method)。头脑风暴法，又称智暴或集思广益法、畅谈法。该方法首先是由美国奥斯本在 1939 年创立，并于 1953 年著书发表，是一种刺激创造性、产生新思想的技术。此方法主要采用会议的形式，通过调动多位专家的积极性、创造性，使参与者畅所欲言，相互启迪，进而激发每个人的思维灵感，使风险识别得更加完整、准确、符合实际。一般由施工人员共同对施工工序作业中存在的危险因素进行分析，提出处理方法，主要适用于重要工序，如焊接、施工爆破等。

2) 层次分解法

此方法旨在把比较复杂的系统，按照一定的分解原则，分层次地分解为若干个简单的、容易分析的子系统，以便于对这些子系统进行进一步的具体、深入的研究。通过对各子系统的分析进而了解整体。

另外，层析分解法也可以用直观的图形来进行表示，在风险分析中又称为“风险树”，其基本形式见图 2-3。

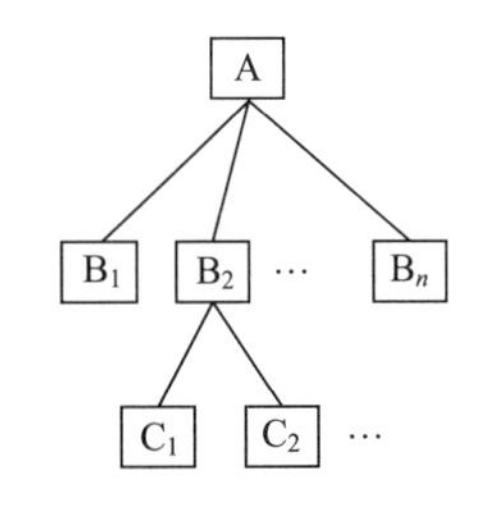

图 2-3　“风险树”基本形式

3) 幕景分析法

幕景分析就是一种在风险分析中能够识别引起危险的关键因素及其影响程度的方法。此方法可以对某一个系统的某种未来状态进行描述，也可以对该系统的发展过程进行描述，即描述若干年某种系统的变化。

该方法主要包括三个阶段——筛选、监测和诊断。筛选是用某种程序将具有潜在危险的过程进行分类选择的风险识别过程；监测是对某种险情及其后果进行观测、记录和分析的复现过程；诊断是根据其后果与可能的起因关系进行评价和判断，找出可能的原因并进行仔细的检查。

2.2.2　水利工程主要的环境风险类型

水利工程是为消除水害、开发并利用水资源而修建的。该工程主要用于控制和调配自然界中的地表水和地下水，从而达到除害兴利的目的。按目的或者服务对象不同，水利工程可分为防洪工程、灌溉工程、发电工程、供水工程和围垦工程等。若一项水利工程同时为防洪、灌溉、发电、航运等多种目标服务，则称该水利工程为综合利用水利工程。

一定程度上，由于水利工程具有以上不同的功能，其风险类型就存在着很大的差异，即使是同一种风险，在不同水利工程中发生的概率也会存在偏差。一方面，水利工程开发建设中的环境风险主要集中于自然因素和在人为因素两方面所带来的风险，详细分类可见图 2-4；另一方面，水利工程开发建设中的环境风险也可以主要分为水环境风险、生态环境风险和公众健康风险。

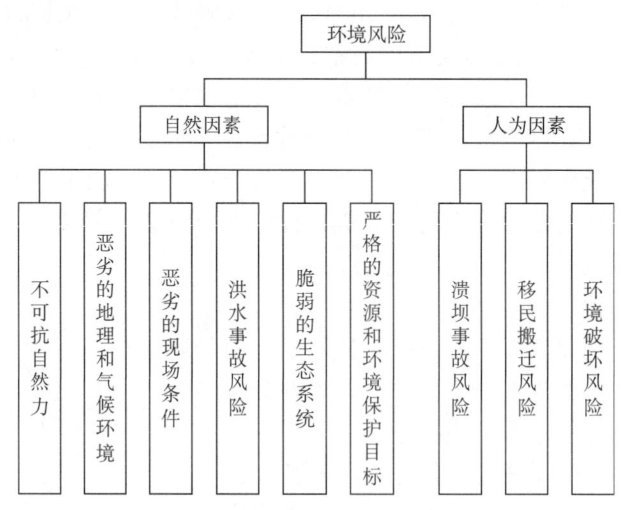

图 2-4　水利工程开发建设的环境风险

1. 水利工程水环境风险

水利工程水环境风险分为工程风险和水质风险两大类。其中，工程风险又包括工程施工期水环境风险、工程运营期水环境风险和水利工程功能带来的特有风险。

1）工程风险

工程风险主要来自不确定的荷载、地基及建筑物的抗力、设计方法、施工质量等几方面。

（1）工程施工期水环境风险。工程施工期间，水环境风险主要来源于施工废水。施工废水主要可分为基坑废水、砂石料系统冲洗废水、混凝土拌和废水和施工人员生活污水以及汽车、机械设备冲洗含油废水。其中，砂石料系统冲洗废水、混凝土系统废水主要污染物为悬浮物（SS），生活污水主要污染物为有机物（以 COD 作为衡量指标），汽车、机械设备冲洗废水主要为含油废水。在一定程度上，施工废水及生活污水将会对坝址下游河道水体水质产生一定的风险。

（2）工程运营期水环境风险。工程运营期间，水环境风险主要为溃坝决堤风险和水库淹没风险。超标准洪水、地震等自然因素和设计不周、施工不良、管理不善等人为因素都会导致水利枢纽溃坝决堤。溃坝后的洪水将会对下游城镇村庄、农田和基础设施造成毁灭性的破坏。并且，当河流上建立水利枢纽后，土地、林场、矿产资源、居民点、城镇、工矿企业、交通路线和文物古迹等都有可能受到水库回水淹没的风险。

以“75·8”暴雨引起的河南省驻马店地区板桥和石漫滩两座大型水库溃决为例。板桥水库和石漫滩水库分别建于 1952 年和 1950 年，设计时实测水文资料不过 20 年，主要靠经验方法进行推算设计。虽然 1955 年、1965 年和 1973 年先后 3 次复核和修正水库的设计洪水，但每次都是由于出现大洪水后而被迫提高标准的。而“75·8”特大暴雨所产生的最大 6h 雨量为 830mm，超过了当时世界最高纪录(美国宾州密士港)782mm。因此，暴雨引起的洪水远超这些水库的设计洪水标准，即板桥水库设计最大库容为 4.92 亿 m^3，设计最大泄量能力为 1720m^3/s，远少于它在“75·8”洪水中承受的 7.012 亿 m^3 洪水总量和 17 000m^3/s 的洪峰流量，导致大量水库溃决。2 座中型水库和 58 座小型水库在短短数小时内的相继垮坝溃决，使驻马店地区的 10 个县(镇)在多达 57 亿 m^3 的洪水侵害下尽成泽国；加上许昌、周口、南阳等地，使受灾人数超过 1100 万，死亡人数 2.6 万；使京广铁路中断行车达 18 天之久，经济损失近百亿。

(3) 水利工程功能带来的特有风险。水利工程按照其目的或服务对象可以分为航运工程、防洪工程、灌溉工程、发电工程、供水工程、围垦工程等，其特有的风险类型各不相同，如航运工程会带来由船舶与船闸碰撞而造成的漏油风险。

2) 水质风险

水利工程的修建会影响上游流域的水文情况，使库区的水速减缓，影响水体中非持久性污染物的稀释和衰减。若库区中的潜在污染源一旦发生事故，将对整个库区的水质造成极大的影响，如重污染工厂污染物的泄漏和污水处理厂的风险排污，将会造成整个库区污染物的超标，影响取水水质的安全。

另外，水质比较恶劣的支流一旦流量骤增，注入库区后回流到库区上游，将影响库区上游水质安全。

2. 水利工程生态环境风险

水利工程，特别是大型水利工程对生态环境的影响一直是社会各界关注的重点问题。由于影响程度需要较长时间才会缓慢显现，所以大型水利工程未来必须面对生态环境长期影响问题，如水库泥沙淤积、库区水环境、库岸稳定；水库下游河道冲刷、河流地貌改变、河流水文和水动力过程变化、江湖关系变化等都将引起生态环境的变化。另外，库区急流水生生物向静水生物演替、生物洄游通道阻隔、水库诱发地震、水位变幅过大可能引起的库岸滑坡等问题也不容忽视。对于跨流域调水工程，调出地区面临水资源和生态流量减少，而调入地区面临水资源量增加，如果灌溉不当，地下水位上升还可能引起土壤盐碱化等问题。

3. 水利工程公众健康风险

库区蓄水后，水体流速变缓，水面增大，为蚊虫等的滋生提供了条件，同时鼠类由于库区淹没和浸没影响被迫后迁，增加了库区周围鼠类密度，从而提高了虫媒传染病发生的概率。施工时，大量施工人员进驻，若环卫措施实施不当或不彻底，可能会引发传染性疾病的流行。

2.3　水利工程环境风险分析

水利工程的风险分析在国外起始于20世纪60年代末、70年代初，当时由于几起严重的大坝失事，促使许多国家如美国、苏联等开展大坝防洪风险研究。1973年美国土木工程师协会发表的一篇用风险分析方法对溢洪道设计进行重新评估的检查报告，拉开了风险分析的序幕。

发展至今，水利工程的风险分析应从系统工程的角度出发，建立经济投入、系统安全与系统破坏可能会带来的经济、环境等损失之间的关系。但在我国，由于各种原因，只是以风险率的大小来表征系统风险，而忽略了风险损失这一要素。

由于水利工程风险分析的核心——风险率的计算和失事的后果分析同样适合本书，故本书也将对这两方面进行重点介绍。

2.3.1　风险率、不确定性与风险分析方法

1. 风险率

风险率，即为荷载大于系统的承载能力所引发的系统失效的概率。如前面所述，风险率的大小将用来表征系统风险的大小。风险率越大，系统所面临的风险也就越大。目前在水利工程设计计算中，广泛使用与风险率相关的另一个参数——安全系数，来进行工程安全校核，如工程的抗洪安全等。安全系数求解计算可简单概括为

$$K = \frac{R}{L} \tag{2-1}$$

式中，K为安全系数；R为工程系统本身的承受能力，如堤坝高程、防洪库容等；L为工程系统的外来荷载，如暴雨、洪水等。

长期的工程实践证明，安全系数法是一种有效的设计方法，但对于水利工程这样一个高度不确定的系统，其忽略了各种参数在施工、运行和管理过程中的变化，无法完全确切地表征工程的安全程度。

因此，水利工程风险率的分析计算必须全面考虑工程各方面的不确定性，收集、分析不确定性的历史统计资料及勘测试验资料，推断和验证不确定因素的随机特征。

为推导安全系数与风险率的计算公式，首先根据工程的承载能力R与工程负荷L两个随机变量是线性且近似等效及统计学的中心极限定理，假定两者均遵守正态分布。即

$$f_R\left(R\right)=\frac{1}{\sigma_R\sqrt{2\pi}}\mathrm{e}^{-\frac{\left(R-\bar{R}\right)^2}{2\sigma_R^2}} \tag{2-2}$$

$$f_L\left(L\right)=\frac{1}{\sigma_L\sqrt{2\pi}}\mathrm{e}^{-\frac{\left(L-\bar{L}\right)^2}{2\sigma_L^2}} \tag{2-3}$$

式中，σ_R 为承载能力的标准差；σ_L 为工程荷载的标准差；$\overline{R}$ 为承载能力的均值；$\overline{L}$ 为工程荷载的均值。

在计算工程运行风险率过程中，还涉及随机变量 R 和 L 的加减运算。根据统计学原理，承载能力与工程荷载之差 $(R–L)$ 也是一个遵从正态分布的随机变量。工程的可靠度可表示为 $R>L$ 或 $(R–L)>0$ 的概率。若以 P_{b} 表示可靠度，则

$$P_{\mathrm{b}}=P\{(R-L)>0\} \tag{2-4}$$

随机变量 $(R–L)$ 的均值为

$$\overline{R-L}=\overline{R}-\overline{L} \tag{2-5}$$

则

$$\sigma_{(R-L)}=\sqrt{\sigma_R^2+\sigma_L^2} \tag{2-6}$$

$$P_{\mathrm{b}}=P\{(R-L)>0\}=\int_0^{\infty}\frac{1}{\sigma_{(R-L)}\sqrt{2\pi}}\mathrm{e}^{\frac{\left[(R-L)-\overline{(R-L)}\right]^2}{2\sigma_{(R-L)}^2}}\mathrm{d}(R-L) \tag{2-7}$$

因此，可利用正态概率表求可靠度 P_{b} 的值。

以 P_{f} 表示工程风险率，则

$$P_{\mathrm{f}}=1-P_{\mathrm{b}}=P\{(R-L)>0\}=\int_{-\infty}^{0}\frac{1}{\sigma_{(R-L)}\sqrt{2\pi}}\mathrm{e}^{\frac{\left[(R-L)-\overline{(R-L)}\right]^2}{2\sigma_{(R-L)}^2}}\mathrm{d}(R-L) \tag{2-8}$$

同样，可利用正态分布表求得工程风险率 P_{f} 的值。

由上述推导不难看出，即使承载能力均值和工程荷载均值保持不变，由于承载能力和工程荷载的离散程度不同，工程的可靠度和风险率也不同。在实际计算过程中，可期望用比较近似的方法来拟合求得可靠度和风险率，因此出现了各种水利工程风险率计算方法。具体计算分析方法将在本节后面阐述。

2. 不确定性

1）不确定性的分类

在第 1 章中，已经提出风险所具有不确定性。这种特性在水利工程环境风险中同样存在，且其根据具体的情况被赋予了具体的含义，具有不同的表现形式(图 2-5)。

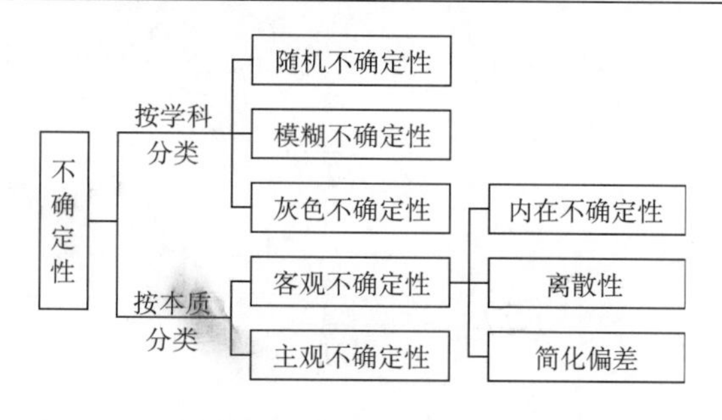

图 2-5　不确定性的分类

按学科分类，不确定性可分为随机不确定性、模糊不确定性和灰色不确定性。随机不确定性是由于事件发生的条件不充分，使得在条件与事件之间不能有必然的因果关系，从而使事件的出现与否表现出不确定性，如水库由于特大暴雨而导致溃堤现象。模糊不确定性表现在事物本身的概念是模糊的，即一个对象是否符合这个概念是难以确定的，如年径流现象的“丰”“枯”是不能以某一个径流量来分界的；同样地，水体质量的“清洁”与“污染”、空气的“干燥”与“潮湿”也都找不到明确的界限。灰色不确定性则是由对事物知识本身的不完善性所引起的。一般情况下，事物是由若干相互联系、相互作用的要素所构成的具有特定功能的有机整体，但限于知识的不完善性，人们不可能完全掌握事物的全部内容，如生活垃圾卫生填埋。

从本质上看，不确定性又可分为客观不确定性和主现不确定性两类。其中，客观不确定性分内在不确定性、离散性和简化偏差三种。

内在不确定性是指物理量本身具有的客观随机性，不随外界环境的变化而变化。离散性是由于人们对物理量的测量值、认识值与物理量的真实值存在差别，使得认识值相对真实值在某种程度、某个范围内具有离散性，如测量误差、满宁系数(粗糙度)等。简化偏差是指由于受资料、技术等限制，采用的物理模型、计算公式存在着近似和简化，从而造成与真实值的偏差。毫无疑问，这三类不确定性都是客观存在的，直接影响着工程的安全状况。随着科学技术水平的提高以及资料占有量的增多，不确定性的内在规律逐渐得到认识，离散性和简化偏差的不确定性也越来越得到控制和缩小，但无论科学发展到什么程度，这种不确定性依然存在，这是符合科学的客观认识论的。

主观不确定性是指由于人的主观思想、主观认识、主观行为与客观的规律相悖而引起的与真实值的偏差，如所建立的模型含有错误、系统操作的失误等。主观不确定性与客观不确定性的区别在于，前者是一种由失误或错误引起的偏差，背离了真实；而后者是真实在某种程度上的近似和简化，与真实值具有本质上的一致性。在工程中，我们要力求减小客观不确定性而杜绝主观不确定性。

2）水利工程不确定因素分类

在水利工程中，不确定因素往往涉及多方面的不确定性，主要分为承载能力的不确定性和工程荷载的不确定性两大方面。下面将根据这两大方面，对水利工程中不确定因素按学科进行详细分类。

（1）水文不确定因素。水利工程系统所涉及的具有不确定性的水文量，包括洪水频率分布年径流量、洪量、洪峰系列、洪峰及年内洪水的时间分布，可能最大洪水、降雨径流关系、暴雨系列频率分布、暴雨时空分布、年降水量系列频率分布、汛前库水位、水位库容关系、库区冲淤等。这些不确定因素在一定程度上可以通过现场调查及查阅历史资料等方式来预测。在水利工程的建设前期，尽量地被细化，有利于降低不确定性。

（2）水力不确定因素。水力不确定因素是指影响泄流能力和计算水力荷载时具有不确定性的物理量。这些物理量的不确定性是其技术特征值的离散性和模型的简化所造成的，如实际工程中的三维水流简化为一维水流及糙率的离散性等。

（3）土工不确定因素。土工不确定因素表现了地质构造、土工因素方面的物理量的技术特征值的离散性，包括地质构造、管涌、渗流、坝基场压力、沉降、边坡稳定性等。通过对这些不确定因素的研究，可以减少地质结构所造成的灾害。

（4）地震因素的不确定性。地震的强度、烈度、震源、地震作用、材料液化、地震引起的波浪等是具有不确定性的。这种不确定性，相对而言，更具有突发性与危害性。

（5）结构和施工因素的不确定性。结构和施工因素的不确定性是指在结构设计和施工过程中造成的建筑物技术特征值的偏差，包括设计不当、施工材料强度和施工质量偏差。

（6）操作管理因素不确定性。在操作规程、管理行为与工程实际配合过程中，会出现不协调现象。这些现象包括操作、运行程序、运行方案的不确定性程度，工程的维护、保养程度，操作不当，管理过程中人为的过失等。

总体上，上述所提及的几方面不确定性因素大都包括多方面的不确定性。因此，在计算水利工程的整体风险时，要全面考虑上述各方面的不确定性影响，收集并分析不确定因素的历史统计资料及勘测试验资料，由此推断、验证不确定性因素的随机特性。只有全面考虑并清楚这些随机特性，才能保障风险识别的准确性。

3. 风险分析方法

根据上述，可以简单地认为，只要知道了荷载 R 与抗力 L 因素的分布，就可以较方便地进行风险分析。但是，在实际工程中，往往并不知道荷载 R 与抗力 L 因素的分布，只能通过假设检验的方法来推断 R、L 的分布规律和估计参数。但即使 R、L 的值已知，由于 $Z=g(R,L)$ 为多变量函数式，往往也很难求出解析分布函数。处理这类问题时，常用的是近似的方法。工程实践经验表明，在缺乏精确的解析解的情况下，工程师往往更偏爱于简练、实用的计算方法，即在精度、费用和一致性方面相统一的方法。下面将对这类方法进行简要介绍。

1）重现期方法

重现期方法是发展最早，也是最简单的方法。水利工程的重现期 T_r 定义为荷载 L 等于或大于特定抗力 R 的平均时间长度。如果 T_r 以年为单位，则 L 在一年内等于或大于 R 的概率(即工程的每年失事风险)为

$$\overline{R_l} = P(L \geqslant R) = \frac{1}{T_r} \tag{2-9}$$

若设计基准期为年，则整个设计基准期的风险可表示为

$$\overline{R_n} = P(L_n \geqslant R) = 1 - \left(1 - \frac{1}{T_r}\right)^n \tag{2-10}$$

需要明确的是，在推导上述两个式子的过程中，做了两个重要的假定，即：①随机变量 L 在年际间的出现是相互独立的；②随机变量 L 具有时间的恒定性，即其随机特征在 n 年内年际的规律是恒等的。例如，洪水重现期是指某地区发生的洪水为多少年一遇的洪水，是发生在这样大小(量级)的洪水在很长时期内平均多少年出现一次。通常所说的某洪峰流量是多少年一遇，所说的多少年，就是该量级洪水流量的重现期。

该方法的关键在于重现期的确定。不同的物理量所具有不同的确定方法。对于暴雨重现期的估算，是依据历史洪水顺位或重现期，做该流域内的均匀雨量点不考虑重现期的点雨量理论频率计算，求出各雨量占的均值及 C_V 值(离差系数)和流域平均值，以流域暴雨均值除暴雨量，得到各雨量点暴雨的 K 值(模比系数)，利用数值逼近法，反求该 K 的重现期。

总体上，重现期方法在计算风险上具有简单易行的优点，但其缺点亦是显著的。首先，重现期是由历史资料的统计与外延推得的，具有统计的意义，其风险的精度往往受统计资料长度的限制；其次，该方法只考虑荷载变量的水文因素，而将与荷载和抗力有关的其他不确定性完全忽略了，因此用这种方法估算复杂系统的总风险是无能为力的。

2）直接积分法

直接积分法又称全概率方法，是直接利用不定积分的运算性质和基本积分公式，或者先对被积函数进行恒等变形，再利用不定积分性质和基本积分公式求出不定积分的方法。在水利工程中，它是通过对荷载和抗力的概率密度函数进行解析和数值积分得到的。用方程表示为

$$\overline{R}=\int_{0}^{\infty}\int_{0}^{l}f_{R,L}(r,l)\mathrm{d}r\mathrm{d}l \tag{2-11}$$

式中，$f_{R,L}(r,l)$为 R、L 的联合概率密度函数(图 2-6)。

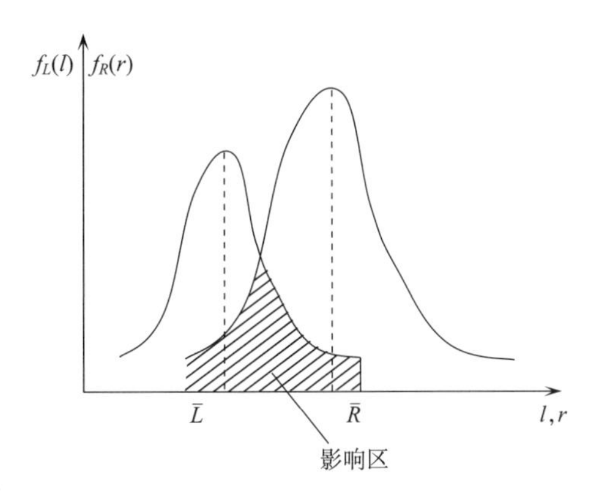

图 2-6　风险产生区域

从式(2-11)可知，若要采用直接积分法，首先必须要获得 $f_{R,L}(r,l)$。如果 L 和 R 具有统计独立性，只要知道 $f_L(l)$和 $f_R(r)$即可。如果 $f_{R,L}(r,l)$得到精确表达，那么用直接积分方法估算的风险是最为精确的。但在工程实际中，由于系统的复杂性以及资料的限制性，有时即使有了解析式，求解积分也是相当困难的，这就使得直接积分法的应用范围受到了很大的限制。

通常，直接积分方法用于处理同分布且相互独立的线性变量的简单系统是比较有效的。例如，Vrijling 和 Verhagen(2005)从水力学角度分析大坝失事机理时，采用直接积分法计算了大坝漫顶、溢流的失事概率；贾仁华和王建华(2006)针对水闸抗滑稳定安全系数公式非线性化特点，采用直接积分法计算已建水闸的可靠度指数和失效概率等。

3）蒙特卡洛模拟方法

蒙特卡洛模拟方法(Monte Carlo，MC)，也称计算机随机模拟方法，是预测和估算失事概率常用的方法之一，其常用的处理手段是计算机模拟与仿真。该方法的基本思想在很早以前就被人们所发现和利用。早在 17 世纪，人们就知道用事件发生的“频率”来决定事件的“概率”。19 世纪人们用投针试验的方法来决定圆周率。目前，该方法主要思路是按照概率定义，即某事件的概率可以用大量试验中该事件发生的概率来估算。可以用民意调查做简单比喻。在统计民意时并不是挨家挨户地征求意见，而是通过对小规模的抽样调查来确定。

因此，使用该方法时，可以先对影响其失事概率的随机变量进行大量随机抽样，获得各变量的随机数，然后把这些抽样值一组一组地代入功能函数式来确定结构失效与否，统计失效次数，并算出失效次数与总抽样次数的比值，此值即为所求的风险值，即用 MC 法求解时有“构造或描述概率过程—从已知概率分布抽样—建立各自估计量”三个步骤。

根据大量调查表明，MC 法在水利工程中已得到了广泛应用，如高波等采用 MC 法生成长系列的典型入库洪水工程，进行水库调洪的风险率计算；Hreinsson 等采用 MC 法对不同类型的水电工程扩建规划进行风险分析并决策等。不难发现，用该方法解题的关键是随机数的产生。此方法产生的随机数称为伪随机数，而产生随机数的方法以数学方法为最优，包括取中法、加同余法、乘同余法、混合同余法和组合同余法。在这些方法中，乘同余法以其统计性质优良、周期长等特点而更被人们广泛地应用。另外，为提高该方法的计算精度，需要对伪随机数进行统计检验，重点检验其均匀性及独立性，从而使产生的伪随机数与原分布一致；为了提高工作效率，应尽量减少必需的样本量，通常采用样本方差、提高样本质量两种方法达到此目的，并以此为基础发展了重要抽样法、对偶抽样法、分层抽样法、条件期望值法等多种抽样方法。

总体上，MC 法原理简单、精度高、通用性很强，尤其对非线性、不同分布的相关系统，该方法更为有效。但由于该方法的计算结果依赖于样本容量和抽样次数，且对基本变量分布的假定很敏感，则用方法计算的失事概率值将随模拟次数和对基本变量的分布假定而变化，因此，存在计算结果不唯一性的不足。

4）可靠性指标法

定义功能变量为 Z，即

$$Z = R - L \quad \text{或} \quad Z = \frac{R}{L} - 1 \quad \text{或} \quad Z = \ln\frac{R}{L} \tag{2-12}$$

则风险和可靠性分别为

$$\text{风险} = P_{\mathrm{f}} = P(Z < 0) \tag{2-13}$$

$$\text{可靠性} = P\left(Z > 0\right) = 1 - P_{\mathrm{f}} \tag{2-14}$$

式中，Z 为抗力和荷载变量的函数。

Hasofer 和 Lind（1974）建议将 Z 用的变差系数的倒数作为衡量建筑物或工程系统可靠性方差的常用指标，并称其为可靠性指标，记为 β，即

$$\beta = \frac{E(Z)}{\sigma_Z} \tag{2-15}$$

式中，$E(Z)$ 为 Z 的期望值；σ_Z 为 Z 的方差。

因此，可靠性指标 β 可看成是从原点到均值的以标准差为量测单位的距离，也可以由 β 量测 $Z<0$ 的概率。

这种可靠性指标不需要变量的统计特征资料，其性质有点类似安全系数，当 β 增加时，风险减少，但并不能用该指标来直接估计系统的总风险。

5）均值一次二阶矩方法

由于诸多影响因素的存在及它们的复杂性，很难用精确的方法求得各随机变量的概率分布及概率关系。通常，一阶矩(均值)和二阶矩(方差)是相对容易得到的，均值一次二阶矩方法(MFOSM)由此应运而生。

MFOSM 是一种近似分析法，其假定各影响因素是相互独立的，并将线性化点选为均值。同时，该法在随机变量的分布不清楚时，略去了随机变量按泰勒级数展开的二次或更高次项，只采用了前两个统计矩，即随机变量的期望值和方差。

由于该法能考虑各种不确定性因素，利于根据附加资料重新计算，适用于实际应用，目前已被不同领域的工程师用作计算相应复杂工程系统失事概率的工具。例如，Yen 首先介绍这种方法用于水工风险计算；Prendergast 将该方法作为评估混凝土重力坝安全性的基础。然而，这种方法也有一定的缺点和不足，主要表现为两方面：①失事事件往往发生在极值情况下，且土木工程系统通常显示出非线性特征，而该法应用的前提是将功能函数线性化，以求它在各变量平均值处的值，因此，用它估计所得的风险与实际风险可能有较大的差别，并且误差将随着线性化点到失效边界距离的增大而增大；②风险值与功能函数 Z 的形式有关，即对不同形式的 Z 可得到不同的风险值。

6）改进的一次二阶矩法

为提高一次二阶矩法风险计算的精度，Rackwite 提出了改进的一次二阶矩法(AFOSM)。该法针对 MFOSM 的缺点，在进行泰勒级数展开时，将线性化点选为风险发生的极值点(风险点)，以克服均值一次二阶矩中存在的问题。

总的来说，AFOSM 的基本思路就是将功能函数在可能的失事验算点处(极值点)展开成泰勒级数，并略去二次以上的高次项，导出一个只保留随机参数 Z 的一次二阶统计矩的均值和方差的近似结果。若按照可靠性指标的定义求取 β，则在假定各变量是不相关的情况下，可利用功能变量求得风险概率 P_{f}。

当为正态分布时，AFOSM 计算结果是较为理想的。但在实际工程中，抗力与荷载变量也有为非正态分布的情况，这样会增加计算误差。为了确保计算精度，应将非正态分布变量转化为正态分布变量，即进行当量的正态化处理。

上述 6 种风险计算方法各有各的优缺点，其一般性比较可见表 2-1。

表 2-1　风险计算方法的一般性比较

比较项目	重现期法	直接积分法	Monte Carlo 法	可靠性指标法	MFOSM	AFOSM
考虑不同因素的能力	受很大限制	受限制	是	是	是	是
需要有关因素的概率分布资料	间接	大量	中等	前两阶统计矩	只要联合分布，对各种因素有前两阶矩即可	只要联合分布，对各种因素有前两阶矩即可
应用的复杂性	简单	复杂	中等复杂	中等	中等	中等
计算量	简单	中等到大量	大量	简单到中等	简单到中等	中等
估算总险的能力	无	困难	大量计算	无	是	是
对风险分析结果的适应性	部分	是	是	不	是	是

2.3.2　失事后果分析

风险的另一要素就是失事后果的分析，其需要从损失性质、损失范围和损失时段三个方面考虑。损失性质是指分析损失是技术性、经济性还是政治性的损失。损失范围则主要指的是风险分布的情况、变化幅度和严重程度，可分别用损失的数学期望和方差来表示。损失时段主要指风险事件是突发性的还是随着时间的推移逐渐导致的。

不难发现，损失性质、损失范围以及损失时段三方面的不同组合使得建设项目的失事后果有很多种。想要清楚而准确地对建设项目进行估计，则需要采用一定的计量标度。目前，定性标度因具有费用低的优势被广泛地使用，而定量标度则由于成本高、耗时长的缺点，很少被采用。

在水利工程中，对工程系统失事后果的定量分析计算方面，国际上研究相对较为成熟的是溃坝的失事后果分析，其中，生命损失和经济损失已有相关的评价标准。原理上，通过对生命、经济、社会以及环境各个方面的损失分析得到各后果的赋值，然后再根据本国当前对于各种损失的处理方法来确定各后果的权重比例。但是，当前我国面临资料不足、制度不全、调查难、难以定量化等困难，对所有的风险后果损失分析都很难落实。

因此，鉴于风险后果度量困难太大，建设项目在工程实践中对于风险后果的研究，多采用的是定性风险分析，即从定性或者半定性的角度出发对建设项目的工程失事后果进行评价。

2.4　水利工程环境风险管理

2.4.1　水利工程环境风险管理概念及内容

水利工程的风险管理包括对大坝、厂房、泄洪设施、水电机组、闸门、船闸、库岸、下游护坦、河岸护坡等建筑物在施工和运行过程中进行监理、检测和监测，对已建结构进行观测和安全评估。由于绝大多数事故风险都是中小风险，一般通过严格的管理制度、定期的检查和有计划的维修，可以排除或者减缓。但即使这样，平时也应该做好防御大事故发生的应急预案。可以说，水利工程风险管理是以减少和应对水利工程项目在开发中所面临的风险，并将损失控制到最少为目的的。

目前，虽然风险管理在我国大中型水利设施建设中已逐渐被采用，并具有广阔的应用前景，但是我国水利工程的风险管理存在风险识别困难、风险分析评价误差大、缺乏有效的风险监控和缺乏风险管理意识的问题，主要表现在以下方面。

(1) 由于水利工程项目的不可重复性、差异性和复杂性，使得风险识别困难增加。

(2) 由于风险识别困难，容易造成风险识别不全面，甚至漏掉了主要风险因素，这种情况下即使评价做得再好，风险管理的效果也会大打折扣。

(3) 在目前的水利工程建设中，即便项目管理者进行较为科学、全面的风险识别和分析，制定出合适的应对措施，但往往由于没有进行有效的风险监控而导致风险管理失败。

(4) 无论投资项目的业主和政府，还是项目实施和监理单位，都没有认识到风险管理的重要性，风险管理意识淡薄。例如，很多水利建设项目都没有明确的风险管理计划或风险管理人员，这在很大程度上制约了风险管理在水利工程建设中的应用和发展。

因此，水利工程环境风险管理作为水利工程风险管理的一部分，应该主要注重上述对象对环境方面的影响，并制定相应的防治措施。水利工程环境风险管理也主要包含环境风险识别(图 2-7)、环境风险分析、环境风险评价、环境风险控制(图 2-8)四大方面，其具体内容同第 1 章中的环境风险管理相似。其中，水利工程环境风险控制在优化组合各种工程技术、工程管理措施的基础上做出风险决策，达到对风险的有效控制和妥善处理风险所致的损失，以最少成本获得最安全的保障。

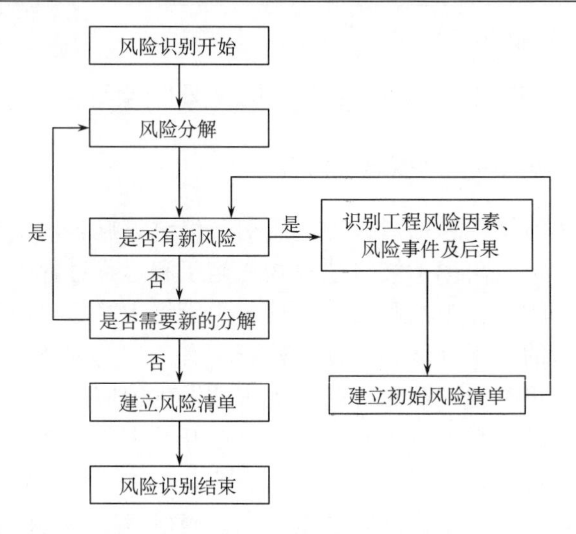

图 2-7　水利工程环境风险识别过程

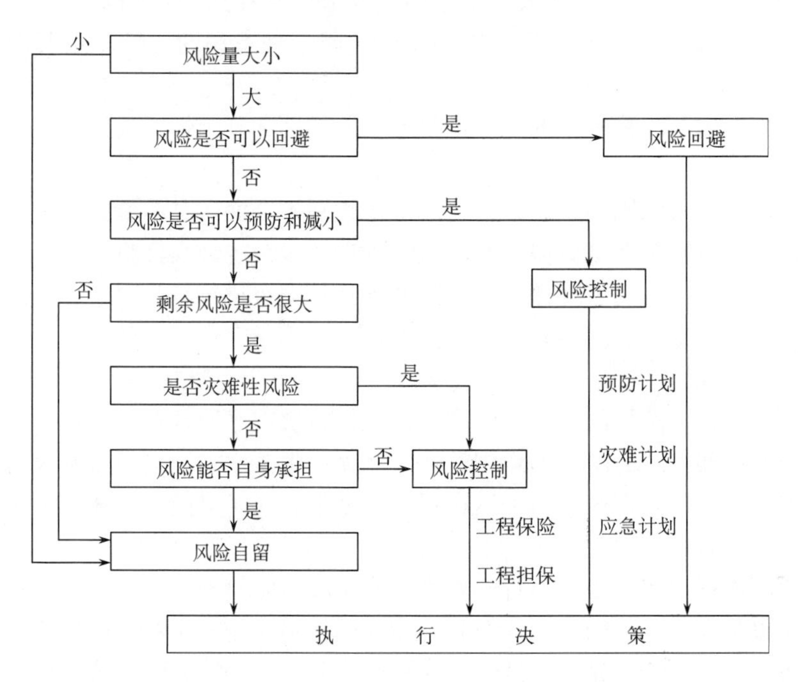

图 2-8　水利工程环境风险控制过程和步骤

2.4.2　水利工程环境风险管理评价原则

水利工程环境风险管理所获得的绩效，主要通过以下几个评价原则来评定，也只有满足这些原则的管理评价工作才能够被广大的管理人员所接受。

1）整体性

对于环境风险管理绩效的评价，不能仅仅依靠部分管理者感兴趣的指标来代表整体的环境风险管理绩效，而应该从项目整体性的角度出发，在单项管理结果的基础上，综合考虑各个管理项的重要性、管理的行为力度等方面来进行评价。

2）标准化

为了保证评价结果在不同项目间的同一个项目管理者或同一项目不同管理者的环境风险管理水平具有可比性，必须对拟采用的评价方法和评价指标实行标准化。

3）客观性

评价要尽可能地减少主观因素，使得评价结果具有客观性和准确性。

4）动态性

在项目的运行过程中，环境风险大小也在不断变化中，因此，环境风险管理措施相应也要变动。然而，这样的变动往往就会引发管理的变化，即对环境风险管理绩效的评价是动态的，这就要求跟踪定期测评，而不是一次性固定不变。

5）简洁性

绩效评价方法应该简单易行，能够容易被管理人员掌握，同时可以方便获取所需数据。

参 考 文 献

陈进. 2012. 大型水利工程的风险管理问题. 长江科学院院报, 29(12):15-19.

耿雷华, 姜蓓蕾, 刘恒, 等. 2010. 南水北调东中线运行工程风险管理研究. 北京: 中国环境科学出版社.

郝晓杰. 2010. 浅谈水利工程项目环境风险管理绩效模糊评价方法. http://www. paper. edu. cn[2010-3-25].

贾仁华, 王建华. 2006. 基于直接积分法的水闸稳定可靠度分析. 浙江水利科技, (3): 12-14.

江和侦. 2007. 水利工程环境风险分析及其在王家山集水库的应用. 西安:西安理工大学硕士学位论文.

江和侦, 周孝德, 李洋. 2007. 水利工程建设项目的风险分析. 水利科技与经济, 13(2):96-98.

李东民. 2013. 水利水电工程项目风险管理: 以锦屏一级水电站为例. 成都: 电子科技大学硕士学位论文.

李茂昌. 2011. 浅谈水利水电工程建设中的风险识别与控制. 内蒙古水利, (4):139-141.

秦明海, 许佳君, 刘雪. 2006. 南水北调工程风险识别及其控制. 河海大学学报, 6(3):29-32.

王海云. 2011. 三峡地区中小水利工程建设项目环境风险评价研究. 中国农村水利水电, (11): 29-32.

吴同强. 2011. 水利工程项目全面风险管理研究. 济南:山东大学硕士学位论文.

于文波, 王才, 唐继业. 1999. 暴雨重现期估算方法的探讨. 东北水利水电, (2):30-31.

周晓荣, 卞志明. 2010. 水利工程项目的风险管理方法. 北京水务, (3):54-56.

Hasofor A M, Lind N C. 1974. Exact and invariant second moment codermat. Journal of Engineering Mechanics, ASCE , 100(1): 111-121.

Hreinsson, Egill B. 2003. Monte Carlo based risk analysis in hydroelectric power system expansion planning in the presence of uncertainty in project cost and capacity//UPEC 2003, 38th International Universities Power Engineering Conference. Greece, 308-311.

Vrijling J K, Verhagen H J. 2005. Probabilistic Design of Hydraulic Structures. Delft: Delft University of Technology, 25-28.

第 3 章　引汉济渭工程环境风险因子识别及分析

3.1　引汉济渭工程简介

陕西省地处黄土高原，降水量偏少，水资源总量不能满足生产、生活需求，且具有时空分布不均、南多北少的特点，更是加剧了水资源与全省经济社会发展之间的矛盾，尤其对于关中和陕北地区而言。因此，为解决水资源短缺与分配不均，从而解决限制经济发展的问题，陕西省提出了区域性调水工程——引汉济渭工程。该工程主要向渭河沿岸重要城市、县城、工业园区供水，旨在逐步退还挤占的农业与生态用水，促进区域经济社会可持续发展和生态环境的改善。总体上，该工程由“两库、两电、两泵、一洞两段和一网”组成，是陕西省有史以来投资规模最大、供水量最大、受益范围最广、效益功能最多的水资源配置工程，也是陕西省迄今为止技术难度最高、施工条件最艰苦、运行调度最复杂的水利工程，其中秦岭隧洞施工综合难度居世界第一。

3.1.1　工程区位

引汉济渭工程区位于陕西省中南部的秦岭山区，地跨黄河、长江两大流域，分布于陕南、关中两大自然区，工程地理位置见图3-1。其中，作为该工程重要的两个水利枢纽，黄金峡水库位于汉江干流上游峡谷段、陕西南部汉中盆地以东的洋县境内的黄金峡出口以上约3km 处；三河口水库则地处佛坪县与宁陕县交界的子午河中游峡谷段，坝址位于佛坪县大河坝乡三河口村下游2km 处。

作为秦岭隧洞的两个重要输水线路，黄三段进口位于黄金峡水利枢纽坝址下游左岸戴母鸡沟入汉江口北侧，隧洞进口接泵站出水池，线路经汉江左岸向东北方向穿行，先后经过罗家坪、穆家湾、涧槽湾、杨家坪等地，终点位于三河口水利枢纽坝后约 300m 处右岸的汇流池；越岭段进口则位于三河口水利枢纽的坝后右岸控制闸，线路在子午河右岸穿行约 1.5km 后，采取明渠通过椒溪河，后穿行于蒲河西岸并经石墩河乡、陈家坝镇、四亩地镇、柴家关村、木河、秦岭主峰、虎豹河的松桦坪、王家河的小王涧乡、双庙子乡等，出口位于黑河金盆水库下游周至县马召镇东约 2km 的黄池沟内。

根据水质功能按照地理分布将整个工程分为了水源区、输水沿线和受水区，其大致划分可见图 3-1,其中黄金峡水库和三河口水库为水源区主要的建造工程，输水沿线则主要以秦岭隧道为主，受水区主要分布于关中地区。

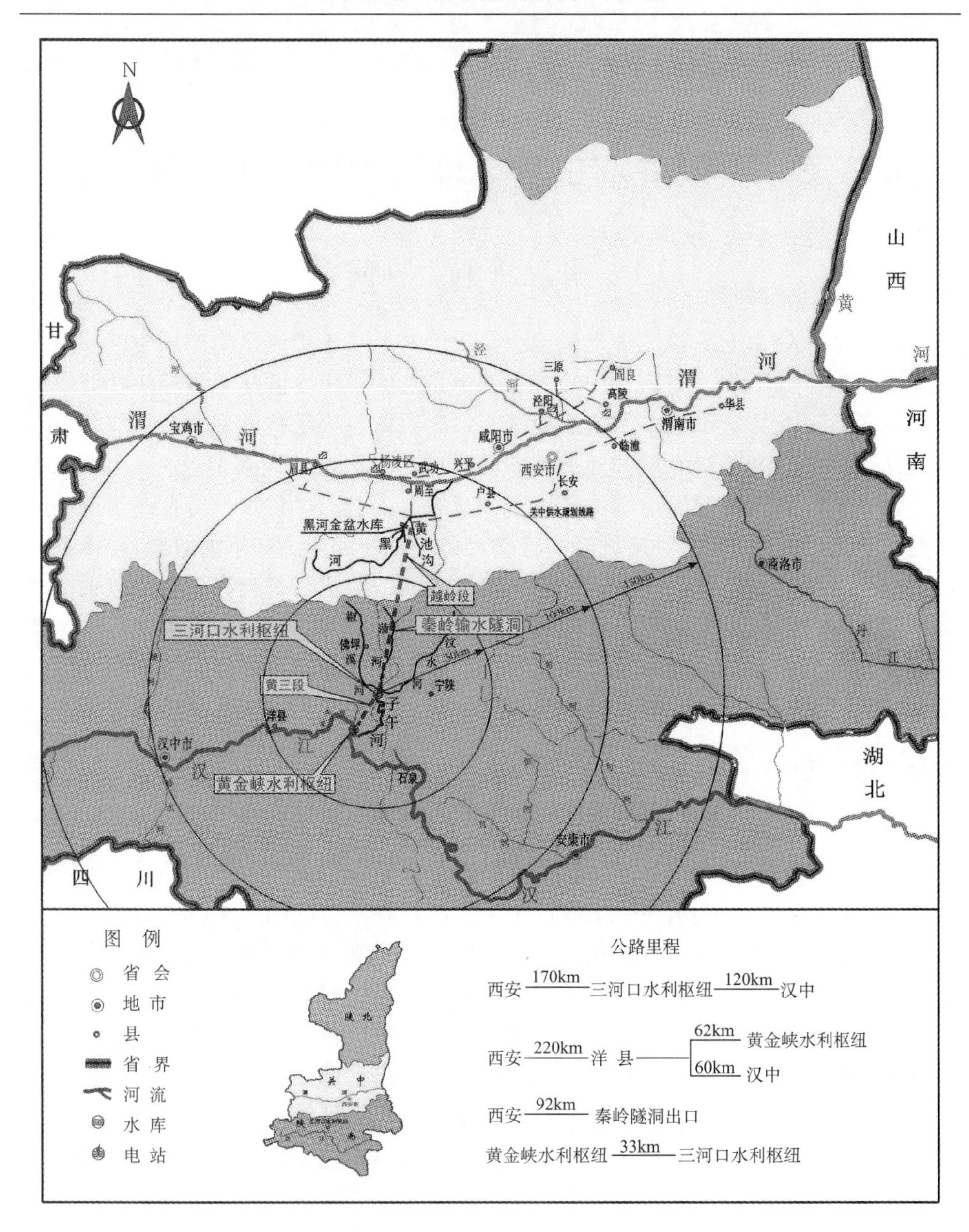

图 3-1　引汉济渭工程地理位置图

除此之外，引汉济渭工程还涉及一些特殊生态敏感区，包括陕西汉中朱鹮国家级自然保护区、陕西天华山国家级自然保护区、陕西周至国家级自然保护区、陕西周至黑河湿地省级自然保护区。自然保护区与该工程的位置关系见表 3-1 和图 3-2。

表 3-1　引汉济渭工程与自然保护区位置关系一览表

自然保护区	保护区内主要工程布置	工程与保护区直线距离			工程与保护区高差距离		
		核心区	缓冲区	实验区	核心区	缓冲区	实验区
陕西汉中朱鹮国家级自然保护区	黄金峡水库淹没保护区长度 9.4km，面积 252hm^2	库尾距核心区边界直线距离约 12km	库尾距缓冲区边界直线距离约 9.5km	库尾位于实验区内	—	—	库尾位于实验区内，无垂直高差
	防护工程占用保护区长度 11km，面积为 75.33hm^2	防护工程距核心区边界直线距离约 14km	防护工程距缓冲区边界直线距离约 12km	防护工程位于实验区内	—	—	防护工程位于实验区内，无垂直高差
陕西天华山国家级自然保护区	秦岭隧洞越岭段 4#支洞口施工区、长约 19.8km 的施工道路位于保护区实验区内。4#支洞工区内布置有混凝土搅拌站、钢木加工厂、机械修配停放场、综合加工厂等。4#支洞口工区位于麻河两侧（高程 1200m）	4#支洞口施工区距核心区边界直线距离约 4km	4#支洞口施工区距缓冲区边界直线距离约 1km	4#支洞口施工区距实验区外边界直线距离约 450m。施工道路距离实验区边界 100～500m	支洞工区与核心区直线海拔相差 100m	支洞工区与缓冲区直线海拔相差 300m	支洞工区位于实验区内，洞口高程 1200m
陕西周至国家级自然保护区	秦岭隧洞越岭段 5#支洞口施工区、长约 14km 的施工道路位于保护区实验区内。5#支洞工区内布置有王家河砂石料加工系统、混凝土搅拌站、钢木加工厂、机械修配停放场、综合加工厂等。5#支洞口工区位于王家河左岸边，周至县小王涧乡北约 100m 处（高程 1084 m）	5#支洞口施工工区距核心区边界直线距离约 6.8km	5#支洞口工区距缓冲区边界直线距离约 5km	5#支洞口工区位于实验区外边界直线距离 400m。施工道路距离实验区边界 4km	支洞工区与核心区直线海拔相差 820m	支洞工区与缓冲区直线海拔相差 530m	支洞工区位于实验区内，洞口高程 1100m
陕西周至黑河湿地省级自然保护区	秦岭隧洞越岭段 7#支洞口施工区位于保护区实验区内，在黑河右岸。7#支洞工区内布置有混凝土搅拌站、钢木加工厂、机械修配停放场、综合加工厂等（高程 800m）	7#支洞口施工区距核心区边界直线距离约 2.8km	7#支洞口工区距缓冲区边界直线距离约 800m，有山体阻隔	7#支洞口工区距实验区外边界直线距离约 450m	支洞工区与核心区直线海拔相差 500m	支洞工区与缓冲区直线海拔相差 300m	支洞工区位于实验区内，无垂直高差

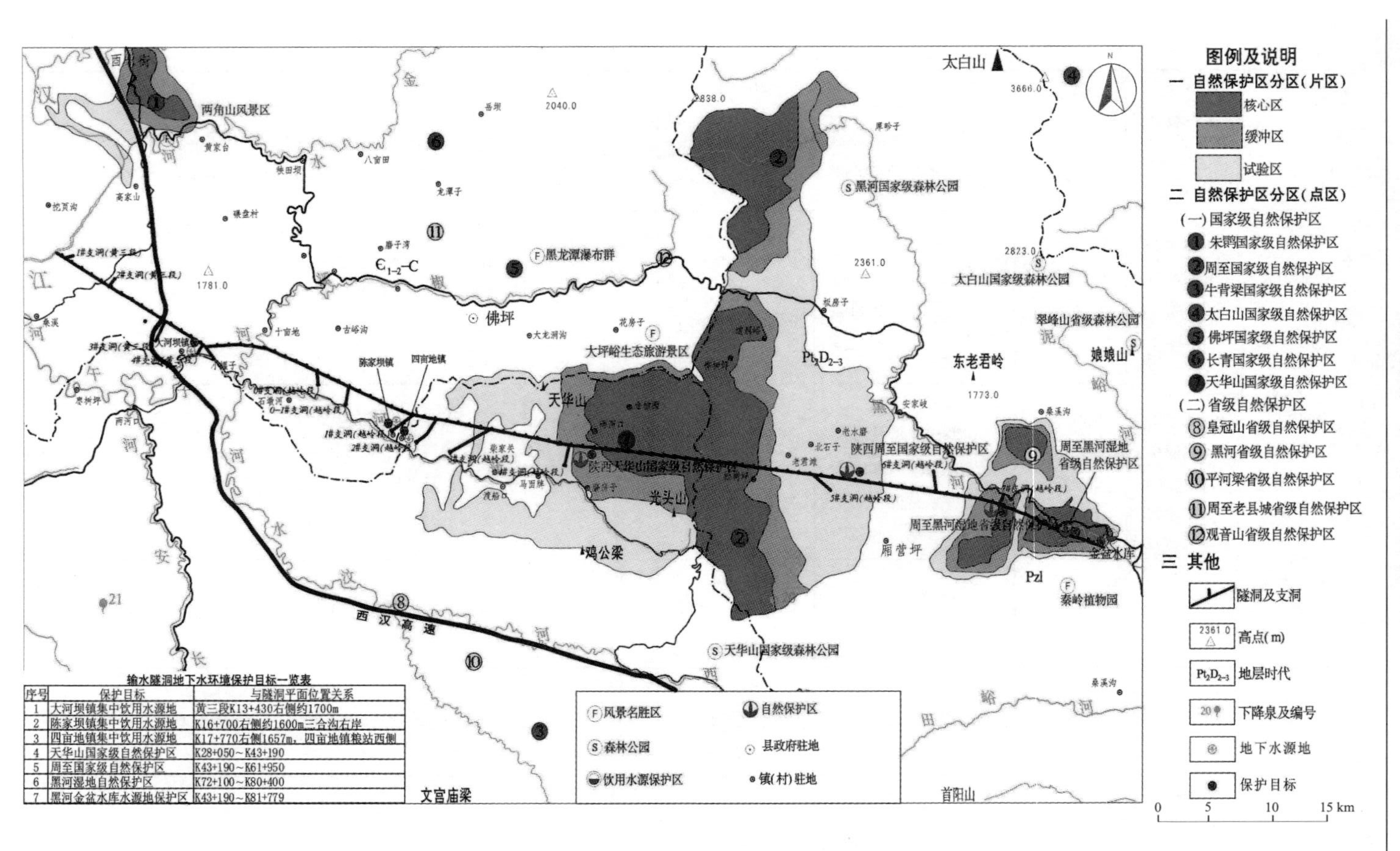

输水隧洞地下水环境保护目标一览表

序号	保护目标	与隧洞平面位置关系
1	大河坝镇集中饮用水源地	黄三段K13+430右侧约1700m
2	陈家坝镇集中饮用水源地	K16+700右侧约1600m三合沟右岸
3	四亩地镇集中饮用水源地	K17+770右侧1657m，四亩地镇粮站西侧
4	天华山国家级自然保护区	K28+050～K43+190
5	周至国家级自然保护区	K43+190～K61+950
6	黑河湿地自然保护区	K72+100～K80+400
7	黑河金盆水库水源地保护区	K43+190～K81+779

图 3-2　引汉济渭工程与自然保护区的地理关系图

3.1.2　引汉济渭工程生态敏感区特征

1. 陕西汉中朱鹮国家级自然保护区

陕西汉中朱鹮国家级自然保护区，是 2005 年 7 月经国务院批准的秦岭保护区群中唯一以保护国际极度濒危保护鸟类——朱鹮为主的国家级自然保护区。

该保护区位于陕西秦岭南坡，地理坐标为北纬 33° 08′～33° 35′，东经 107° 17′～107° 44′。北界东起洋县姚家沟，西到城固县的梨子坪止；西界从梨子坪向东南方向下至大长沟，再至刘家坪、老庄村到城固县的西庙，过湑水转向东南直到秦家坝止；东界从姚家沟南下至两河，经腰庄到草坝村止；南界由草坝村向西浅山区山脚线直到保护区西界再沿湑水河和汉江两岸直到江树湾止。

在行政区划上属汉中市，跨越洋县和城固县两个县。保护区总面积 37 549hm^2，其中洋县 33 715hm^2，占 89.8%；城固县 3834hm^2，占 10.2%。

该自然保护区是以保护国家 I 级保护动物——朱鹮及其栖息地为主体，同时兼及保护森林、野生动植物和湿地生态系统，集湿地保护、生物多样性保护为一体的“野生动物类型”自然保护区，主要保护对象有：①朱鹮及其栖息地(图3-3)；②汉江中游水源涵养林和淡水湿地生态系统；③其他国家重点保护动植物。

图 3-3　朱鹮

目前，朱鹮野生种群长年生活在东经 107°17′～107°44′、北纬 33°8′～33°35′的秦岭南坡中低山带和汉江河谷。按照朱鹮的活动规律，栖息地分为繁殖区、游荡区和越冬区。繁殖区位于秦岭南坡的中低山区，海拔 840～1200m，山峰的相对高度多在 500m 左右，坡度多在 40°以上，沟谷深切，气候较为寒冷。游荡区位于汉江支流两岸的丘陵平坝区，占栖息地总面积的 95%以上，海拔 450～840m，丘陵区有呈块状分布的次生林，河流水库密布，平坝区有大片的水田。越冬区位于繁殖区和游荡区之间，是朱鹮从游荡活动进入繁殖区的过渡地带。

洋县之所以是朱鹮很重要的生存地，很重要的原因是洋县境内存在上百座大小不等的水库和池塘，其周边的草地湿地正是朱鹮秋季集群期的主要觅食地之一，其中的昆虫和蛙类是朱鹮该时期的替代食物。陕西汉中朱鹮国家级自然保护区朱鹮活动区域分布详见图 3-4。

1）工程建设前保护区环境特征

（1）自然环境。保护区的自然环境主要包含地质地貌和气候水文。

地质地貌。保护区内寒武纪、奥陶纪、古近-新近纪和第四纪的若干地质历史时期的地层均在不同地段有断续或零星的出露。地貌受湑水、溢水、党水、酉水、金水、子午河等 20 多条河流的纵向切割，全境地势呈东北高陡、南部低缓、中部低平的特点。坡缓谷宽，沟底溪水纵横，河谷两岸有成片的水田。

地形类型分为山地、丘陵和平川三大类。其中，山地主要分布于汉江以北地区，海拔725～1318m；丘陵分布于汉江两侧地区，海拔500～840m；平川分布于汉江两侧，由河漫滩、一二级阶地构成。

气候水文。保护区地处暖温带到北亚热带的过渡地带，属大陆性季风气候，年平均气温 14.5℃，年均降水量 839.7mm，平均无霜期 239 天。此外，保护区河流众多，汉江是过境的最大河流，在洋县境内流长 84km，流域总面积 3200km^2，径流量 71.57 亿 m^3。湑水、溢水、党水、酉水、金水、子午河等支流于洋县境内注入汉江。

（2）生物资源。生物资源可分为动物资源和植物资源，都处于相互关联的生态系统中。

生态系统。保护区主要包括水体、森林、草甸、农田四大生态系统，其土地覆盖类型结构见表 3-2 和表 3-3。

表 3-2　保护区土地覆盖类型结构

项目	林地	水域	耕地	牧草地	居民地及交通用地	其他
面积/ hm^2	28 162	1 408	4 694	188	2 816	281
百分比/%	75	3.8	12.5	0.5	7.5	0.7

表 3-3　保护区林地的类型结构

项目	有林地	灌木林地	疏林地	无林地	苗圃
面积/ hm^2	25 346	1 549	845	282	140
百分比/%	90	5.5	3	1	0.5

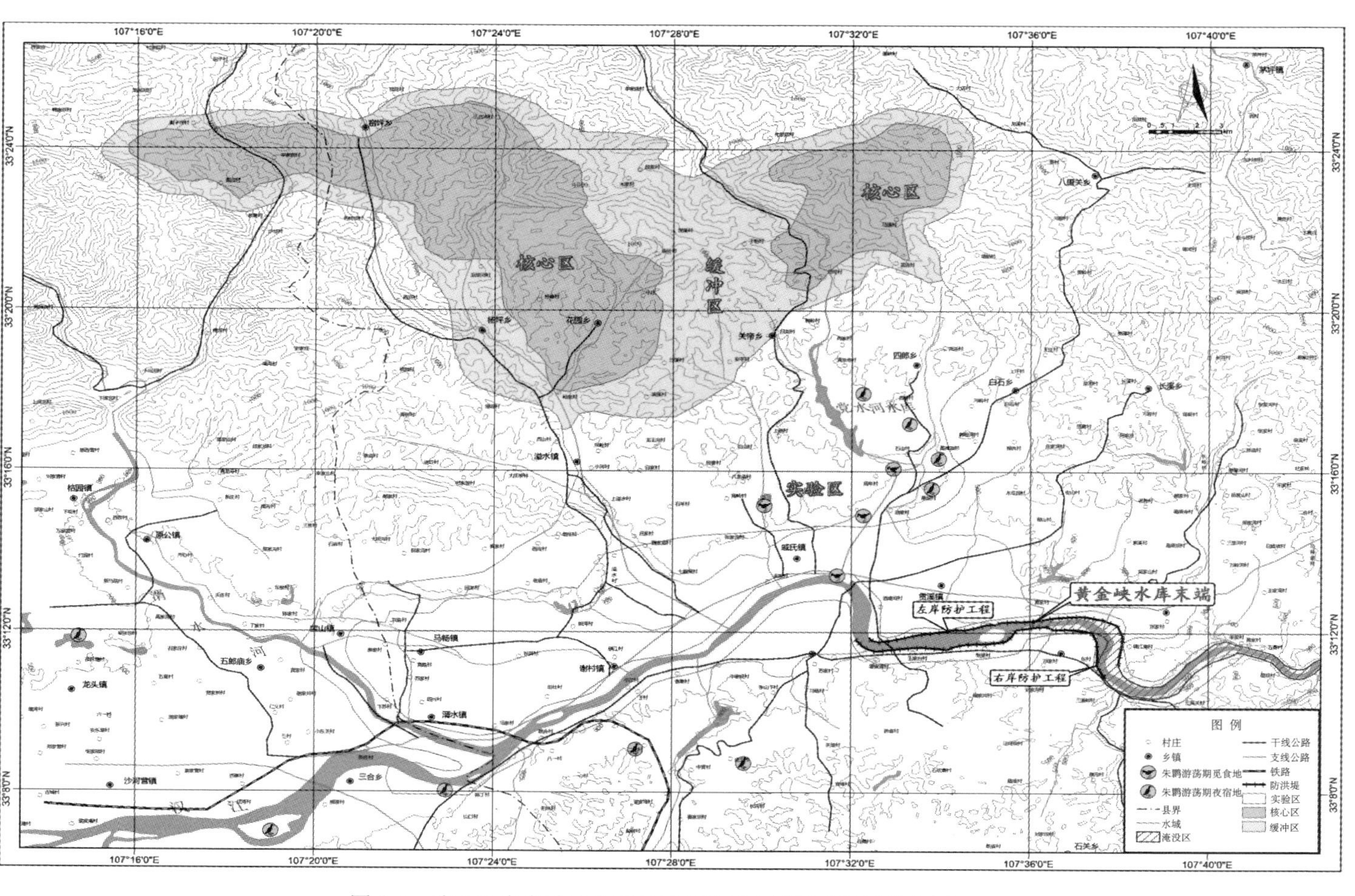

图 3-4　陕西汉中朱鹮国家级自然保护区朱鹮活动区域分布图

此外，保护区内植被垂直分带明显，其各海拔的植被带见表 3-4。

表 3-4　保护区内植被垂直分带

海拔/m	植被带
500～900	马尾松、麻栎、侧柏林带
900～2100	华山松阔叶混交林带
2100～2500	桦木林带
2500～2900	冷杉、落叶松和高山灌丛草甸带

保护区植物种类繁多，树木有321种，隶属72科152属。用材树种包括冷杉、云杉、铁杉、油松等；经济林木有油桐、花椒等。果树包括柑橘、枇杷、核桃、板栗等；珍稀树种有红豆杉、三尖杉、七叶树等。野生原料植物在600种以上，药用植物有杜仲、厚朴、红花、麦冬等。油料植物有香樟、三桠乌药等。纤维植物有苎麻、悬铃叶苎麻、龙须草等。此外还有为数众多的淀粉、橡胶、涂料、染料类植物等。

保护区有野生脊椎动物 314 种，隶属 29 目 79 科 214 属，占陕西省脊椎动物 739 种的 42.49%。其中，鱼类有 5 目 7 科 17 属 18 种；两栖类有 2 目 5 科 5 属 8 种；爬行动物有 2 目 6 科 17 属 20 种；鸟类有 13 目 37 科 124 属 205 种，其中留鸟约 150 种，夏候鸟 80 种左右，冬候鸟约 40 种；兽类有 7 目 24 科 51 属 63 种，主要有金丝猴、大熊猫、小熊猫、豪猪、狼等。两栖爬行类有大鲵、泽陆蛙、隆肛蛙、王锦蛇等。

国家Ⅰ级保护动物有黑鹳、金雕等 13 种陆生野生动物，国家Ⅱ级保护动物有黑熊、小熊猫、斑羚等 21 种。

2）工程与保护区位置关系

黄金峡水库库尾淹没区和汉江洋县防护工程涉及该保护区实验区，其中洋县防护工程，从溢水河汇入汉江口到洋县小峡口段，总长约 11km；黄金峡水库部分淹没区，起点是蔡坝村，终点到洋县县城，长度约 9.4km。

工程在保护区占地总面积 327.33hm^2，占保护区总面积的 0.88%，占实验区面积的 2.03%。其中黄金峡水库尾水淹没总面积为 252hm^2（表 3-5）。防护工程占地总面积 75.33hm^2，其中林地 12.2hm^2，农地 22.6hm^2、河流 40.53hm^2。

陕西汉中朱鹮国家级自然保护区与引汉济渭工程位置关系亦见图 3-4。

表 3-5　黄金峡水库尾水淹没类型及面积

	淹没类型			
	林地	农地	河流	其他用地
淹没面积/ hm^2	19.4	5.4	226.3	0.9

3）工程区建设前环境状况

(1) 汉江两岸及其周边平坝区的自然景观。汉江谷地处于北亚热带湿润季风气候区，北接秦岭，南临大巴山地，农业人口多，分布于盆地及汉江干、支流两岸的稻田占陕西省水稻播种面积的80%，年平均气温14～16℃，年平均降雨量800～900m。汉江及沿岸的天然植被被农田耕地取代，主要景观类型有农田、片林、灌丛、河滩湿地、水体、居民地等。

(2) 汉江湿地鱼类。汉江陕西段鱼类 106 种，隶属 7 目 17 科 68 属。鱼类以鲤科鱼类为主，计有 42 属 63 种；鳅科鱼类 6 属 9 种；鲿科鱼类 4 属 13 种；鲑科和平鳍鳅科鱼类均 2 属 2 种；其余各科鱼类均只含 1 属。其中，鲤科、鳅科和合鳃鱼科的黄鳝即为朱鹮觅食地的主要食物之一。

(3) 汉江湿地的水生植物、浮游动物与底栖动物。汉江干流水生植物共计 54 种，隶属于 26 科 36 属。其中轮藻类植物 1 科 1 属 1 种，分别占总数的 31.85%、21.78%、11.85%；蕨类植物 4 科 4 属 4 种，分别占总数的 15.38%、11.11%和 7.41%；种子植物 21 科 31 属 49 种，分别占总数的 80.77%、86.11%、90.74%。

在 54 种植物中，湿生植物 15 种、水生植物 39 种，分别占总数的 27.78%、72.22%。沉水植物 18 种、浮叶根生植物 6 种、自由漂浮植物 6 种、挺水植物 9 种，分别占种数的 33.33%、11.11%、11.11%、16.67%。

(4) 汉江的湿地鸟类。经调查，汉江、汉江两岸及其周边平坝区不仅是朱鹮游荡期主要的夜宿地和觅食地。主要水鸟有 7 目 9 科 22 种，其中，属于国家 I 级重点保护的鸟类有朱鹮和金雕，II 级的 3 种，为蓑羽鹤、灰鹤和鸳鸯，见图 3-5～图 3-8。

图 3-5　朱鹮

图 3-6　金雕

图 3-7　蓑羽鹤

图 3-8　灰鹤

2. 陕西天华山国家级自然保护区

陕西天华山保护区是 2008 年 1 月经国务院批准的国家级自然保护区。该保护区是秦岭大熊猫、金丝猴和羚牛等珍稀野生动物的重要分布区。大熊猫天华山居群的中心分布地，在秦岭自然保护区群中具有承东启西、连接南北的作用，是周边大熊猫栖息地的重要廊道。

该保护区位于陕西秦岭中段南坡腹地麻河上游，地理坐标为东经108°02′～108°14′、北纬33°30′～33°44′。东、南同陕西省宁西林业局接壤，西邻佛坪县，北与陕西周至国家级自然保护区以秦岭主脊为界。行政辖区属陕西省宁陕县。保护区东西宽约17.3km，南北长约24.5km，总面积25 485hm^2。

该保护区是以保护珍稀物种大熊猫及其栖息地为主的野生动物类型自然保护区，主要保护对象包括：①大熊猫及其栖息地；②金丝猴、羚牛、豹、林麝、金雕等国家Ⅰ级重点保护珍稀濒危动物；③斑羚、红腹锦鸡、大灵猫、鬣羚等国家Ⅱ级重点保护珍稀濒危动物及陕西省重点保护野生动物等；④森林自然生态系统及生物多样性(图 3-9～图 3-14)。

图 3-9　大熊猫

图 3-10　羚牛

图 3-11　金丝猴　　　图 3-12　林麝

图 3-13　红腹锦鸡

图 3-14　斑羚

其中，天华山大熊猫居群是秦岭大熊猫亚种 6 大局域居群之一。大熊猫栖息地主要分布于东、西木河流域，海拔 950～2700m，面积约 10 000hm^2。区内生态环境自然性很高，是保护区的核心区。较低海拔的木河坪、两河口为大熊猫冬居地，以栎类、光皮桦、油松、连香树、水青树、太白杨等乔木树种为主，生长茂盛。林下有成片的龙头竹、巴山木竹等。东、西木河的河脑，为秦岭主脊，海拔 2400～2600m，以巴山冷杉、秦岭冷杉以及箭竹林为主，块状或集中连片分布，为大熊猫夏居地。

金丝猴栖息地位于海拔 800～2300m，主要有 4 群，分别活动在东西木河、光头山、泰山坝、天华山一带。羚牛栖息地主要在秦岭主脊——鸡公梁、光头山以及天华山梁及其形成的沟坡地带。冬居地以海拔 1800m 以下的沟掌地带为主，夏居地主要在海拔 1800～2700m 的梁坡中上部。

该自然保护区大熊猫、金丝猴、活动区域分布见图 3-15 和图 3-16。

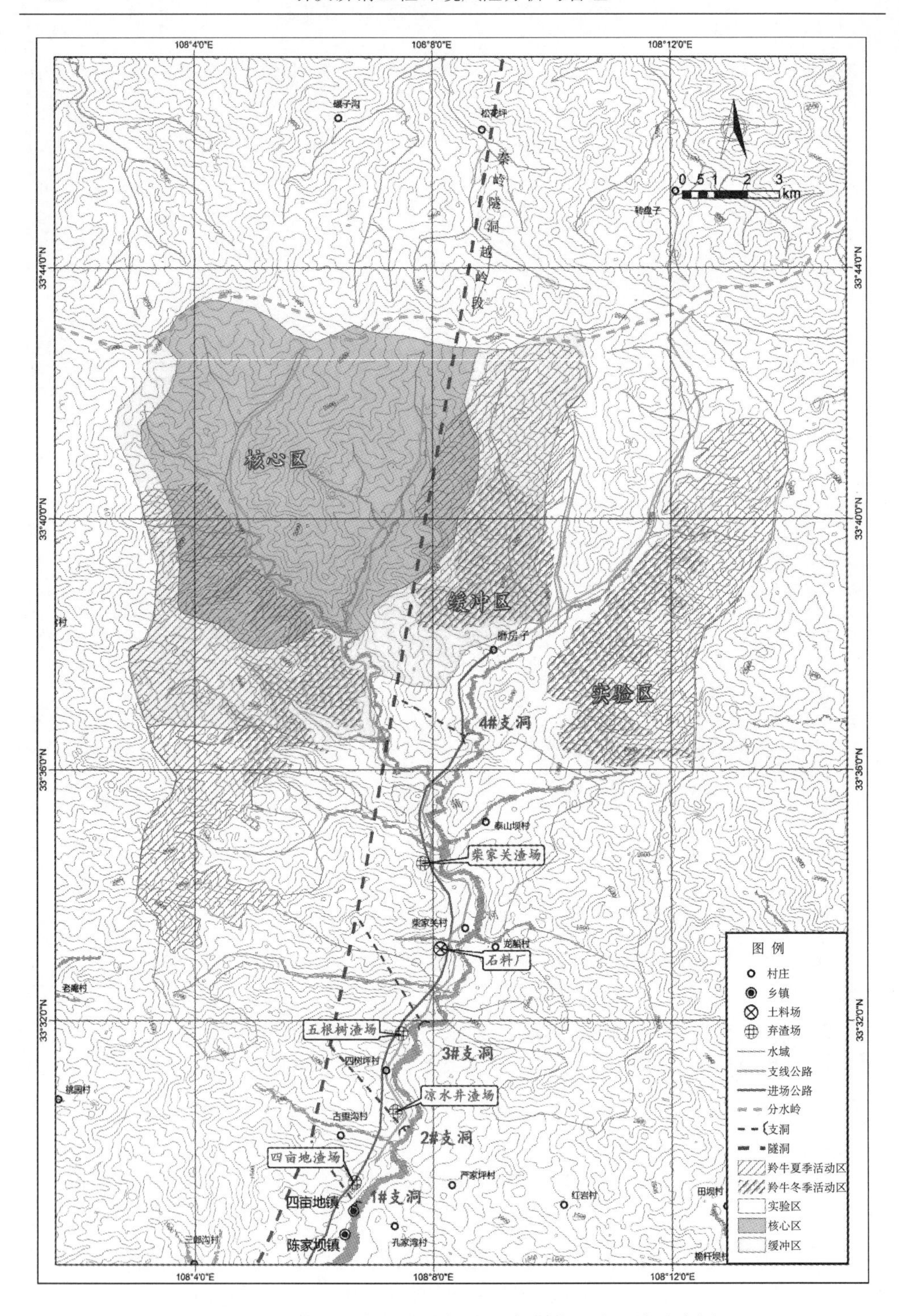

图 3-15　天华山国家级自然保护区大熊猫活动区域分布图

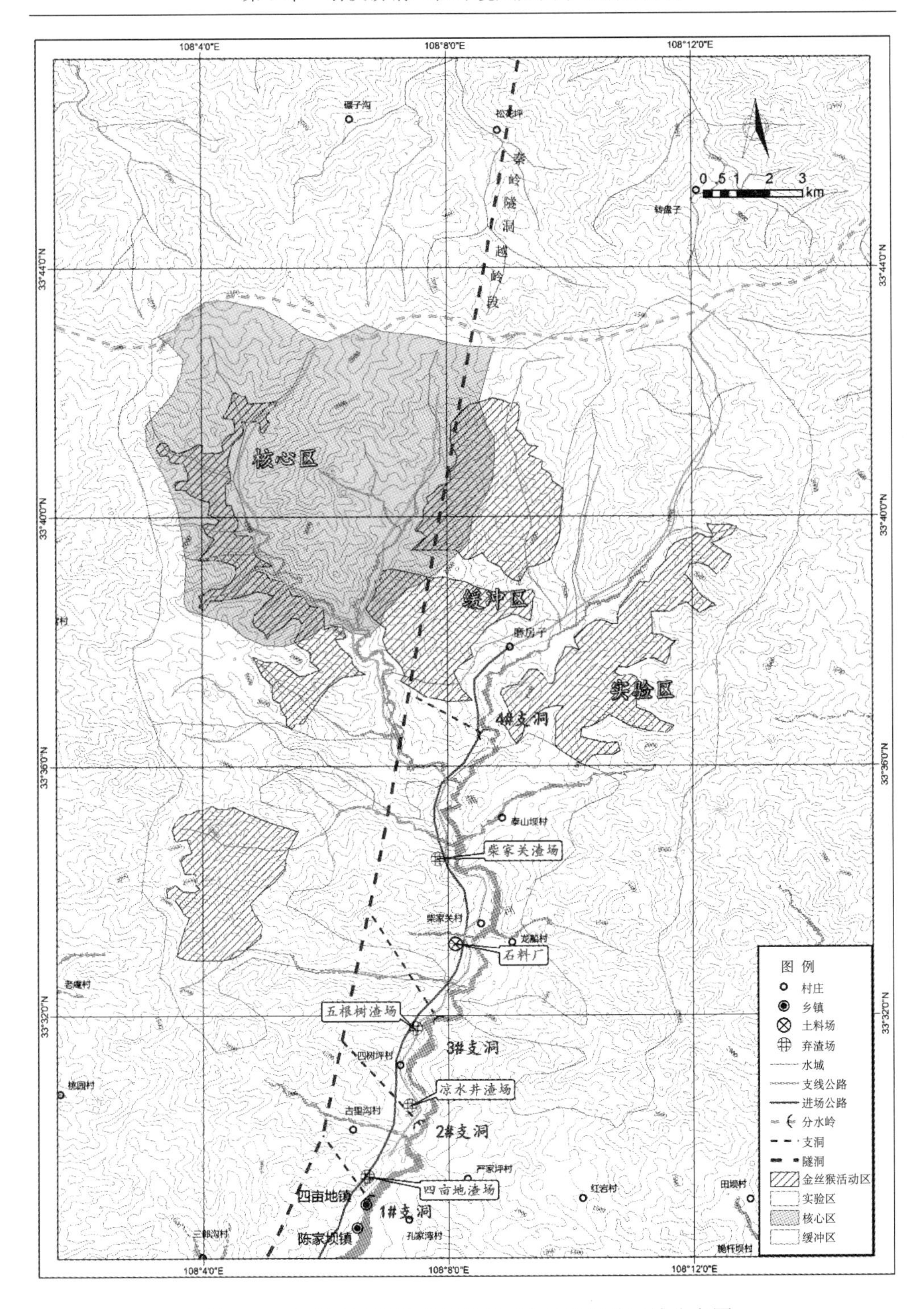

图 3-16　天华山国家级自然保护区金丝猴活动区域分布图

1）保护区建设前环境特征

(1) 自然环境。保护区的自然环境主要包含地质地貌和气候水文。

地质地貌。保护区在大地构造上属秦岭褶皱系南秦岭印支冒地槽褶皱带。地势东北高而西南低，海拔 730～2704.6m，地表起伏大。地貌类型属中山地貌。海拔 1500m 以下，以峡谷峰岭地貌为主；海拔 1500～2000m，以宽谷深切河床及浑圆状山头与缓梁地貌为主；海拔 2000m 以上，以宽谷峰岭地貌为主。

气候水文。保护区属于北亚热带和暖温带湿润季风气候。年总日照时数 1833.7h，平均气温为 11.5℃，无霜期约 218 天，年降水量 922.8mm，主要集中于 7～9 月。保护区雾日较多，年平均 35 天,全年主导风向为偏北风，春季(3～5 月)风速 2.4m/s，夏季(6～8 月) 1.6m/s。

保护区地表水资源较为丰富，平均地表径流深 401mm，产水量 38 万 m^3/km^2。地下水补给模数为 6.4259 万 m^3/km^2。地表水、地下水水质良好。

保护区地处汉江二级支流麻河的上游，包括木河和麻河两大支流。河流均为山溪性河流，河道狭窄，河床比降大，水流湍急，自然调蓄能力差，丰枯变幅大。河流补给以大气降水为主，地下水居次要地位。

(2) 生物资源。生物资源可分为植物资源和动物资源，都处于相互关联的生态系统中。

保护区主要包括森林、草甸和农田和水体四类生态系统，土地覆盖类型结构为：林业用地 25 437hm^2，占 99.8%(表 3-6)；农田 27hm^2；其他用地 21hm^2。植被垂直分带规律明显，由低海拔向高海拔依次是含有常绿阔叶树种的针阔混交林带、松栎林带、桦木林带和冷杉林带。自然植被分为针叶林、阔叶林、灌丛和草甸 4 个植被型组，8 个植被型，13 个植被亚型或群系组，32 个群系。

表 3-6　保护区林地的类型结构

名称	有林地	灌木林地	疏林地	无林地	宜林地
面积/ hm^2	23 347	18	135	1 022	915
百分比/%	91.8	0.1	0.5	4.0	3.6

保护区有野生种子植物 137 科 618 属 1528 种(含种下类群)，其中裸子植物 5 科 12 属 17 种，被子植物 132 科 606 属 1511 种，被子植物科、属、种最多，为绝对优势种群。保护区内竹林总面积 5640hm^2，占保护区总面积的 22.1%。竹林资源主要有三种类型，即巴山木竹林、华桔竹林和箭竹林。其中，巴山木竹林 490hm^2，占竹林总面积的 8.7%；华桔竹林 4210hm^2，占竹林总面积的 74.6%；箭竹林 40hm^2，占总竹林的 16.7%。

有国家Ⅰ级重点保护植物红豆杉 1 种，Ⅱ级重点保护植物主要有秦岭冷杉、大果青杆、太白红杉、连香树、水青树、野大豆、水曲柳、香果树8种，陕西省级重点保护的植物14种。

保护区内有野生脊椎动物227种，其中，鱼类1目2科6属6种，两栖类2目5科6属8种，爬行类2目6科17属21种，鸟类11目32科83属138种，兽类7目24科45属54种。陆生脊椎动物中，东洋界种类103种，占总种数的46.6%；古北界种类69种，占总种数的31.2%；广布种种类49种，占总种数的22.2%。保护区现已发现昆虫29目305科2788种，其中可作为鉴赏资源昆虫进行开发利用的种类有2目21科244种。

列入国家Ⅰ级重点保护野生动物有大熊猫、金丝猴、羚牛、林麝、云豹等7种，Ⅱ级保护重点野生动物有金猫、大灵猫、黑熊、血雉、红腹角雉、勺鸡、白冠长尾雉、红腹锦鸡、大鲵等26种；其中最具代表性的有大熊猫、金丝猴、羚牛等。经调查，保护区现有大熊猫8～12只，金丝猴180～220只，羚牛250～300只。

（3）工程与保护区位置关系。秦岭主隧洞越岭段呈南北向下穿保护区，其中下穿核心区7640m，下穿缓冲区2350m，下穿实验区5400m，洞线埋深520～2000m。

在实验区布置4#支洞及施工区、道路扩建工程，占地全为有林地，总面积11亩[①]，占该保护区总面积的0.003%，占实验区的0.007%。其中，4#支洞工区位于实验区的麻河岸边地带，磨房子南约500m处。工区主要布置有混凝土搅拌站、钢木加工厂、机械修配停放场、综合加工厂等。施工道路为四亩地乡至蒲河上游及其支流改造道路，长约19.8km，距离缓冲区约300m。陕西天华山国家级自然保护区与本工程位置关系见图3-17。

2）工程区建设前环境状况

（1）工程区自然景观。秦岭隧洞4#支洞位于该保护区实验区。工程区域处于保护区南部海拔1500m左右的峡谷峰岭中，以宽谷深切河床及浑圆状山头与缓梁地貌为主，区内河谷在平面上呈“似串珠状”沟谷中重力地貌十分发育，崩积物随处可见。另外，区内阶地、小泥石流扇、河床上的石滩壶穴等也较多见。

（2）工程区森林生态系统现状。工程区森林植被属低山落叶阔叶林带，栓皮栎林具有较多的群落类型，为代表性的显域植被类型。在一些开阔地带还夹杂着亚热带树种，在宽阔的沟谷中也分布有落叶阔叶杂木林。主要植物群落有栓皮栎林和零星的毛栗林，并有少量常绿阔叶树种。该区域因人为活动的影响，多为中、幼龄萌生林，实生林很少，在林下也有巴山木竹的自然分布，但其基本上不成为林下优势层。

（3）工程区植物资源。区内植物群落优势种以山毛榉科栎属、栗属，桦木科桦木属、鹅耳枥属、槭树科槭属、杨柳科杨属、胡桃科、榆科、椴树科、金缕梅科植物为主，季相变化明显。群落明显分为三层，其中乔木层以栓皮栎占优势，

---

① 1亩≈666.67m^2。

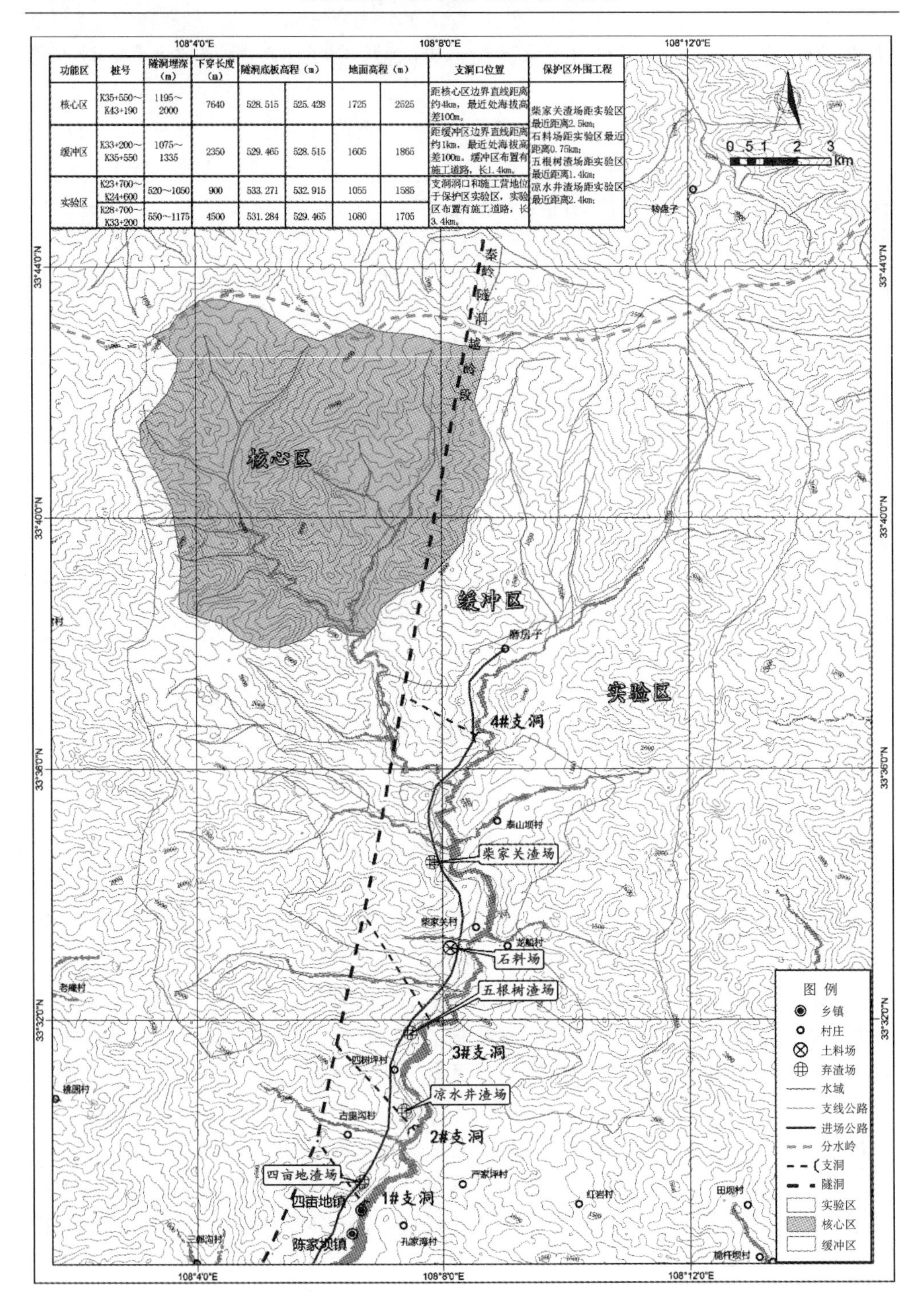

功能区	桩号	隧洞埋深（m）	下穿长度（m）	隧洞底板高程（m）		地面高程（m）		支洞口位置	保护区外围工程
核心区	K35+550～K43+190	1195～2000	7640	528.515	525.428	1725	2525	距核心区边界直线距离约4km，最近处海拔高差100m。	柴家关渣场距实验区最近距离2.5km；石料场距实验区最近距离0.75km；五根树渣场距实验区最近距离1.4km；凉水井渣场距实验区最近距离2.4km。
缓冲区	K33+200～K35+550	1075～1335	2350	529.465	528.515	1605	1865	距缓冲区边界直线距离约1km，最近处海拔高差100m。缓冲区布置有施工道路，长1.4km。	
实验区	K23+700～K24+600	520～1050	900	533.271	532.915	1055	1585	支洞洞口和施工营地位于保护区实验区，实验区布置有施工道路，长3.4km。	
	K28+700～K33+200	550～1175	4500	531.284	529.465	1080	1705		

图 3-17　陕西天华山国家级自然保护区与本工程位置关系图

混生树种较多，主要有马尾松、化香树、鹅耳枥，以及常绿阔叶树女贞、小青冈、枫香等。乔木层高度 10～16m，郁闭度 0.5～0.7。灌木层盖度 20%～30%，种类较多。优势种常为绣球绣线菊、绿叶胡枝子、细梗胡枝子、美丽胡枝子、陕西荚蒾、葱皮忍冬、牛奶子、马桑等。草本层盖度 20%～40%，主要种类有大披针苔草、牛尾蒿、大油芒等。藤本植物常见有野葛、猕猴桃、三叶木通、大芽南蛇藤等。

在该区域内未发现国家重点保护植物。

(4) 工程区动物资源。工程区位于保护区实验区的沟谷地带，该范围内野生动物资源有限。从影响半径上看，远于金丝猴、大熊猫、羚牛的实际分布区。工程区邻近范围分布的野生动物类群中，比较常见的有勺鸡、环颈雉、红腹锦鸡、青鼬、鼬獾、猪獾等。

3. 陕西周至国家级自然保护区

陕西周至保护区于 1998 年经国务院批准为国家级自然保护区。保护区位于陕西秦岭中段北坡，是我国川金丝猴的主要分布区之一，也是迄今为止发现的川金丝猴密度最高和分布最北的地区，是秦岭生物多样性较为丰富的保护区，是秦岭自然保护区群的重要成员。

该保护区位于秦岭主梁北坡。地理位置为东经107°39′～108°19′，北纬33°41′～33°57′。保护区东以南汉河为界与西安市小王涧林场相接，南以秦岭主梁为界分别与陕西佛坪国家级自然保护区、陕西省龙草坪林业局及宁西林业局相依，西以鱼肚河以西及湑水河以东的山脊为界与周至老县城自然保护区毗邻，北以明显的山梁、沟谷等与周至县厚畛子林场和西安市小王涧林场接壤。南北纵伸约19km，东西横延约65km，总面积56 393hm^2。

陕西周至保护区是秦岭唯一以保护珍稀物种金丝猴及其栖息地为主的野生动物类型的自然保护区，主要保护对象包括：①金丝猴(图 3-18)及其栖息地；②森林生态系统和生物多样性；③西安市黑河水源地(图 3-19)。

图 3-18　金丝猴

图 3-19　黑河水源地

保护区内有金丝猴 11 群 1210 只左右，活动范围一般在海拔 1400～2500m，冬季和春季从高山下至海拔 1500m 附近的落叶阔叶林带低凹避风处，晚春及初夏由低海拔向高海拔活动，盛夏则分布更高。其栖息地主要以落叶阔叶林和针叶混交林为主，攀枝跃越，较少下地，食物种类多达 100 余种。

全区共有灌木林面积 337hm^2，境内除距居住区较近的地方受到一定程度的破坏外，约有 2/5 的面积尚保持较为原始和完整的自然景观与森林生态环境，对金丝猴等珍稀野生动物的活动生息以及黑河水源的涵养供给提供了极为重要的保障。陕西周至国家级自然保护区保护动物分布见图 3-20。

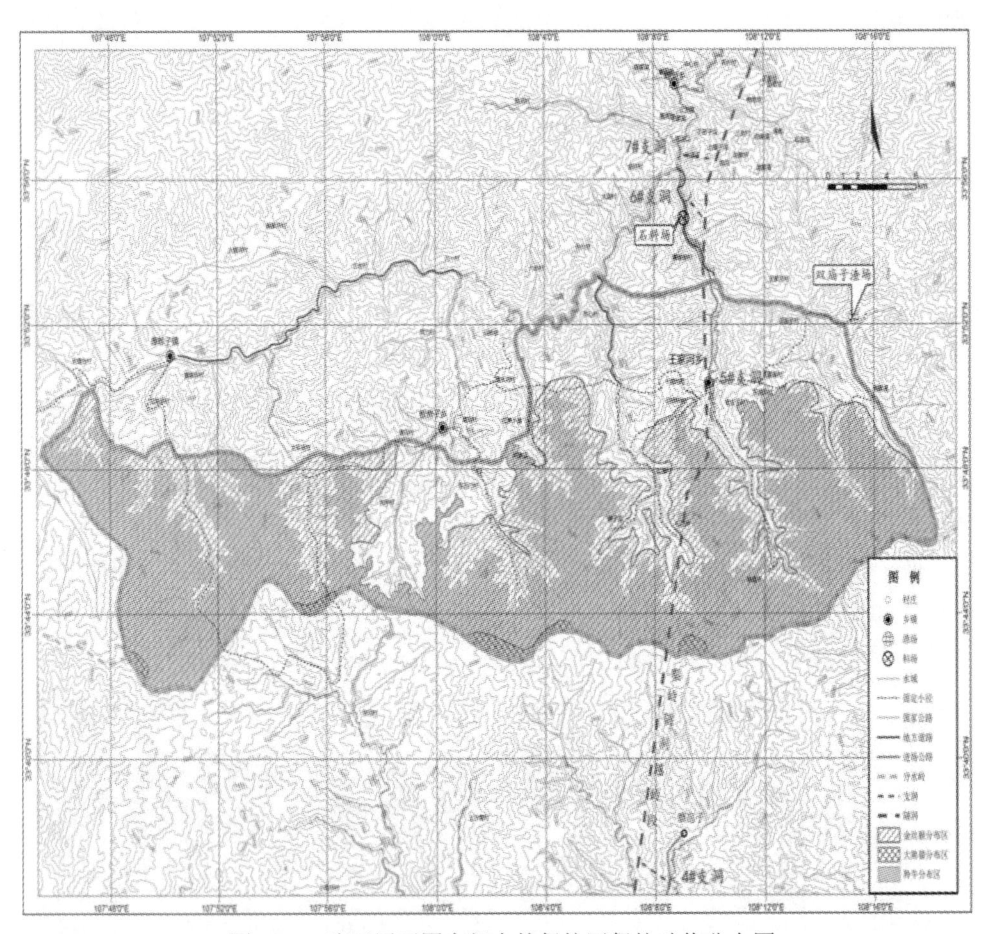

图 3-20 陕西周至国家级自然保护区保护动物分布图

1）保护区建设前环境现状

(1) 自然环境。保护区的自然环境主要包含地质地貌和气候水文。

地质地貌。保护区地质构造属秦岭皱褶系，地层主体属礼县–柞水分区，主要岩石有花岗岩。保护区大部分处于秦岭中山区，地貌类型主要为侵蚀剥蚀中起伏—大起伏中山地貌。区内海拔一般在 1000～2500m，岭脊多在 2500m 以上，最高点草垭子海拔 2896.6m，最低点虎豹沟口海拔 800 m，相对高差 2000m。

气候水文。保护区气候属暖温带湿润山地气候，年平均气温 6.4～8.4℃，年降水量为 600～1100mm，年均日照 2002h，年均风速 2.8m/s，无霜期 150 天左右。

黑河是境内最大的河流，主流全长 125.8km，出山后流入渭河。保护区位于黑河的上游，黑河流经保护区的长度约占黑河全长的 47.7%，是黑河的主要集水区域，共有大小河流 15 条，其中长度大于 10km 的有 6 条。总计汇水面积 563.93km^2，占黑河总汇水面积(1481km^2)的 38.1%，保护区年均径流量 2.5 亿多 m^3，占黑河年径流量(6.5731 亿 m^3)的 38.0%。黑河水量充足，水质良好，是西安市城市用水的重要水源之一。

(2) 生物资源。生物资源可分为动物资源和植物资源，都处于相互关联的生态系统中。

保护区自然生态系统主要包括水体生态系统、森林生态系统、草甸生态系统和农田生态系统。土地覆盖类型结构为：有林地面积达 53 166hm^2，其中林分面积 53 017hm^2，竹林面积 149hm^2，灌木林面积 337hm^2，宜林荒山荒地 149hm^2，非林业用地 2741hm^2，主要为水域、农田。保护区植被属暖温带落叶阔叶林和针阔混交林带。有 5 个植被型组、8 个植被型、9 个植被亚型、12 个群系组、18 个群系、26 个群丛组。植物资源 保护区种子植物有 121 科 508 属 1069 种，其中药用植物 170 余种，芳香植物 45 种，油脂植物 22 种，纤维植物 60 余种，淀粉植物 50 余种，果树植物 90 余种，观赏植物 130 余种。

保护区内被列为国家级重点保护的植物有银杏、红豆杉、独叶草、秦岭冷杉、大果青杆、太白红杉、连香树、水青树、野大豆、水曲柳、星叶草、山白树、杜仲 13 种，其中国家Ⅰ级保护植物 3 种，国家Ⅱ级保护植物 7 种。另外还有省级保护植物华榛等 8 种。

保护区有野生脊椎动物 24 目 71 科 178 属 267 种，其中兽类 74 种，鸟类 160 种，两栖类 8 种，爬行类 20 种，鱼类 5 种。保护区目前已鉴定的昆虫有 23 目 155 科 550 余种，其中有害虫 311 种，天敌昆虫 86 种，卫生昆虫 30 种，资源昆虫 9 种。保护区内有金丝猴 11 群 1210 只左右，羚牛约 410 只，林麝约 130 只，大熊猫种群数量多于 20 只。

保护区内被列为国家级重点保护的动物有金丝猴、黑鹳、大熊猫、羚牛、血雉、红腹角雉、勺鸡、红腹锦鸡、斑头鸺鹠、领鸺鹠、普通雕鸮、豺、黑熊等。其中，国家Ⅰ级保护动物 6 种，Ⅱ级保护动物 23 种，共计 29 种(图 3-21～图 3-26)。

图 3-21　黑鹳

图 3-22　红腹角雉

图 3-23　斑头鸺鹠

图 3-24　普通雕鸮

图 3-25　黑熊

图 3-26　勺鸡

(3) 工程与保护区位置关系。秦岭主隧洞呈南北向下穿保护区，其中下穿核心区 5940m，下穿缓冲区 1980m，下穿实验区 10 840m，洞线埋深 655～2000m。在实验区内布置有 $5^{\#}$支洞工区和施工道路，占地总面积 25.38 亩，占该自然保护区总面积的 0.003%，占实验区总面积的 0.007%。其中，$5^{\#}$支洞口及支洞施工区位于实验区的王家河左岸边，周至县小王涧乡北约 100m 处；工区内布置有王家河砂石料加工系统、混凝土搅拌站、钢木加工厂、机械修配停放场、综合加工厂等；

施工道路为王家河口至小王涧乡原有道路改造，长约14km，距缓冲区边界约4km。

陕西周至国家级自然保护区与引汉济渭工程位置关系见图3-27。

2）工程区建设前环境状况

（1）工程区自然景观。越岭段5#支洞位于该保护区实验区，该区域在大地构造上主要表现为近东西走向的以断褶构造为主形式的格局，在工程区构成一个近东西走向的窄条带状的断褶向斜构造，向斜构造两翼产状呈不对称状，北缓（30°～40°），南陡（70°～80°）。

工程区域处于保护区北部海拔1500m左右的中山地貌和河谷地貌中，中山高度多在海拔2500～2800m（周围山脊），河谷一般为海拔1500～2300m。沟谷地貌可见冲洪积混合堆积地貌及冲洪积扇状地貌。

（2）工程区森林生态系统。工程区森林植被属低山落叶阔叶林带，主要有华山松、油松、两类栎林-栓皮栎林和锐齿栎林、光皮桦等群落类型。华山松、油松林多分布于海拔1800m以下的陡峭山梁及峰顶。

（3）工程区植物资源。工程区植物资源以栓皮栎林为主。群落明显分为三层，乔木层以栓皮栎占优势，常有侧柏、盐肤木等与其混生，乔木层常见的植物种类有油松、锐齿槲栎、四照花、黑弹树、山杨、板栗、槲栎、榆等。乔木层高度12～18m，郁闭度0.7。

灌木层盖度30%左右，优势种为黄栌、马桑、胡枝子等，还常见有木姜子、六道木、苦糖果、孩儿拳头、绿叶胡枝子、牛奶子、绣线菊、陕西荚蒾、栓翅卫矛、密刺悬钩子、竹叶花椒等。

草本层盖度40%左右，常见的有大披针苔草、大油芒、芒、唐松草、透骨草、紫斑风铃草、鱼腥草等。优势种是打披针苔草和华高野青矛。藤本植物常见的有野葛、猕猴桃、常春藤、三叶木通、南蛇藤、络石等。

在该区域内未发现国家重点保护植物。

（4）工程区动物资源。工程区位于保护区的实验区，该区域远于金丝猴、羚牛的实际分布区。但在该区域或邻近范围依然分布有一些野生动物类群。比较常见的有勺鸡、红腹锦鸡、环颈雉、青鼬、猪獾、野猪等。

4. 陕西周至黑河湿地省级自然保护区

陕西周至黑河湿地省级自然保护区是2003年由陕西省政府批准建立的省级自然保护区，保护区总体规划于2014年12月30日通过专家论证。该保护区位于周至县南部，地理坐标为东经107°43′～108°20′，北纬33°42′～34°00′，包括陈家河以下河段黑河库区和黑河入渭河口部分地区，总面积13 125.5hm^2。

该保护区是以保护黑河水库为主体的湿地生态系统类型保护区，主要保护对象为：①黑河湿地、森林生态系统；②黑河水库水体；③水禽鹭类、雁鸭类为主的栖息地。

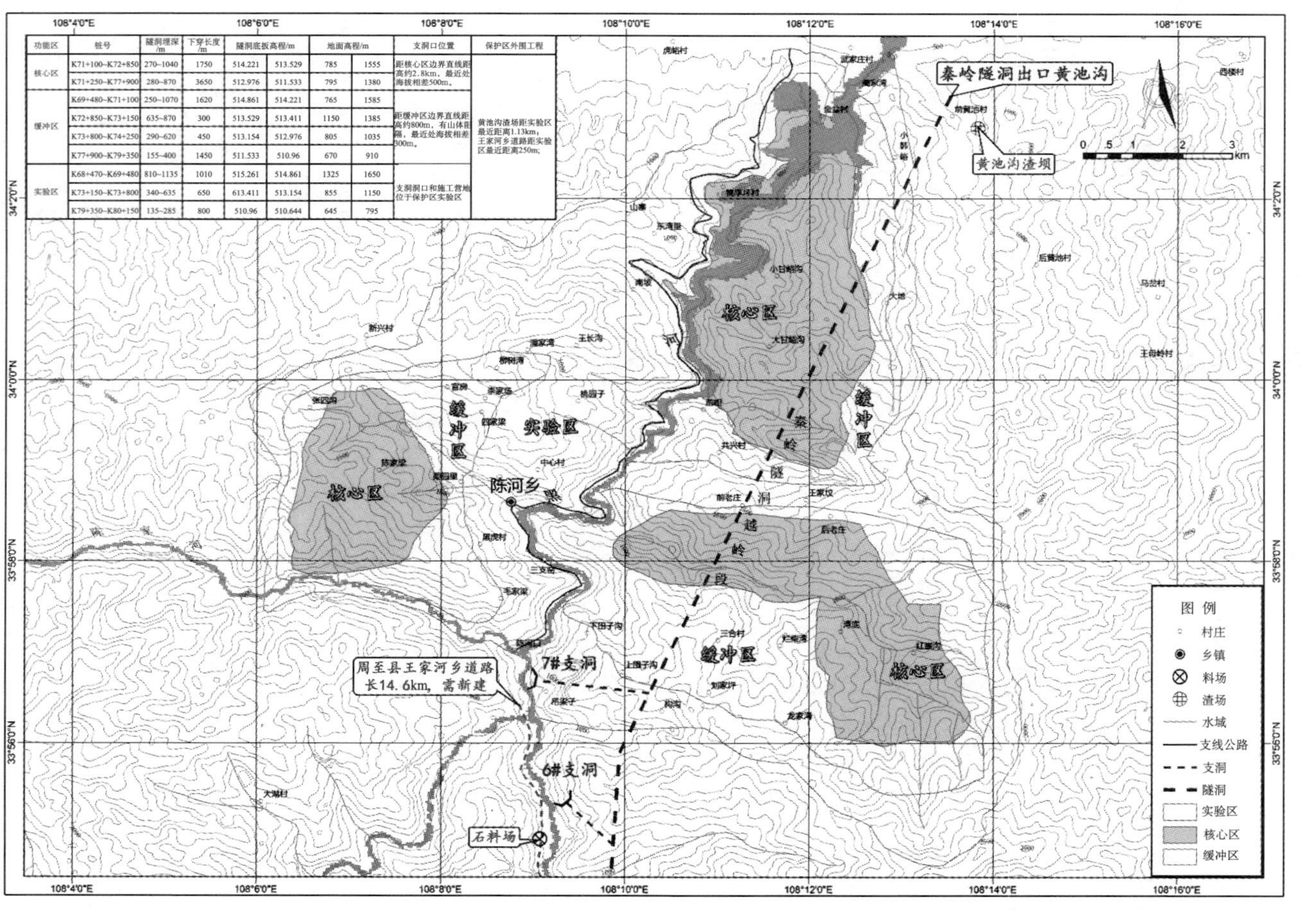

功能区	桩号	隧洞埋深/m	下穿长度/m	隧洞底板高程/m		地面高程/m		支洞口位置	保护区外围工程
核心区	K71+100~K72+850	270~1040	1750	514.221	513.529	785	1555	距核心区边界直线距离约2.8km，最近处海拔相差500m。	黄池沟渣场距实验区最近距离1.13km；王家河乡道路距实验区最近距离250m；
	K71+250~K77+900	280~870	3650	512.976	511.533	795	1380		
缓冲区	K69+480~K71+100	250~1070	1620	514.861	514.221	765	1585	距缓冲区边界直线距离约800m，有山体阻隔，最近处海拔相差300m。	
	K72+850~K73+150	635~870	300	513.529	513.411	1150	1385		
	K73+800~K74+250	290~620	450	513.154	512.976	805	1035		
	K77+900~K79+350	155~400	1450	511.533	510.96	670	910		
实验区	K68+470~K69+480	810~1135	1010	515.261	514.861	1325	1650	支洞洞口和施工营地位于保护区实验区	
	K73+150~K73+800	340~635	650	613.411	513.154	855	1150		
	K79+350~K80+150	135~285	800	510.96	510.644	645	795		

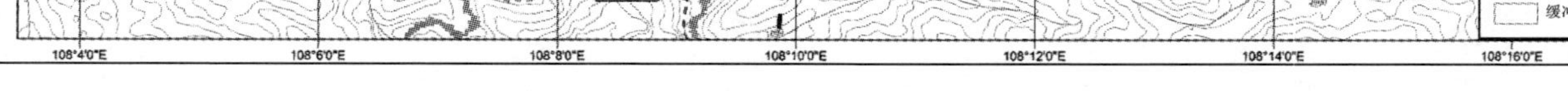

图 3-27　陕西周至国家级自然保护区与引汉济渭工程位置关系图

黑河湿地生态系统包括黑河支流陈家河以下至水库大坝以上，以及黑河入渭河河口的湿地。黑河水库位于周至县马召黑水峪口内 1.5km 处的金盆村，坝高 130m，坝顶高程为海拔 600m，总库容 2.0 亿 m^3，水面面积约 4.55km^2。年调节水量 4.28 亿 m^3；黑河入渭河河口的湿地东起尚村乡青化坊滩，西至富仁乡原村滩，南至终南镇老堡子村，北抵渭河河心与兴平市交界。

国家Ⅱ级保护动物大鲵、秦岭细鳞鲑在黑河均有分布，鹭科、鸭科多种水禽集中分布于黑河入渭河口。

保护区保护动物分布见图 3-28。

1）保护区建设前环境特征

(1) 自然环境。保护区的自然环境主要包含地质地貌和气候水文。

地质地貌。保护区主体属秦岭褶皱带，褶皱构造主要是秦岭群复式背斜及厚畛子至沙梁子的次级向斜，断裂构造以东西向压性断层为主。黑河湿地保护区位于秦岭北麓浅山带，整个地势南高北低，秦岭支脉由南向北蜿蜒而下，纵横交错，黑河各支流纵横切割。群山雄峙，峰峦叠嶂。多数地方沟谷深邃，峭壁悬绝。

气候水文。保护区气候属暖温带大陆性季风气候，南北气候差异较大，黑河河口平原地区年平均气温 13.1℃，极端最高气温 42.4℃，极端最低气温−18.1℃，年日照 1999h。秦岭山地夏短而凉，冬长而冷，低温多雨，垂直变化明显。

黑河发源于太白山东南坡上二爷海和玉皇池，干流总长 125.8km。流域面积为 2258km^2，其中秦岭山区占 72.8%，平原区仅占 27.2%，河道平均比降为 8.77‰。黑河支流众多，其中保护区内有陈家河、柳叶河、吉里沟河、徐家沟河、望长沟河、木匠河、甘沟河和韩峪河 8 条支流。黑河径流主要由降雨形成，年最大径流量为 12.2 亿 m^3，多年平均径流量为 6.77 亿 m^3。多年平均输沙量为 39.78 万 t。河水多年平均含沙量为 0.387kg/m^3。

(2) 生物资源。生物资源可分为动物资源和植物资源，都处于相互关联的生态系统中。

保护区中生态系统包括水体、森林、草甸和农田生态系统四类，其中湿地植被包括木本湿地植被、高草湿地植被、低草湿地植被。木本湿地植被有落叶阔叶林、灌木林等；高草湿地植被有芦苇、香蒲、菖蒲、荻等植物组成的群落；低草湿地植被有拂子茅、假苇拂子茅、白茅、灯心草、球穗扁莎草、慈菇、酸模叶蓼、马蔺、空心莲子草、眼子菜等植物组成的群落。

保护区有蕨类植物 1 科 1 属 2 种；种子植物 64 科 192 属 232 种，其中乔木树种 17 种，灌木 23 种，藤本植物 6 种，多年生草本 156 种，一年生植物 30 种；药用植物 121 种，纤维植物 12 种，淀粉植物 15 种，油料植物 10 种，芳香植物 20 种，山野蔬菜 12 种，农药植物 15 种。

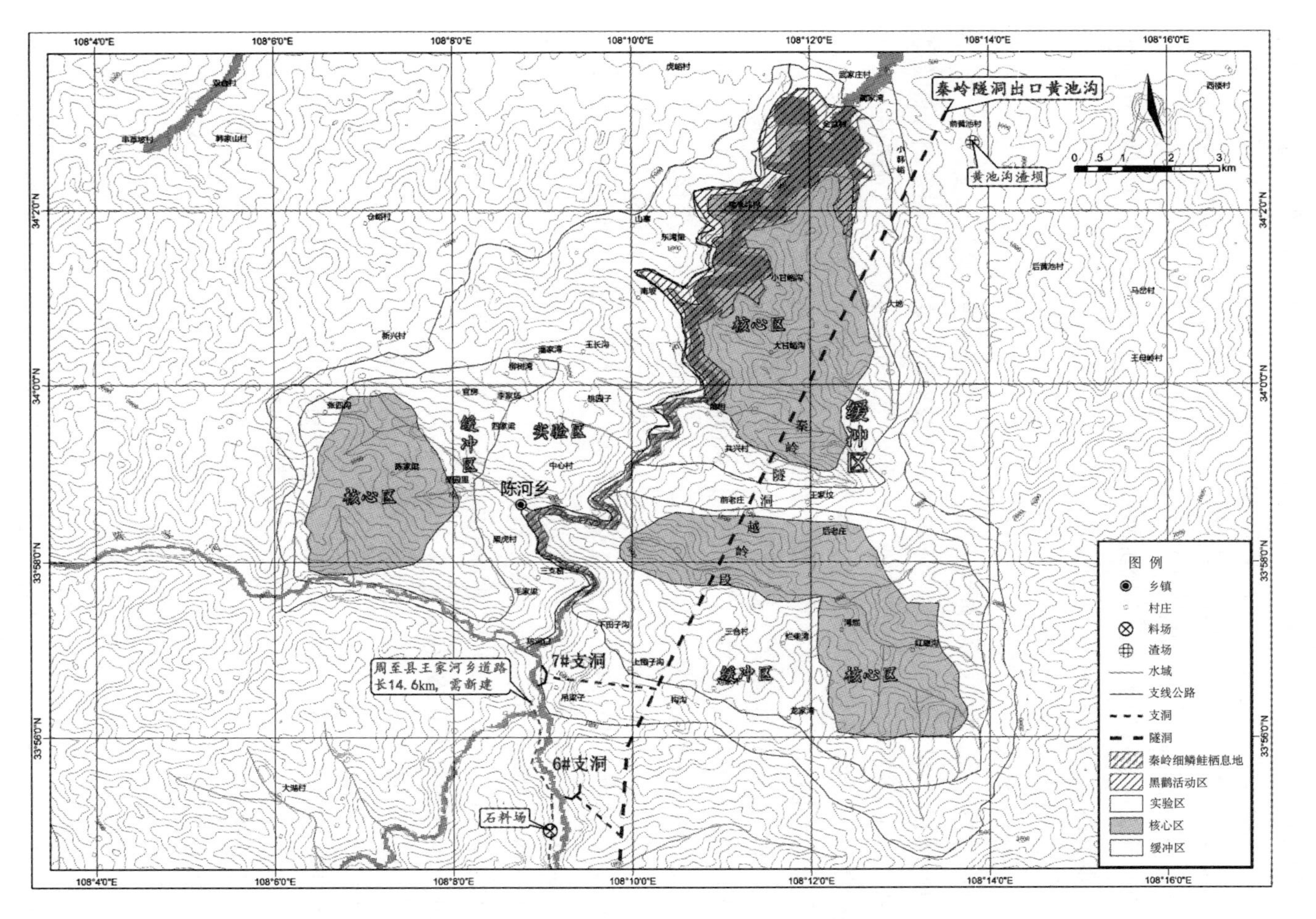

图 3-28 周至黑河省级保护区的保护动物分布及与工程位置关系图

保护区有水鸟 5 目 11 科 31 种，兽类 3 目 3 科 4 种，爬行类 1 目 2 科 6 种，两栖类 2 目 5 科 9 种，鱼类 4 目 9 科 54 种。鸟类包括鹭科鸟类 6 种，鸭科鸟类 11 种，鹭科、鸭科为主要优势类群。鱼类中鲤科 35 种，鲤科为优势类群。黑河湿地有国家 I 级保护珍贵水禽 2 种，黑鹳、大鸨偶见 2 或 3 只。国家Ⅱ级保护动物有秦岭细鳞鲑、大鲵、水獭 3 种。

(3) 工程与保护区位置关系。秦岭隧洞越岭段呈南北向下穿保护区，其中下穿核心区 5400m，下穿缓冲区 3820m，下穿实验区 2460m，洞线埋深 135～1135m。

保护区内工程布置。在实验区内布置有 7#支洞及支洞施工区，占地面积 4 亩(洞口占地 3 亩、施工区占地面积 1 亩)，全为有林地，占保护区总面积的 0.002%，占实验区总面积的 0.004%。7#支洞工区位于保护区实验区黑河右岸，工区内布置有混凝土搅拌站、钢木加工厂、机械修配停放场、综合加工厂等。

保护区外围布置。黄池沟渣坝距保护区实验区边界 1.13km；王家河至小王涧乡施工道路距离实验区 250m。岭北石料场距离保护区实验区边界 2.3km。

陕西周至黑河省级自然保护区与引汉济渭工程位置关系亦见图 3-28。

2) 工程区建设前环境状况

(1) 工程区自然景观。秦岭隧洞 7#支洞位于该保护区的西部实验区。该区域位于秦岭纬向构造体系中段北部与祁吕贺山字型弧顶东南侧之复合部位，包括秦岭纬向构造带和渭河地堑两大构造单元。工程区处于保护区的中低山河谷中，由南向北海拔高度逐渐降低。沟谷地貌可见冲洪积混合堆积地貌及冲洪积扇状地貌。

(2) 工程区森林生态系统。工程区森林植被属低山落叶阔叶林，由于人类开发历史悠久，该区植被均为次生的萌生林，主要植物群落有：①工程区主要陆生植被为黄栌、冬青等灌丛，在山坡平缓处及山沟附近还有少量锐齿栎、辽东栎等树种组成的群落零星分布；②湿地植被主要是芦苇、香蒲、菖蒲、荻、拂子茅、假苇拂子茅、白茅、灯心草、球穗扁莎草、慈姑、酸模叶蓼、马蔺、空心莲子草、眼子菜等植物形成的群落，多生于水中、浅水滩、水旁、河堤边旁，是各种小型水生动物(如小鱼、蝌蚪及小型昆虫)和水禽活动的场所。

(3) 工程区植物资源。工程区常见主要树种有水曲柳、铁杉、华山松、油松、漆树、锐齿槲栎、蒙古栎和毛白杨、垂柳、榆树、槐树、臭椿等。灌木有构树、紫穗槐、荆条、枸杞等。藤本植物有蛇葡萄、杠柳等。草本植物有芦苇、芒、香蒲、紫堇、艾蒿、野菊、堇菜、薄荷、早熟禾、野蒜、马唐、灰绿藜、扬子毛茛、蒺藜、点地梅、麦家公、夏至草等。

在该区域内未发现国家重点保护植物。

(4) 工程区动物资源。工程区地处山地与平原的过渡地带，临黑河库区，该范围内野生动物资源多以湿地野生动物为主。常见鹭科、鸭科水鸟，国家 I 级保护珍贵水禽有黑鹳、大鸨 2 种，但数量稀少。鱼类以鲤科鱼类为主。黑河水库及黑河河道中偶见秦岭细鳞鲑、大鲵、水獭栖息，见图 3-29 和图 3-30。

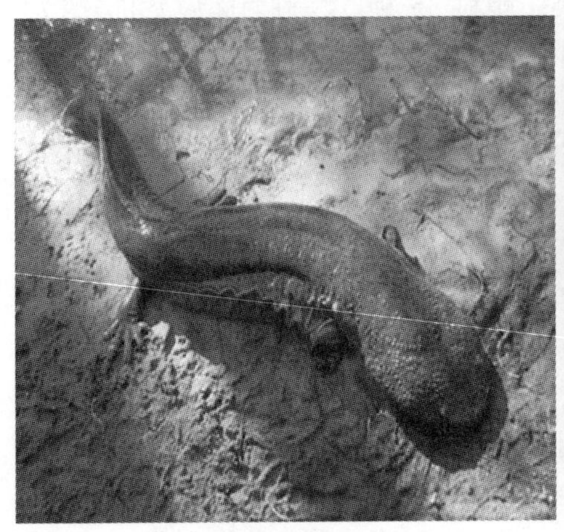

图 3-29 大鲵

图 3-30　水獭

3.1.3 引汉济渭工程总体布局

该工程采取在干流和支流子午河两处分散取水、联合运用的调水方式，其中，干流取水点选在黄金峡梯级库区，支流子午河取水点则选在位于子午河中游峡谷段的三河口水库。工程计划分两期实施。一期工程年可调水量约 5.0 亿 m^3，主要建设三河口水库和水库至黑河的越岭隧洞，于 2015 年建成生效；二期工程主要修建汉江干流黄金峡电站、黄金峡抽水站及黄金峡抽水站出水池至三河口水库的输水隧洞等工程，预计于 2020 年建成，最终规模年可调水量约 15.5 亿 m^3。

总体上，该工程的运行过程为：黄金峡泵站从黄金峡水利枢纽库内取水，所抽流水通过秦岭输水隧洞黄三段，并到达三河口水利枢纽坝后的秦岭输水隧洞控制闸。然后，该部分水大部分由秦岭输水隧洞越岭段送至关中地区，少量水(黄金峡泵站的抽水流量大于关中用水流量部分)则经控制闸由三河口泵站抽水至三河口水利枢纽库内存蓄。当黄金峡泵站抽水流量较小且不满足关中地区用水需要时，再由三河口水利枢纽放水补充，所放水经控制闸进入秦岭输水隧洞越岭段送至关中地区。另外，在完成调水任务的前提下，修建黄金峡电站和三河口电站，兼顾利用水能来进行发电。

引汉济渭工程总布置及纵向布置图 3-31 和图 3-32，黄金峡、三河口水利枢纽工程以及秦岭输水隧洞工程三者关系见图 3-33。

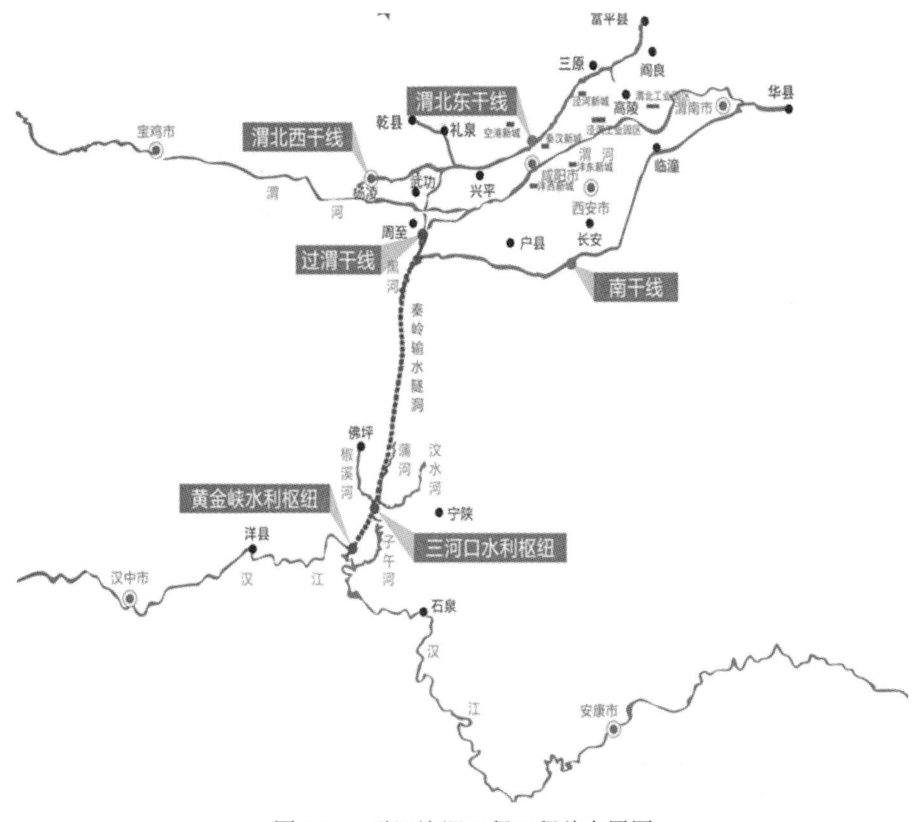

图 3-31　引汉济渭工程工程总布置图

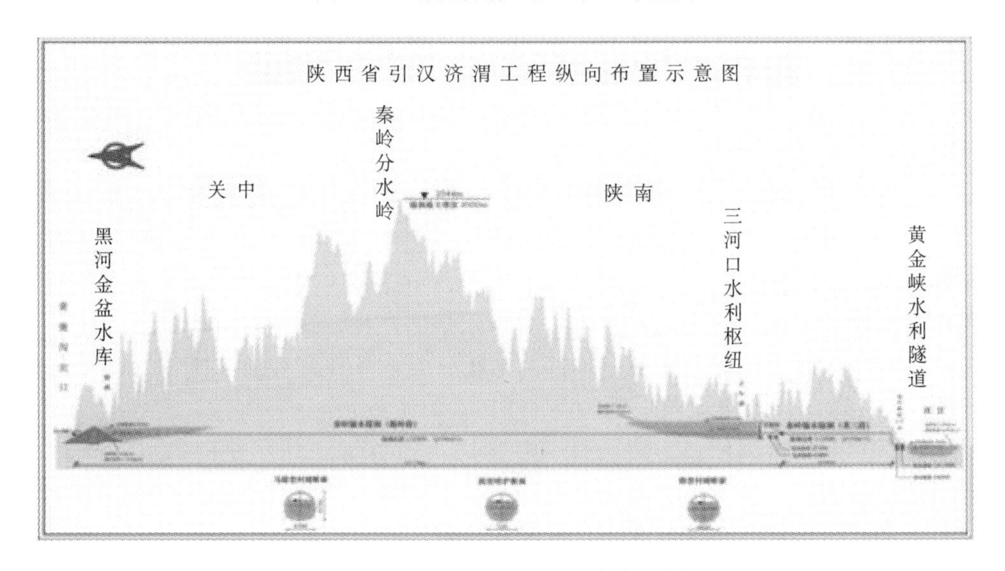

图 3-32　引汉济渭工程纵向布置图

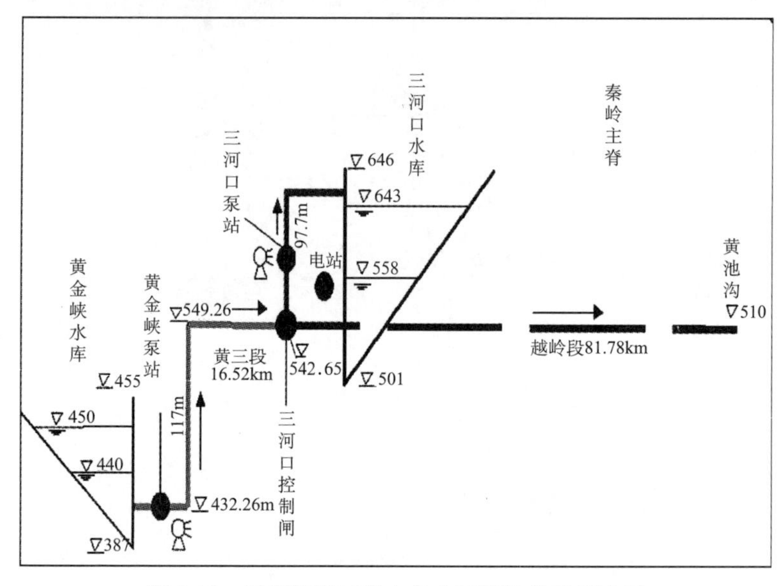

图 3-33　引汉济渭工程中各小工程的关系示意图

3.1.4　引汉济渭工程规模

引汉济渭调水工程近期设计水平年为 2025 年，调水规模 10 亿 m^3；远期设计水平年 2030 年，调水规模 15 亿 m^3。2025 年，扣除损失水量，引汉济渭工程到受水区供水量为 9.01 亿 m^3。通过外调水与本地水源联合调度可满足 2025 年受水区供需平衡及城镇供水的保证率要求。水量平衡图见图 3-34。

（1）黄金峡水利枢纽。黄金峡水利枢纽占地总面积 2733.96hm^2，由挡水建筑物、泄水建筑物、泵站电站建筑物、通航建筑物和过鱼建筑物等组成，其建筑物基本参数见表 3-7。

工程采用三期基坑的分期导流方式。其中，基坑排水包括初期排水和经常性排水。初期排水主要是大坝基坑在上游围堰合龙闭气后基坑内积水；经常性排水主要是基坑内开挖的渗水、雨水和施工废水，主要考虑采用沟槽集中集水、固定式水泵抽水的排水方式。同时，为了减少水量的耗损，该工程采用回水方式。在正常蓄水位下，水库回水末端至坝址约 58km 汉江干流江段；库区支流金水河回水约 19km 江段，酉水河回水约 30km 江段。

（2）三河口水利枢纽。三河口水利枢纽，占地总面积 1826.65hm^2，由拦河坝、泄洪放空建筑物、坝后泵站及电站等组成，其基本参数见表 3-7。此外，该水力枢纽的基坑排水包括初期基坑积水排除和经常性排水两部分。

（3）秦岭隧洞工程。秦岭隧洞工程全长 98.3km，包括黄三段和越岭段，其相关参数见表 3-8。详细地各段线路将在 3.3 小节中介绍。

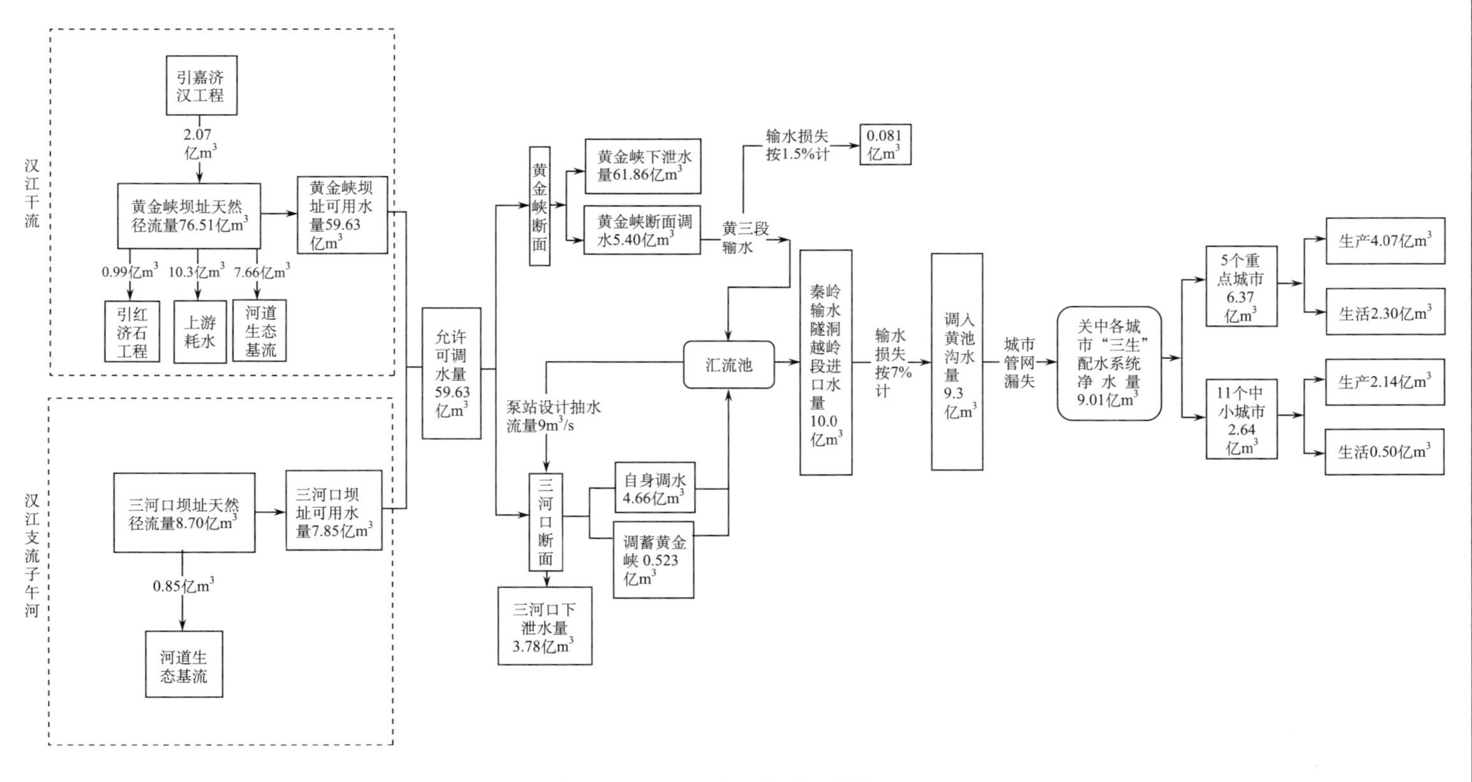

图 3-34　引汉济渭水量平衡图

表 3-7　水利枢纽基本参数

组成	参数		黄金峡水利枢纽	三河口水利枢纽
拦河坝	最大坝高/m		68	145
	库容/亿 m^3	总库容	2.29	7.1
		调节库容	0.69	6.6
	水位/m	正常蓄水位	450	643
		汛限水位	—	642
		死水位	440	558
泵站	抽水流量/(m^3/s)		70	18
	设计扬程/m		117	97.7
	总装机容量/MW		129.5	27
电站	装机容量/MW		135	45
	平均发电量/(亿 kW•h)		3.632	1.024
通航建筑物	通航吨位/吨级		100	—

表 3-8　秦岭隧洞工程相关参数

名称	黄三段	越岭段
全长/km	16.52	81.78
设计流量/(m^3/s)	70	70
纵坡	1/2 500	1/2 500
横断面/m	6.76×6.76(马蹄形)	6.76×6.76(马蹄形) 6.92/7.52(圆形)
施工支洞条数/条	4	10
施工支洞总长/m	2 621	22 367

3.1.5　引汉济渭工程意义

作为陕西渭河、江汉地区水资源的区域性调水工程，引汉济渭工程的建设具有十分重要的意义，不仅仅表现在缓解水资源短缺、促进经济社会的可持续发展上，更是国家及陕西省水资源统筹兼顾影响长远的永久配置措施。

1）缓解关中地区缺水现状，促进该地区可持续发展

2010 年党中央、国务院发布的《关于深入实施西部大开发战略若干意见》，把关中地区列为全国重点建设 8 大城市群、9 大经济区和 4 大装备制造业基地之一。可以说，关中地区既是陕西省的“工业走廊”，又是粮、棉、油的主产区。

该区集中了陕西省 60%的人口、55%的耕地和 75%的灌溉面积，占据了全省 68%的国内生产总值，在国家与陕西省经济社会发展中处于十分重要的地位。

但是，近年来，随着关中地区经济社会的快速发展，该地区对水资源的需求不断增加。作为关中地区经济社会用水的主要水源和沿岸地下水的重要补给源的渭河，已逐渐无法保证用水需求，这就加剧了地表水、地下水的过度开发利用，从而导致了一系列矛盾日渐突出。例如，一些企业由于水源不足而处于停产或半停产状态，缺水的现状迫使该地区以“超采地下水、牺牲生态水、挤占农业水”来暂时维持经济社会的发展，这就导致了水资源开发利用与经济社会发展陷入不良循环。

引汉济渭工程的建设将对缓解关中地区资源型缺水，优化水资源配置，改善渭河流域生态环境，保障和改善民生，促进区域经济可持续发展，构建和谐社会具有极其重要的作用。

2）减缓渭河水环境恶化

关中地区由于缺水已造成一系列严重的水环境问题，具体表现在以下方面。

（1）渭河许多支流干涸，近于断流。关中有 12 条河流承担向城镇供水的任务，但是其枯水期无法满足河道最小生态基流，甚至断流，如渭河干流 2007 年 6 月中旬华县断面最小流量不足 5.0m^3/s。

（2）关中地下水超采面积约 7000km^2，导致西安、咸阳、渭南、宝鸡等城市发生地面下沉、地裂缝等环境地质问题。例如，西安市区有 13 条大的地裂缝，长度达 67km；南郊局部地面沉降达 2.6m。

（3）河道生态水量不足，水污染的问题突出，并且在地表水体污染和地下水位下降的共同作用下，地下水污染加剧。目前，浅层地下水污染面积已达 579km^2，危及了 200 万人的饮水安全。咸阳、渭南、铜川等城市存在水质不达标问题，因水量不足和水质污染尚有 1/3 的县城供水能力不足。

引汉济渭工程的建成将可以通过替代超采的地下水、退还生态水和增加达标排放水量等方式，使渭河水量增加 7 亿～8 亿 m^3，提高河流自净能力，遏制渭河流域生态环境进一步恶化；增加渭河入黄河水量，为黄河的治理作出贡献。同时，该工程可以遏制地下水超采，通过涵养和保护地下水资源来减轻地裂缝和地面沉降对城市环境的危害，并通过增加水资源总量和优化水的循环利用来创造良好的水环境，提升居住环境的质量。

3）促进国家能源化工基地经济社会发展，是永久配置措施

东临黄河的陕北地区，其北部属《国家主体功能区开发规划》中划定的呼包鄂榆地区。该地区煤、油、气、盐等资源富集，是国家规划重点建设开发的能源化工基地，但其建设开发同样受到了水资源短缺的制约。

引汉济渭调水工程在解决近期关中缺水问题的同时，也将是近、中期解决陕

北能源化工基地用水需求的前提。换句话而言，引汉济渭调水工程作为陕西省水资源统筹兼顾、影响长远的永久配置，对国家能源化工基地的经济社会发展同样具有促进作用。至于为什么说引汉济渭工程是国家及陕西省水资源统筹兼顾、影响长远的永久配置措施呢？我们不妨从以下几方面来阐述。

(1) 引汉济渭调水工程是全国水资源配置的重要部署。根据 2010 年 12 月国务院批准实施的《全国水资源综合规划(2010～2030)》，汉江流域担负着向渭河流域关中地区调水的任务。规划近期实施的引汉济渭工程是全国水资源配置计划实施的重大跨流域调水工程，并在供水的同时，充分考虑了对汉江流域生态环境、经济社会发展和下游南水北调中线工程的影响。

(2) 统筹水资源与经济社会发展时空分布，支撑渭河生态文明。引汉济渭调水可合理调适省内水资源的时空分布，缓解陕南与关中水资源天然分布与经济社会发展格局不协调的矛盾。在解决缺水问题的同时，通过替代超采地下水和归还超用的生态水量、有效增加渭河的生态水量，进一步遏制渭河水生态环境的恶化和减轻黄河水环境的压力。

(3) 增加水资源承载能力，保障关中经济社会又好又快发展。引汉济渭调水主要配置给以西安、咸阳、渭南、宝鸡等为中心的沿渭城市群的生活和工业。另外，回归水量可补充渭河河道内水量，提升关中地区水资源承载力和渭河的环境容量。简言之，工程实施后可以增加受水区城市生活和工业 13.5 亿 m^3 的净供水量。该供水量可以支撑约 500 万人的城市规模和创造 5000 亿元的国内生产总值。因此，引汉济渭工程是保障经济社会又好又快发展，缓解缺水与发展的矛盾局面的战略性措施。

(4) 推进城镇供水联网调度系统建设，提高水资源利用效率。关中水利开发历史悠久，已形成了以自流引水为主，蓄、引、提、井相结合的水利灌溉网络。因此，对关中地区而言，其农灌和城乡供水基础较好。另外，城市(镇)具有沿渭河两岸集中分布的特点，若以引汉济渭工程建设为契机，以骨干水利工程(黑河金盆、石头河水库供水等)为依托，可以建设配套的以引汉济渭工程为主体的城镇供水联网调度系统。这套系统的建设将是逐步构建城乡一体化关中水资源配置网络，加快实现关中地区水资源优化配置，提高水资源利用效率的长远、重要措施。

(5) 与国家中线调水统筹兼顾，确保水源地保护。为保护南水北调中线水源地，陕西省限制了境内汉江流域工矿企业和城镇建设的发展，这就导致了产业和城镇人口向关中地区聚集，加剧了关中缺水现象，加大了关中水环境压力。而引汉济渭工程的实施，将可以缓解关中缺水和水环境压力，保证陕南水源地保护措施的落实。

3.2　水源区环境风险识别

3.2.1　水源区概况

从图 3-1 可以看出，黄金峡水利枢纽工程和三河口水力枢纽可以说是水源区最主要的两大建设工程。因此，在识别水源区建设期与运行期的环境风险之前，我们必须对这两个水利枢纽有充分的了解。接下来，本节就将分别从自然环境和社会环境两大方面对这两个水利枢纽进行介绍。

1. 黄金峡水利枢纽

1）自然环境

（1）地质地貌。黄金峡水库工程区位于秦岭中低山区，地势北高南低，属相对稳定的地区，其所在河谷多呈“V”形，基岩大多裸露。另外，该工程区东村以上为洋县盆地区，约占库区回水长度的 6%；东村以下为中低山区，约占库区回水长度的 90%，相应地震基本烈度为Ⅵ度。

（2）气候。黄金峡水库工程区属亚热带气候，据洋县气象站 46 年资料统计，该地区的气象值可见表 3-9。

表 3-9　黄金峡水库工程区 46 年气象统计值

多年平均降水量/ mm	多年平均气温/℃	极端最高气温/℃	极端最低气温/℃	多年平均日照时数/h	多年平均风速/(m/s)	多年平均蒸发量/mm
806	14.5	39.4	−11.9	1720	1.2	1065.6

（3）水文泥沙。黄金峡水利枢纽所在地涉及的水系多，河网密度大，但径流量分布不均。

水系。汉江上游河段水系发育，河网密度大，共有 22 条支流，其中，金水河、酉水河位于黄金峡库区。两河均属汉水一级支流，分别发源于佛坪县岳坝乡的光头山南坡和洋县华阳镇东北昏人坪梁南坡。最终，金水河于栗子坝乡八亩田村沙梁子下入洋县境内；酉水河沿酉谷，由东北流向西南，于黄金峡镇的中坝庙注入汉江。金水河、酉水河的相关参数值见表 3-10。

表 3-10　金水河、酉水河及子午河的相关参数值

名称	金水河	酉水河	子午河
全长/km	75	114	161
流域面积/km^2	732	972	3 010
平均径流量/亿 m^3	3.52	4.31	8.7（坝址处）

续表

名称	金水河	酉水河	子午河
年平均流量/(m^3/s)	8.04	13.67	—
最大洪峰量/(m^3/s)	1 110	—	6 270
最小枯流量/(m^3/s)	0.36	—	—
天然落差/m	1 146	2 071	876
水能蕴藏量/kW	43 000	—	—

水文泥沙。黄金峡坝址控制流域面积17 070km^2，占陕西省内流域面积的27.4%，其中坝址以上河长269km。坝址径流量为76.17亿m^3，但是年内分配不均匀：汛期(7～10月)径流量占全年径流量的64.08%；12～次年2月径流量仅占年径流量的6.34%。

除此之外，据实地调查，汉江上游流域山高坡陡，岩层透水性小，洪水汇流速度快，具有陡涨陡落的特点。由洋县站 52 年实测洪水资料显示，洪水最早出现在 3 月，但洪峰流量较小，最大洪水多出现在 7～9 月。实测洪水的最大洪峰流量 13 800m^3/s，一次洪水过程为 3～5 天。

另外，黄金峡坝址断面多年平均输沙量为 564 万 t，推移质为 58 万 t，含沙量为 0.817kg/m^3，河流含沙量较小。

(4) 土壤。工程区土壤类型主要有黄棕壤、黄褐土、石质土、水稻土、潮土、新积土六个土类，十五个亚类三十五个土属。黄棕壤分布于海拔 1000～1500m 的山地；黄褐土是秦岭低山丘陵坡地区主要土壤；淤土、潮土、水稻土、石质土为该区各种外营力作用形成的非地带性土壤，分布于河谷沿岸，面积少。土壤特性详见表 3-11。

表 3-11　水源区土壤特性

土壤类型	分布	理化性质	可蚀性
潮土	沿河两岸河谷滩地	透气透水性好耕作良好、保肥保水能力差、肥力低	易水蚀
水稻土	1000m 以下河谷两岸	地下水位适中，水肥状况良好	易水蚀
黄壤土	海拔 800～1300m 的中山地区	微显酸性、通透性及	易水蚀
棕壤	海拔 1300～2300m 的中山地区	有机质含量高，微显酸性，土体疏松、结构良好	易水蚀
淤土	汉江两岸，海拔 540m 以下地区	淤沙土、淤泥土保肥保水良好	易水蚀

2) 社会环境

黄金峡库区所在地洋县，位于陕西南部且为汉中盆地东缘，北依秦岭，南靠巴山，汉江横贯其中，总面积达 3206km^2，人口 43.86 万人。境内种植业主要以小麦、水稻、玉米、油料和蔬菜为主，林副土特产有木耳、香菇、药材、龙须草等；而养殖业则以牛、猪、鸡居多。

关于地方病，该库区所在地主要有碘缺乏病、地方性氟中毒、布病、大骨节病等。但通过多年来的努力防治，现地方病患病率很低，且多为早期患者。另外，该区主要的传染病为病毒性肝炎、结核病、麻疹、痢疾等，发病率一般为 2.80‰左右。因此，总体上来看，工程区属一般病区。

2. 三河口水利枢纽

三河口水利枢纽为引汉济渭工程重要组成部分，主要由拦河坝、泄洪放空建筑物、泵站及电站等组成。其中，大坝为碾压混凝双曲拱坝，是国内承受上游水推力最大的拱坝；导流建筑物包括泄水建筑物导流洞和挡水建筑物上、下游围堰，以 10 年一遇的洪水标准为导流标准，并采用河道一次断流、隧洞导流方式。

1）自然环境

（1）地质地貌。三河口库区位于秦岭中段、汉江以北的中低山区，该河段河谷呈“V”形。往细的说，工程区则位于南秦岭印支褶皱带（II_4）中部的留风关—金鸡岭褶皱束中部（II_{42}）。区内地层岩性分布有片岩、片麻岩、结晶灰岩、大理岩、硅质板岩、花岗岩，还有下第三系砂岩、砂砾岩和第四系松散岩层。相应区域地震基本烈度为Ⅵ度。

（2）气候。三河口水库工程区属北亚热带湿润、半湿润气候区。据宁陕县气象站实测资料统计，该地区气象值见表 3-12。

表 3-12　三河口水库工程区气象统计值

多年平均降水量/ mm	多年平均气温/℃	极端最高气温/℃	极端最低气温/℃	多年平均日照时数/h	多年平均风速/(m/s)	多年平均蒸发量/mm
901	12.3	37.4	−16.4	—	1.2	1213

（3）水文泥沙。三河口水库由于其特殊的地理位置，主要涉及子午河系。

水系：三河口水库位于子午河中游。子午河系汉江北岸的一级支流，上游由汶水河、蒲河、椒溪河汇合而成。主源汶水河，在宁陕与佛坪交界处汇入蒲河、椒溪河之后才称为子午河，于石泉县三华石乡白沙渡附近入汉江。

子午河的相关参数可见表 3-10，其洪水由暴雨形成，年最大洪水一般出现在 6～10 月，一次洪水过程 4～6 天，主峰历时 2～4 天。

水文泥沙：三河口水库坝址位于子午河三河口村以下约 2km 处，整个控制流域面积为 2186km^2，占子午河全流域的 72.6%。

由于子午河的径流主要由降水形成，具有年际变化较大、年内分配不均的特点，所以坝址处的径流也将随之而变。据统计，坝址处多年平均径流量为 8.7 亿 m^3，丰水期总月径流量占年径流量的 67.4%，而枯水期总月径流量仅占年径流的 11.5%。同时，两河口站实测资料统计显示，两河口最小流量与最小日平均流量分别为 $0.125m^3/s$、$0.18m^3/s$；三河口坝址最小流量与最小日平均流量分别为 $0.1m^3/s$、$0.14m^3/s$。

另外，由于子午河流域植被良好，水流清澈，河流的含沙量较小，坝址处含沙量也相对较少，其多年平均悬移质输沙量 43.1 万 t，推移质输沙量 8.62 万 t。

(4) 土壤。该工程区段的土壤类型同黄金峡库区，见表 3-11。

2) 社会环境

三河口库区所在地佛坪县，是陕西省人口最少的县，其总面积为 $1279km^2$，总人口 3.3 万人。目前，全县山茱萸已发展到 8 万亩 300 万株，以板栗、核桃为主的干果业，以生猪、土鸡、养蜂为主的养殖业，以木耳、香菇为主的食用菌，以水稻、玉米、土豆为主的粮食生产等绿色种植业亦有一定的规模和特色。同时，作为陕西省十大旅游工程之一的佛坪生态旅游，是陕南旅游精品线路上的重要亮点。因此，该区域交通较便利，主要包含县级佛坪-石泉公路、大河坝-四亩地乡级公路以及即将建成的西安-汉中高速公路这三大公路。

另外，该库区所在地的地方病与传染病同黄金峡库区。

3.2.2 水源区工程建设前环境状况评价

本节主要从水环境、环境空气与声环境对水源区的原有环境进行评价，以此为后面的预测该工程建设期与运行期可能造成的环境风险作铺垫。

1. 水环境

1) 库区

(1) 污染源状况调查。库区的污染源主要以工业污染源、生活污染源及面源污染三方面为主，且这些污染主要分布在黄金峡库和三河口水库周围。

①工业污染源。黄金峡库周围工业废水主要来源于库尾洋县县城的陕西秦洋长生酒业有限公司、洋县朱鹮黑米酒业有限公司和洋县大咸德调味品有限公司。其中，洋县大咸德调味品有限公司污水经简易污水沉淀池的处理后直接排入汉江，而其余两家企业污水经简单处理排入城市下水道。

三河口水库的污染源调查范围内则共有 3 家矿山开采企业和 2 家石材加工企业，但这三家矿山开采企业按环评要求将选矿的污水均排入尾矿库，沉淀后回用而无外排；石材加工企业的规模小，且目前为停产状态。因此，宁陕县境内无工业污染源。

②生活污染源。黄金峡水库主要生活污染源为洋县县城生活污水（排污口位于

贯溪镇）以及位于库区支流的金水镇生活污水。其中，洋县生活污水不经处理通过暗涵直接排入汉江，排放量为530t/d。为了减少污水对水质的影响，目前，洋县已建一批小规模污水处理设施，包括洋县县城污水处理厂。

三河口水库库区周围无生活污水集中排污口。

表3-13为评价范围内的排污口统计表。

表3-13 水源区排污口统计表（2011年）

排污口名称	位置	干流或支流/左岸或右岸	污水排放量/(t/d)	污水类型	污染物类型	排放方式及时段	排放去向	污水是否经过处理	处理达标情况
洋县钒钛磁铁矿有限责任公司	洋县桑溪乡	桑溪沟入子午河/左岸	规定为零排放	工业	—	生产时即排放	桑溪沟	尾矿库沉淀	达标
陕西鸿兴矿业有限公司	洋县桑溪乡	—	规定为零排放	工业	—	—	—	—	—
洋县鹏鑫矿业	洋县桑溪乡	桑溪沟入子午河/左岸	规定为零排放	工业	—	生产时即排放	桑溪沟	尾矿库沉淀	达标
陕西秦洋长生酒业有限公司	洋洲镇	汉江/左岸	709	工业	有机	—	城市下水道	经处理	达标
洋县朱鹮黑米酒业有限公司	洋洲镇	汉江/左岸	143	工业	有机	生产时即排放	城市下水道	污水沉淀池	—
洋县大咸德调味品有限公司	洋洲镇	汉江/左岸	27	工业	有机	生产时即排放	汉江	简易污水沉淀池	—
洋县县城污水排放口	贯溪镇	汉江/左岸	530	生活、工业污水	有机	直接排放	汉江	未处理	—
金水镇生活污水排污口	金水镇	金水河/右岸	272	生活	—	直接排放	金水河	未处理	—

③面源污染。水源区污染源包括农村生活污染源、农村种植污染源及农村畜禽养殖污染源。近年来，洋县坚持实施“生态县、旅游县”战略，治理荒山荒坡，加强水土流失防治，从而使得面源污染得到有效遏制。

（2）污染负荷评价。本工程点源评价采用《污水综合排放标准》（GB 8978—1996）中现有企业一级标准，其中总磷采用《城镇污水处理厂综合排放标准》（GB 18918—2002）中的一级B标准，见表3-14。

表 3-14　点源评价标准表　　(单位：mg/L)

污染物	COD	BOD_5	氨氮	悬浮物	石油类	TP	挥发酚
评价标准	100	30	15	70	10	1.5	0.5

此处，点源采用等标污染负荷评价法。

等标负荷量的计算公式为

$$P_i = W_i / \mathrm{Co}_i \times 10^{-6} \tag{3-1}$$

式中，P_i 为等标负荷量，t/a；W_i 为污染物排放量，t/a；Co_i 为评价标准，mg/L。

最终以污染物等标负荷量占等标负荷总量百分比的大小来确定区域的主要污染物，以污染源等标负荷量占负荷总量百分比的大小来确定区域的主要污染来源。

由于本书重点在环境风险的识别、分析与控制，水源区污染源的选取不做具体的论述(以下类似部分做相同处理)。最终可得到，污染源主要来自于黄金峡库区周围的工业废水和生活污水，且主要污染物为 COD 和氨氮。

(3) 取水口现状调查。黄金峡库区坝址以上无集中式取水口，坝下评价河段内分布有集中式取水口 3 处，均位于汉江干流。

三河口库区有集中式取水口 2 处，均位于三河口库区的梅子乡。根据实地调查可知，三河口水库坝址-堰坪河入河口段(约 22km)分布有佛坪县的大河坝乡、石泉县的两河镇。大河坝乡生产、生活用水由已建成的马家沟水库和黄家湾水库供给，对子午河干流基本无用水要求；但是，两河镇人口、耕地相对较多，生产、生活用水部分将取自子午河，部分取自支流堰坪河。两河镇取水口情况详见表 3-15。

表 3-15　三河口库区及坝下游取水口调查成果统计表

行政区域	取水口名称	位置	干流或支流	与工程相对位置	取水能力/(t/d)	取水时段	取水方式	供水人数	是否已划为饮用水水源保护区
石泉县	两河镇水源地	两河镇	子午河	坝下游 22km	900	全天	抽取河水	6086	未划分

(4) 库区水质评价。从平时的常规监测成果可以知道：①黄金峡水库总体水质良好，满足《陕西省水功能区划》规定的水质目标要求；②汉江支流金水河、酉水河流域无较大污染源，总氮超标主要是由于该区域总氮背景值较高；③三河口水库总体水质良好，各水期水质均达到《地表水环境质量标准》(GB 3838—2002) Ⅱ类水质标准，满足《陕西省水功能区划》规定的水质目标要求。

2) 水源工程下游影响区

水源工程下游影响区范围为黄金峡水库坝下至白河断面。据 2010 年陕西省水资源公报统计，该区间江段石泉、喜河、安康、旬阳、蜀河及白河水库区间污染负荷 COD 共 1.6 万 t，氨氮 0.16 万 t。其中，旬阳水库接纳了安康市的工业废水和生活污水，污染负荷相对较大；其次是蜀河水库和石泉水库，这两水库分别接纳了旬阳、西乡县城的工业废水和生活污水；喜河和白河水库库区的污染负荷较低；安康水库建成时间较早，库区无较大工业污染源，污染源主要为汉阴县、紫阳县和岚皋县的工业废水和生活污水。

虽然总体上污染负荷较高，尤其是 COD 负荷，但根据陕西省发布的 2010 年汉江水质报告，该影响区总体水质较好，各断面各水期水质均能满足水功能区划要求。

2. 环境空气

黄金峡枢纽工程区位于汉江峡谷区，三河口枢纽工程区位于秦岭低山区，可以说，两水库工程区均位于农村，没有工矿企业等大气污染源。

参照2011年4月陕西省汉中市环境监测站对两水库工程区现状监测结果(表3-16)可知，工程影响区域环境空气质量良好，满足《环境空气质量标准》二级标准要求。

表 3-16　水源区环境空气现状监测结果　(单位：$\mu g/m^3$)

工程区	监测点位	监测项目	监测时间							二级浓度限值
			4.2	4.21	4.22	4.23	4.24	4.25	4.26	日均值
三河口水库	1#大河坝乡后坪	TSP	112	170	175	172	175	171	174	300
		PM_{10}	74	104	107	110	110	108	106	150
		SO_2	18	21	17	22	20	21	22	150
		NO_2	51	37	52	45	43	41	34	80
	2#余家村	TSP	115	131	133	140	139	142	146	300
		PM_{10}	69	80	81	88	86	86	85	150
		SO_2	16	10	12	16	17	16	21	150
		NO_2	32	27	28	31	30	31	31	80
黄金峡水库	3# 郭家沟	TSP	112	160	148	146	164	165	163	300
		PM_{10}	70	108	91	89	92	90	99	150
		SO_2	11	9	9	14	12	14	15	150
		NO_2	40	48	39	35	32	30	34	80
	4#史家村	TSP	112	140	159	162	172	170	166	300
		PM_{10}	70	88	102	104	109	108	107	150
		SO_2	10	8	9	12	9	13	12	150
		NO_2	36	26	26	33	29	27	30	80

续表

工程区	监测点位	监测项目	监测时间							二级浓度限值
			4.2	4.21	4.22	4.23	4.24	4.25	4.26	日均值
黄金峡水库	5#白沙渡	TSP	109	135	157	157	164	160	163	300
		PM_{10}	67	78	92	91	102	96	91	150
		SO_2	13	12	11	11	13	10	14	150
		NO_2	35	37	33	34	31	33	32	80

3. 声环境

据现场调查，黄金峡、三河口枢纽工程区周围人口分布较少，既没有较大噪声源，也无较大道路车流量，所以该区域声环境质量总体良好。按照《声环境质量标准》，工程区及周边区域属 1 类声环境功能区，执行 1 类标准，交通道路两侧执行 4a 类标准。

从 2011 年汉中市环境监测站对黄金峡、三河口枢纽工程影响区噪声现状的监测表明，区域声环境质量和昼间、夜间交通噪声均能满足《声环境质量标准》要求。环境噪声限值见表 3-17。

表 3-17　环境噪声限值［单位：dB(A)］

声环境功能区类别		时段	
		昼间	夜间
0 类		50	40
1 类		55	45
2 类		60	50
3 类		65	55
4 类	4a 类	70	55
	4b 类	70	60

3.2.3　水源区工程建设可行性分析

1. 汉江流域水资源开发及利用情况

1）水资源特征

汉江径流主要由降水补给，且主要集中在 5～10 月，占全年(碾盘山站)的 78%。汉江流域地表、地下和水资源总量见表 3-18。

表 3-18　汉江地表、地下和水资源总量(1956～1998 年)

分区	面积 /万 km^2	地表水资源量		地下水资源量		水资源总量	
		径流量 /亿 m^3	径流深 /mm	径流量 /亿 m^3	产水模数 /(万 m^3/km^2)	径流量 /亿 m^3	产水模数 /(万 m^3/km^2)
丹江口以上	9.52	388	407	—	—	—	—
丹江口以下	6.38	178	279	—	—	—	—
全流域	15.9	566	356	188	11.8	582	36.6

2）水资源配置

根据水资源综合规划成果可知，在设计水平年2025年时，黄金峡坝址断面上游地区多年平均需水量和耗水量将分别为16.91亿m^3和10.07亿m^3。因为整个河段地处秦岭山区，人口、耕地不多，区内无工业用水要求，只有少量的农村生活和灌溉用水需要，所以规划水平年时可不考虑三河口水库以上耗水量。三河口坝址以下河段有十余条常流水的大小河流汇入，当多年平均自产水量超过3亿m^3时，能满足其用水需求。2025年引汉济渭水源区来水及水量分配情况见表3-19。

表 3-19　2025 年引汉济渭水源区来水及水量分配情况表　　(单位：亿 m^3)

项目	黄金峡水库	三河口水库	合计
天然径流量	81.2	9.5	90.7
坝址上游蓄水	16.91	—	16.91
耗水	−10.07	—	−10.07
引嘉济汉	2.06	—	2.06
引红济石	−0.99	—	−0.99
2025 年入库径流量	72.2	9.5	81.7
调水量	5.59	4.5	10.09
下泄水量	66.61	5	71.61

3）水资源开发利用情况

(1) 汉江流域水资源开发利用情况。汉江流域已建成了多种供水工程，并形成了一定的供水系统，对经济社会的发展起到了重大作用。至 2008 年汉江流域已建成大型水库 18 座，总库容 253.1 亿 m^3，兴利库容 126.7 亿 m^3。

2010 水平年，汉江流域需水量 175.65 亿 m^3，供水量 173.33 亿 m^3，供水水量保证率达 98.7%。除南水北调中线一期和陕西省引干济石工程跨流域调水 95.47 亿 m^3 外，引江济汉和二郎坝引嘉入汉工程向汉江补水约 38.8 亿 m^3。至 2010 水平年，汉江流域水资源开发利用率为 41%。

2025 水平年，汉江流域需水量 185.5 亿 m^3，供水量 184.1 亿 m^3，供水水量保证率为 99.2%。在上述跨流域调水工程的基础上，将增加引红济石和引干入石工程，总调水量达 96.4 亿 m^3，引入汉江水量约 38.8 亿 m^3。加上流域内总供水量，水资源开发利用率将达 43%。

(2) 汉江上游干流陕西段梯级开发。汉江上游干流陕西段梯级的开发将分梯级规划和已建电站两方面来介绍。

梯级规划情况。2010 年 12 月，水利部水规总院审查了长江水利委员会编制的《汉江干流综合规划报告》，重新将汉江上游干流规划为 8 级开发方案，即黄金峡 (450m) —石泉 (410m) —喜河 (362m) —安康 (330m) —旬阳 (240m) —蜀河 (217.3m) —白河 (196m) —孤山 (179m)。各梯级工程特性详见表 3-20。

表 3-20　汉江上游陕西段干流梯级工程特性表

项目	黄金峡	石泉	喜河	安康	旬阳	蜀河	白河
流域面积/万 km^2	1.80	2.34	2.52	3.57	4.24	4.94	5.11
平均流量/(m^3/s)	242	330	352	564	635	720	734
正常蓄水位/m	450	410	362	330	241	217.3	195.5 (193.73)
死水位/m	440	400	360	300	239	215	193.5 (191.73)
消落深度/m	10	10	2	30	2	2.3	2
回水长度 (库区长度)/km	60	53	41.5	128	55.6 (63.4)	47	39.8
正常蓄水位水库面积/km^2	12.40	25.10	11.29	77.50	23.6	11.34	9.59
正常蓄水位水库库容/亿 m^3	1.14	2.92	1.54	24.71	2.6	1.76	1.30
死库容/亿 m^3	0.45	1.25	1.34	8.48	2.14	1.5	1.08
调节库容/亿 m^3	0.69	1.67	0.20	16.23	0.46	0.26	0.22
调节性能	日	季	日	不完全年	日	日	日
装机容量/MW	135	225	180	852.5	320	270	180
年发电量/(亿 kW · h)	3.63	8.0	5.3	26.6	8.59	8.9	5.5
利用小时/h	2703	3552	2939	3126	2684	3283	3079
建设情况	未建	已建	已建	已建	未建	已建	未建

已建电站概况。该区段已建电站有石泉水电站、喜河水电站、安康水电站和蜀河水电站 4 个电站，分别位于汉江干流陕西省石泉县城上游 1km 的峡谷出口处、石泉县与汉阴县交界处、安康市城西 18km 处和汉江干流陕西省蜀河镇上游 1.6km 处，其他基本情况可见表 3-21。

表 3-21　4 个已建电站的基本情况

项目		石泉水电站	喜河水电站	安康水电站	蜀河水电站
流域面积/km^2		23 400	25 207	35 700	49 400
平均流量/(m^3/s)		330	352	564	720
正常蓄水	库容/亿 m^3	2.92	1.54	24.71	1.76
	水位/m	410	362	330	217.3
非正常蓄水	死库容/亿 m^3	1.25	1.34	8.48	0.26
	死水位/m	400	360	300	215
坝后式电站	总装机容量/MW	225	180	852.5	270
	年发电量/(亿 kW·h)	8	5.3	26.6	8.9
大坝	坝顶高程/m	416	—	338	229
	最大坝高/m	65	60.8	128	71
	坝顶长度/m	353	352	541.5	—
洪水标准	设计洪水标准	100 年一遇	100 年一遇	1000 年一遇	100 年一遇
	校核洪水标准	1000 年一遇	1000 年一遇	1000 年一遇	1000 年一遇
调节方式		季调节	日调节	不完全年调	日调节

(3) 汉江上游陕西段支流梯级开发。汉江上游陕西段流域降水量丰富，河网密度大，其南北两岸支流众多。北岸支流流程长，水量充沛，南岸支流流程相对较短。各河流不对称的河网形态，对洪水汇流起着良好的缓冲作用，且具有山溪性河流、河床狭窄、比降大、水流湍急、水量丰富、含沙量小、水质较好等共同特点。

2. 正常蓄水位环境分析

1) 黄金峡水利枢纽

在满足调水、供水任务要求的情况下，影响黄金峡水库正常蓄水位选择的主要因素为水库的淹没损失及两岸、洋县县城防护工程。当蓄水位超过 455m 时，除淹没损失和防护工程投资有较大增加外，洋县县城有 2.7 万的常住人口需要搬迁，估算搬迁费用高达约 41 亿元，因此黄金峡正常蓄水位不应高于 455m。

可研阶段在正常蓄水位不超过 455m 范围内，拟定了 5 个正常蓄水位方案，即 445m、448m、450m、452m、455m。环境影响比较结果表明，5 个方案没有本质区别，方案Ⅲ和方案Ⅳ环境影响程度比较接近，虽然两方案工程投资基本一致，但就淹没影响来看，方案Ⅲ耕地、林地损失更小。同时，工程分析表明，在各方案中，蓄水位越高，淹没损失及工程投资越大。经过综合分析，可研拟定的正常蓄水位 450m 方案，其从环境影响角度是相对合适的。黄金峡水库不同正常蓄水位方案的环境影响比较见表 3-22。

表 3-22　黄金峡水库不同正常蓄水位方案环境影响对比表

<table>
<tr><th rowspan="3">环境要素</th><th rowspan="3">环境因子</th><th colspan="5">正常蓄水位方案</th></tr>
<tr><th>Ⅰ</th><th>Ⅱ</th><th>Ⅲ</th><th>Ⅳ</th><th>Ⅴ</th></tr>
<tr><th>445m</th><th>448m</th><th>450m</th><th>452m</th><th>455m</th></tr>
<tr><td colspan="2">水文情势</td><td colspan="5">水位和水库面积均比天然状况有大幅度的增加，库区内流速将减缓，从上游至坝前流速逐渐减小。下泄水量中含沙量减少，坝下河段水位将有所降低。5 个方案影响程度相近</td></tr>
<tr><td rowspan="2">水环境</td><td>水温</td><td colspan="5">均为混合型水库</td></tr>
<tr><td>水质</td><td colspan="5">建库调水后总体水质将稍差于建库前水质，可满足该区域水功能区的水质目标要求。5 个方案对水质影响无明显区别</td></tr>
<tr><td rowspan="3">生态</td><td>陆生生态</td><td colspan="5">工程建设对区域自然系统的生产能力影响不大；水库淹没与工程施工不会使生态系统的稳定性发生重大改变。5 个方案影响程度、范围相近</td></tr>
<tr><td>水生态</td><td colspan="5">大坝阻隔，将鱼类分割成坝上、坝下两个群体，其基因交流机会减少；鱼类资源种群结构发生变化。5 个方案影响程度和范围相近</td></tr>
<tr><td>水土流失</td><td colspan="5">工程建设扰动地表面积，损坏水土保持设施，如不采取水土保持措施，将新增水土流失。5 个方案影响程度和范围相近</td></tr>
<tr><td rowspan="3">淹没与移民</td><td>淹没耕地</td><td>淹没耕地 4369 亩。耕地损失最少</td><td>淹没耕地 4869 亩，耕地损失略大于方案Ⅰ</td><td>淹没耕地4899亩，耕地损失与方案Ⅱ接近</td><td>淹没耕地 4999 亩，耕地损失略大于方案Ⅲ</td><td>淹没耕地 5469 亩，耕地损失最大</td></tr>
<tr><td>淹没林地</td><td>淹没林地 6385 亩。林地损失最少</td><td>淹没林地 6975 亩，林地损失比方案Ⅰ多 590 亩</td><td>淹没林地6995亩，林地损失与方案Ⅱ接近</td><td>淹没耕地 7195 亩，林地损失比方案Ⅲ多 200 亩</td><td>淹没耕地 7785 亩，林地损失最大</td></tr>
<tr><td>移民</td><td>移民 4029 人，移民人数最少</td><td>移民 4479 人，比方案Ⅰ多 450 人</td><td>移民 4561 人，方案Ⅱ接近</td><td>移民 4561 人，方案Ⅱ接近</td><td>移民 4761 人，移民人数最多</td></tr>
</table>

2）三河口水利枢纽

影响三河口水库正常蓄水位选择的主要因素为水库淹没损失及通过库区的西–汉高速公路的限制。据调查，各主要淹没实物主要分布在 630m 高程以下。但一方面，根据四水源联合调节计算，当三河口水库正常蓄水位低于 630m 时，无法满足调、供水要求；另一方面，西–汉高速公路在库区可能回水范围内的最低点高程位于距坝址 24km 的龙王潭处，该处路基护坡最低高程 644.17m，其所设置的两处泄洪排水涵洞，底高程最低 642.28m，洞顶高程 646.61m。因此，在考虑满足调、供水要求前提下，三河口水库正常蓄水位以不超过 645m 为宜。

可研阶段在正常蓄水位不超过 645m 范围内，拟定 4 个正常蓄水位方案：645m、643m、642m、641m。环境影响比较结果表明，4 个方案没有较大区别。通过工程方案比选，641m 和 642m 方案的联合供水保证率稍低于要求，且其时段供水破坏深度较大，相对供水安全度稍差；另外两个正常蓄水位方案的调水量、联合供水量、供水保证率以及供水保证程度相同，但 643m 方案的淹没损失和三河口水利枢纽工程投资相对较小。因此，在满足调、供水要求条件下，选择采用较低的正常蓄水位方案，即 643m 方案。该方案经综合分析后从环境角度而言，相对合理。三河口水库不同正常蓄水位方案比较详见表 3-23。

表 3-23　三河口水库不同正常蓄水位方案环境影响对比表

<table>
<tr><th rowspan="3">环境要素</th><th rowspan="3">环境因子</th><th colspan="4">正常蓄水位方案</th></tr>
<tr><th>Ⅰ</th><th>Ⅱ</th><th>Ⅲ</th><th>Ⅳ</th></tr>
<tr><th>641m</th><th>642m</th><th>643m</th><th>645m</th></tr>
<tr><td colspan="2">水文情势</td><td colspan="4">水位和水库面积均比天然状况有大幅度的增加，库区内流速将减缓，从上游至坝前流速逐渐减小。下泄水量中含沙量减少，坝下河段水位将有所降低。4 个方案影响程度相近</td></tr>
<tr><td rowspan="2">水环境</td><td>水温</td><td colspan="4">均为分层型水库</td></tr>
<tr><td>水质</td><td colspan="4">建库调水后总体水质将稍差于建库前水质，但可满足该区域水功能区的水质目标要求。4 个方案对水质影响无明显区别</td></tr>
<tr><td rowspan="3">生态</td><td>陆生生态</td><td colspan="4">工程建设对区域自然系统的生产能力影响不大；水库淹没与工程施工可能在短期内使区域生态系统中生物量减少、生物种的多样性受到影响，但不会使生态系统的稳定性发生重大改变。4 个方案影响程度相近</td></tr>
<tr><td>水生生态</td><td colspan="4">大坝阻隔，将鱼类分割成坝上、坝下两个群体，其基因交流机会减少；水流变缓，喜急流的鱼类将向上游和支流转移，喜缓流的鱼类种群和数量将有所增加。4 个方案影响程度和范围相近</td></tr>
<tr><td>水土流失</td><td colspan="4">工程建设扰动地表面积，损坏水土保持设施，如不采取水土保持措施，将新增水土流失。4 个方案影响程度和范围相近</td></tr>
<tr><td rowspan="3">淹没与移民</td><td>淹没耕地</td><td>淹没耕地 6 733 亩。耕地损失最少</td><td>淹没耕地 6 783 亩。耕地损失略大于方案Ⅰ</td><td colspan="2">2 方案淹没耕地均为 6 833 亩。耕地损失略大于方案Ⅰ和方案Ⅱ</td></tr>
<tr><td>淹没林地</td><td>淹没林地 12 522 亩。植被损失最少</td><td>淹没林地 12 922 亩。植被损失略高于方案Ⅰ</td><td>淹没林地 13 425 亩。植被损失比方案Ⅱ多 500 亩</td><td>淹没林地 14 322 亩。植被损失最多</td></tr>
<tr><td>移民</td><td>移民 3 780 人。移民人数最少</td><td>移民 3 840 人。略多于方案Ⅰ</td><td colspan="2">方案Ⅲ、方案Ⅳ移民均为 3 910 人。略多于方案Ⅰ、方案Ⅱ</td></tr>
</table>

3. 水库坝址分析

1） 黄金峡水利枢纽

从发电和航运角度来看，汉江干流各梯级电站水位均以上级电站尾水与下级电站正常蓄水位衔接的方式衔接，这样可在满足发电的前提下，衔接上下游的航运。经过综合考虑工程布置、发电和航运等因素，坝址在良心沟以下至高白沙河段长约 6km 范围内较适宜，可以说，其选址河段范围与汉江上游干流梯级开发规划阶段确定的选址范围基本一致。

可研阶段对相距约 1.4km 的带阳滩(上坝址)和懒人床(下坝址)这两个坝址进行比选，比选时采用混凝土重力坝为设计代表坝型。根据表 3-24 中的两坝址详细比较，黄金峡库区选择上坝址更具有优越性。

表 3-24　上、下坝址比选

比较角度	比较结果
地质条件	在相同调节库容下，上坝址河谷较窄、枢纽布置紧凑，相较于河谷较宽的下坝址，混凝土工程量较小
发电量	两坝址入库水量基本相同，年平均发电量不受影响
工程投资	从引水角度看，下坝址方案秦岭输水隧洞(黄三段)投资高于上坝址
对外交通	下坝址较上坝址略高
工程淹没损失	下坝址较上坝址略高
施工面积	相对下坝址，上坝址土石方开挖量减少 32.88 万 m^3、损坏水保设施面积减少 10.3hm^2、扰动土地面积减少 124.54hm^2、植被淹没面积减少 11.86hm^2
其他环境影响	上、下坝址对环境的其他影响基本相同

2） 三河口水利枢纽

三河口水力枢纽可选择建在三河口以上三条支流处、子午河干流两河口以下河段地区或三河口-两河口区间。但三河口以上三条支流(椒溪河、汶水河、蒲河)均处于高山峡谷区，具有河道狭窄、比降陡的特点，在任何一条支流单独建库都会出现库容小、调节能力差的现象，很难保证用水需要；子午河干流两河口以下河段与三河口以上范围相比，其淹没损失比重过大。因此，最佳的选址出现在三河口-两河口区间。

三河口-两河口区间的子午河干流的河湾长度 22.4km，其中下游段 16.6km 的河道迂回弯曲，两岸受较多大小支沟切割，地形破碎，河谷间山梁单薄，没有建造高坝大库的条件。三河口至大河坝乡之间河段，长度 5.8km，河道比较顺直，河谷比较狭窄，两岸山体高大雄厚，地形较为完整，可布置大型水库枢纽，同时，在此河段建坝，对外交通较为便利。因此，在三河口以下 5.8km 河段选择坝址较为合适。

可研阶段选择上、下两个坝址进行比选，上坝址距离三河口约 2.0km，下坝址距三河口约 4.8km。根据表 3-25 的比较，三河口选择上坝址方案更具有优越性。

表 3-25　上、下坝址方案比选

比较角度	比较结果
地形地质条件	两坝址的地形地质条件基本相当，区别不大，均不存在重大制约因素，技术上均可行
施工面积	相对下坝址，上坝址方案土石方开挖量减少 34.77 万 m^3、损坏水保设施面积减少 148.79hm^2、扰动土地面积减少 319.8hm^2、植被淹没面积减少 207.87hm^2
施工场地布置	下坝址略优于上坝址，但对大河坝乡居民的生活影响较大
对外交通	下坝址略优于上坝址，但对大河坝乡居民的生活影响较大
工程投资	上坝址建筑工程总投资比下坝址节省 5522.57 万元

4. 施工布置环境合理性分析

1）黄金峡水利枢纽

（1）料、渣场选址。黄金峡枢纽工程初选 4 个砂砾料场、2 处石料场、1 处土料场和 4 处弃渣场。

砂砾料场分别为史家村料场、史家梁料场、高白沙料场和白沙渡料场。其中，高白沙和白沙渡砂砾料场为备用料场。实地调查，各料场周边 200m 范围内无居民点，也没有生态敏感区；史家村、史家梁砂砾料场运距相对较短，交通相对便利。结合料场及周边的植被状况、环境敏感点分布、运距等因素，从环境保护角度上分析，砂砾料场相对合理。

2处石料场均位于黄金峡坝址上游的良心沟基岩斜坡上，分别为锅滩料场和郭家沟料场。这两料场都不属于县级以上人民政府划定的崩塌、滑坡危险区以及泥石流易发区，且均有简易公路通行，周边交通相对便利，附近无环境敏感点，无需搬迁民房，不涉及重要生态敏感区。结合现场查勘及覆盖情况、环境敏感点分布、运距等因素，从环境保护角度分析，石料场选址较为合理。

土料场位于黄金峡坝址上游汉江右岸斜坡距坝址约 600m 的史家村。该料场为工程周边地区，交通较为便利，运距短，可减少施工道路占地，且耕、园地占用比例较小。根据生态现状调查，土料场占地不涉及生态敏感区，未见珍稀动植物及古树名木分布。因此，从环境角度分析，土料场选址较为合理。

4处弃渣场在占地范围内及下游均没有重要设施，且附近无居民点分布，不涉及生态敏感区，相互间运距较短。据调查，弃渣的堆放需砍伐零星树木，将对以灌木林地和裸地为主的场区的局部植被产生破坏，但渣场选用天然沟道、淹没区，可减少土地资源的损失、降低对地表植被的破坏。此外，虽然修建挡渣墙、截排水沟等工程措施将会对弃渣场稳定构成威胁，但是在水土保持设计中，已考虑通过采取引排各弃渣场上游汇水来避免。因此，从环境保护角度分析，渣场选址具有环境合理性。

（2）施工道路规划。工程区对外交通不便，为此，场内交通运输将新改建15条道路、3座永久桥梁和1处永久涵洞。其中，新建大河坝乡到黄金峡坝址的大黄进场道路，为沥青混凝土路面，长度约18.0km。

根据调查，此场区的所占地对区域植被影响较小，且占地范围内不涉及自然保护区、风景名胜区、可开发矿产、文物和珍稀动植物分布区，也无古树名木分布。另外，选线尽量避开了居民点，减少了交通运输对居民点声环境和大气环境的扰动。因此，从环境保护角度分析，施工道路规划具有环境合理性。

（3）施工场地布置。黄金峡水利枢纽坝区附近的场地较为狭窄，施工区布置相对集中，共设2处施工区，且布置了砂石骨料筛分系统、混凝土拌和站、办公生活区、辅助企业、仓库等。在施工总布置上，此工程考虑了以下原则：①施工总布置在有利于主体工程施工的前提下，尽量不影响当地群众的正常生活；②严格执行国家的土地政策，充分利用荒坡地及滩地，少占或不占用耕地布置生产、生活设施；③生产生活区的布置，符合国家颁布的有关环境保护和水土保持条例，且遵守环境保护法规，减免对库坝区环境的影响及污染。因此，从环境保护角度分析，施工总布置较为合理。

2）三河口水利枢纽

（1）料、渣场选址。本项工程包括6个砂砾料场、4个石料场、2个土料场和2处弃渣场。

6个砂砾料场分别位于蒲河、椒溪河及子午河河漫滩。经现场查勘，各料场周边无环境敏感点，对周边居民产生的声环境和大气环境影响较小，且没有生态敏感区。因此，通过对料场及周边的植被状况、环境敏感点分布、运距、对环境的影响等全面分析，砂砾料场选址较为合理。

4个石料场经过调查发现，均不属于县级以上人民政府划定的崩塌、滑坡危险区或泥石流易发区，且附近均无环境敏感点。主料场II_1和II_3、II_4料场为当地群众正在开采的石料场，不会对周边环境产生新的影响，且周围无需搬迁民房，占用农田较少。结合现场查勘及从植被状况、环境敏感点分布及运距等方面考虑，料场的选址较为合理。

2个土料场位于工程周边地区，均不属于县级以上人民政府划定的崩塌、滑坡危险区或泥石流易发区。两处交通均较为便利，运距短，可减少施工道路占地及耕、园地的占用。根据生态现状调查，土料场占地不涉及生态敏感区，无珍稀动植物和古树名木。为避免诱发崩塌和滑坡现象，位于斜坡上的该料场，还采用了分级取土方案。此外，土料场属临时占地，取土结束后采取植被恢复措施或复耕措施，可减少料场用地对植被资源和生态环境的影响。因此，从环境角度分析，土料场选址较为合理。

2处弃渣场为西湾弃渣场和蒲家沟弃渣场，分别位于三河口水库死水位下和坝址下游约2.3km 右岸蒲家沟内。西湾弃渣场占用河漫滩地，位于淹没区，既可减少土地资源损失，也避免了运行期对行洪的影响；蒲家沟渣场选用天然沟道，可减少占地面积和降低对地表植被的破坏。总体上，2处渣场附近不涉及自然保护区、风景名胜区、可开发矿产和珍稀动植物分布区，也无古树名木分布。此外，在堆渣完毕后，弃渣场会及时进行施工迹地恢复和实施水土保持措施。因此，从环境保护角度分析，渣场选址基本合理。

（2）施工道路规划。此施工场内交通永久道路总长 4950m，包括 1#、3#、13# 道路和 4 座桥梁。其中，道路前期为泥结石路面，后期改为混凝土路面；4 座桥梁中有 1 座永久桥和 3 座临时桥。据调查，场内道路占用一定面积的植被，但植被类型均为当地常见种类，对区域植被影响较小，且不涉及自然保护区等生态敏感区。因此，从环境保护角度分析，场内施工道路规划较为合理。

（3）施工场地布置。三河口枢纽工程施工场地分了三个区布置，其永久占地以林地为主，临时占地以林地和裸地为主，均尽量避开了占用耕地——永久占地中耕地面积占 13.65%；临时占地中耕地面积占 9.54%。在施工总布置上，本工程考虑了“节省用地、少占耕地”的原则，并尽量利用荒山、冲沟及坡地，力求布置紧凑。因此，从环境保护角度分析，施工总布置较为合理。

5. 引汉济渭工程对环境作用因素的分析

1）工程施工

实际工程在施工过程中会产生污废水、噪声、废气、固体废弃物等环境影响因子，从而引起该区的生态变化。

（1）施工废水。施工废水主要分为生产废水和生活废水。其中，生产废水 9173m^3/d，由基坑废水、砂石料加工系统冲洗废水、混凝土养护冲洗废水、施工机械和车辆冲洗保养含油废水、综合加工厂废水组成；生活污水 413m^3/d，主要污染物为 COD、BOD$_5$ 和氨氮，其浓度分别可达 300mg/L、250mg/L、40mg/L。根据《陕西省水功能区划》及工程河段 II 类水质现状，黄金峡水库、三河口水库所在江段均不能作为纳污水体，因此施工区所有生产、生活废污水均应考虑回用。黄金峡水利枢纽、三河口水利枢纽的生产废水相关参数见表 3-26。

表 3-26　生产废水相关参数

参数		黄金峡水利枢纽	三河口水利枢纽
基坑废水	排水方式	分期导流	河道一次断流，隧洞导流
	悬浮物浓度/(mg/L)	经常性排水：2 000	经常性排水：2 000

续表

参数		黄金峡水利枢纽	三河口水利枢纽
基坑废水	pH	经常性排水：11～12	经常性排水：11～12
	最大排水量/(m^3/h)	初期：1 200；经常性：1 000	初期：800；经常性：800
砂石料系统冲洗废水	冲洗废水量/(m^3/h)	425	680
	耗水率	一般在 15%～25%	一般在 15%～25%
	悬浮物浓度/(mg/L)	一般为 4 000～70 000 (一般为 0.5～160μm)	一般为 4 000～70 000 (一般为 0.5～160μm)
	pH	7.7 以上	7.7 以上
混凝土养护冲洗废水	浇筑强度/(万 m^3/月)	≤6.9	≤7.6
	日产生废水/m^3	32	48
	悬浮物浓度/(mg/L)	5 000	5 000
	pH	11～12	11～12
施工冲洗保养废水	冲洗废水/(m^3/次)	136	108
	石油类浓度/(mg/L)	一般为 20～40	一般为 20～40
综合加工厂废水	废水排放量/(m^3/d)	3(供水量的 75%)	6(供水量的 75%)
	石油类浓度/(mg/L)	20	20
	悬浮物浓度/(mg/L)	500	500

(2) 噪声。本工程噪声主要来源于砂石料加工、施工工厂、施工机械、运输车辆等，其影响受体为施工区附近的环境敏感目标。各噪声源产生源强见表 3-27。

表 3-27　各噪声源源强

噪声源	噪声源性质	噪声源源强
砂石料加工系统	连续点声源	所有设备同时运行时的声源在叠加后作为砂石加工厂的源强，1m 处声强级约为 108dB(A)
施工机械	—	隧洞施工、料场开挖、渣场和存料场施工作业等环节，噪声源强为 75～90dB(A)；机械及汽车修理厂、转轮及金属结构拼装厂等施工工厂噪声源强一般在 105dB(A)以下
交通	线声源	载重量 10～20t 级自卸大型车在车线 15m 处平均辐射声级为 70.5dB(A)

(3) 废气。施工期大气污染源主要来自砂石加工系统、坝基爆破开挖、填筑、炸药爆破作业、交通运输、燃油排放、混凝土拌和系统等，其排放的主要污染物为粉尘、废气和扬尘。这些都将对施工区局部区域，特别是环境敏感目标产生不利影响。

首先，在砂石料加工系统中，每立方米砂石料将产生 0.3kg 的粉尘。据悉，黄金峡、三河口枢纽生产能力分别为550t/h、580t/h，在未考虑除尘设备的情况下，两枢纽工程施工高峰期粉尘排放强度将分别为0.165t/h、0.17t/h；若砂石加工生产中采用湿式作业，系统粉尘排放系数取为0.006 粉尘/m^3，则粉尘排强度分别降至3.3kg/h、3.48kg/h。

其次，在石料场取料、坝基开挖、导流洞爆破施工等中，会产生粉尘、CO等污染物。经预测，黄金峡、三河口枢纽施工爆破作业需要的炸药用量分别为0.25 万 t、0.27 万 t。类比于其他工程，采取除尘措施后的黄金峡枢纽施工爆破及开挖将产生 105.69t CO、38.66t NO_2 和 235.09t 粉尘；同时，三河口枢纽施工爆破及开挖会产生 110.71t CO、40.49t NO_2 和 246.26t 粉尘。

再次，在交通运输系统中，环境空气受道路施工和车辆运输行驶的影响。类比同类工程实测资料，混凝土拌和站下风向 50m、100m、150m 处的施工粉尘浓度分别为 8.90mg/m^3、1.65mg/m^3 和小于等于 0.3mg/m^3；施工过程中车辆行驶产生的扬尘则占施工总扬尘的 60%以上。

(4) 固体废物。施工区的固体废物主要为施工人员及附属人员在生活、生产、建设中产生的垃圾。以每人每天产生垃圾 1kg 计，黄金峡、三河口枢纽工程在施工期中的日均垃圾产生量分别为 1.5t、2.2t，最大日产量分别为 1.8t、2.5t，生活垃圾总量则分别为 2610t、4350t。此外，两工程的建筑垃圾和生产废料总量则分别为 921t、975t。

(5) 生态变化。道路建设、场地平整、厂房建设和临时设施建设等施工活动将扰动地表，损毁植被。除此之外，施工队伍进驻所带来的频繁活动，以及各类施工活动产生的噪声、扬尘、废气、废水、弃渣等，也会对施工区和附近野生动物及水生生物的生存、繁殖产生惊扰，使该区域的栖息适宜度、水土稳定性降低。

2) 淹没与占地

本工程总占地面积 4791.46hm^2，其中永久占地 4412.68hm^2，临时占地378.78hm^2。另外，水库淹没人口 8931 人，拆迁房屋 615 796m^2，受淹没影响的集镇共 4 个。

水库淹没和工程占地不仅会使库坝区土地资源受到损失，尤其是耕地淹没，会给农业生产带来不利影响，而且会因淹没部分居民点、基础设施和集镇给区域社会经济造成影响。

在水库蓄水初期，植被中的有机物分解向水体释放的营养物质将结合被淹没土壤中的营养元素，对水环境产生影响。

3) 移民(拆迁)安置

至规划水平年，黄金峡枢纽工程生产安置人口 5273 人，搬迁安置人口 5001 人，迁建集镇 1 处，另新建 9 处农村集中安置点、5 处分散安置点。三河口库区生产安置人口 3486 人，搬迁安置人口 4144 人，迁建集镇 3 个，另新建 12 个农村集中安置点。其中，移民生产安置采取以调剂土地安置为主的大农业安置，搬迁安置分为分散安置、集中建点安置和集镇迁建三种方式。

在安置建房、基础设施建设、开垦土地活动中，移民既会对土地资源、水土流失、陆生生态等产生影响，又将对生活质量、人群健康、社会经济等产生影响。例如，建房安置活动会对集中安置点新址的植被、地貌产生一定扰动，也可能引起局部的水土流失问题。

(1) 安置区环境容量分析。移民安置区的环境容量主要从水环境承载力、土地承载力两方面进行分析。

水环境承载力。移民安置的水环境承载力主要考虑安置区的水资源能否满足移民生活饮用水及农业生产的需要。

据移民安置规划，4 个迁建集镇，即曹湾组(金水集镇新址)、高家梁(十亩地乡新址)、后坪和(石墩河乡新址)和瓦房村(梅子乡新址)，附近均有山泉沟道或河流，常年有水，水量丰富，水质优良，可满足集镇生活用水。

此外，安置区开发历史悠久，虽然区内原生植被已经演替成不同类型的次生植被，植被的生态功能有所降低，但自天然林保护工程、退耕还林还草工程等实施后，区内植被覆盖度较高，森林覆盖率在 80%以上，提高了系统的水源涵养功能，丰富区内水资源。近年来，又由于各县水利设施实施力度的加大，极大改善了安置区灌溉用水问题，因此，水资源不仅能够满足农作物生长需要，也能满足生产需要。

土地承载力。分析移民安置区土地承载力时，主要从两种生产安置方式考虑，即依赖于土地进行生产安置和依赖于其他生产资料进行生产安置。

依赖于土地进行生产安置主要采用目标与影响法，定性分析与定量分析相结合。目标与影响法，即首先在人均耕地较多、经济条件较好、粮食平均亩产水平较高的村民组中，通过分析、预测该组规划水平年的人口、耕地等指标；其次，在分析对原居民规划水平年人均耕地一定影响率(若在计算耕地对人均纯收入贡献率后，在一定影响率下，调剂耕地对人均纯收入的影响率较小，分析时则可忽略)的前提下，在满足移民人均耕地底限为一定目标值的条件下，计算出提供给安置移民的可调整耕地数量；再次，在调整出的耕地中，以原居民调整后的人均耕地数量为标准，计算出可安置移民数量，此值即为该村民组的环境容量；最后，自下而上逐级汇总移民安置环境容量。此处的计算分析公式为

$$L = R \times (G \times m) \tag{3-2}$$

$$K = L / a \tag{3-3}$$

式中，L 为可调整耕地，hm^2；R 为原居民人口，人；G 为原居民人均耕地，hm^2/人；K 为可安置移民数，人；m 为对原居民耕地影响率；a 为安置目标，hm^2/人。

除依赖土地进行生产安置外，金水集镇安置移民是一种半农安置方式。因集镇移民的收入构成中的农业种植收入比例相对较小，大约为 40%，多数人依托集镇从事农副产品加工或经商，经济收入来源灵活多样，故在集镇规划中，农业部分的生产容量相对较小。

在明确安置方式后，利用已有资料可分别计算出黄金峡水库土地和三河口水库土地承载力。根据预测结果可知，黄金峡库区安置点可提供耕地 4389 亩，其中调整耕地 3292 亩，新开垦耕地 1097 亩；建设征地移民环境容量可接纳 5261 人，其容量可以满足黄金峡水库的生产安置移民。对于三河口水库，通过调整、开发耕地后，也能满足三河口水库建设征地产生的移民生产安置容量需求。

总体上，从移民安置环境容量分析结果看，就现有的耕地资源以及光热条件、水资源、生存环境等因素分析，通过调剂现有成熟耕地、开垦荒地及安置方式，黄金峡水库和三河口水库建设征地移民在洋县、宁陕县和佛坪县境内安置是可能的。移民通过搬迁，可改善和提高现有的生产耕作方式和水利灌溉条件，改善水、电、路，较大提高生产生活水平。但是，开垦荒地过程中仍需重视水土保持，以防止水土流失。

(2) 移民安置环境影响分析。移民安置会对生态造成一定的环境影响，包括对生态、水土流失、水环境、环境空气的影响等。

①对生态的影响。移民安置区附近的植被以农业植被为主，以经济林与竹林为辅，少量为以麻栎林带、栓皮栎为优势种的天然林。其中，移民安置区林地占用对植被的影响是不可逆的。

此外，移民安置区建成后，移民可能会从附近林区砍伐一定量的乔木作为日常生活所需，从而会造成附近区域林木的减少。

②对水土流失的影响。黄金峡枢纽工程区属西南土石山区，所在的洋县属于汉江上游重点预防保护区，区域容许土壤流失量为 $500t/(km^2 \cdot a)$。经预测，移民安置区建设会因以裸地和旱地为主的占地而新增流失量约 10 143.5t，自然恢复期新增流失量约 3522.2t。

三河口枢纽工程区属西南土石山区，地跨陕西省安康市宁陕和汉中市佛坪两县，所在区域容许土壤流失量为 $500\ t/(km^2 \cdot a)$。经预测，移民安置区建设期会因以住宅用地和旱地为主的占地而新增流失量约 9876t，自然恢复期新增流失量约 3834t。

③对水环境的影响。施工期，迁建集镇和集中安置点建设排放的施工废水是水环境的主要影响源。虽然生产废水中的混凝土拌和废水具有悬浮物浓度高、水量小、间歇集中排放的特点；机械冲洗废水石油类污染物质及固体悬浮物浓度较高，但由于集镇和集中安置点规模较小，生产废水排放量小，基本不会形成径流，对地表水体水质影响很小。此外，生活污水含悬浮物、BOD_5、COD、粪大肠菌群等污染物质，若金水镇、十亩地乡、梅子乡、石墩河乡 4 个迁建集镇高峰期施

工人数分别按 1500 人、1000 人、800 人、950 人计算，当每人每日生活用水 120L、排污系数 0.8 时，生活污水最大排放量分别为 144m^3/d、96m^3/d、76.8m^3/d、91.2m^3/d。这些生活污水分散在各自施工区，且总体上排放量少，预计对施工区周边地表水水质影响不大。

运行期，根据移民安置规划，至规划水平年，黄金峡库区农村搬迁安置人口 3236 人，共有 14 个搬迁安置点，其中 9 个集中安置点，5 个分散安置点；三河口库区农村搬迁安置人口 2996 人，共 12 个集中安置点，其中佛坪县、宁陕县各 6 个。各集中安置点人口规模见表 3-28。

表 3-28　引汉济渭工程农村移民集中安置点人口规模汇总表

序号	所在区域	安置点名称	人口规模/人
黄金峡水库			
1	黄家营	菜坝村	374
2	槐树关	万春村	233
3	贯溪镇	木瓜园村	164
4	洋州镇	草坝村	190
5		孤魂庙村	106
6		张村	102
7	磨桥镇	磨桥村	196
8		张赵村	103
9	戚氏镇	桃岭村	101
三河口水库			
1	宁陕县	北昌村寇家湾安置点	273
2		南昌村熊家梁安置点	155
3		筒车湾油坊坪安置点	104
4		龙王潭干田梁安置点	235
5		筒车湾许家城安置点	66
6		城关镇栗扎坪安置点	158
7	佛坪县	三教殿村安置点	120
8		余家庄安置点	135
9		五四村安置点	337
10		马家沟安置点	334
11		陈家坝村安置点	179
12		孔家湾安置点	120

据表 3-28，集中安置点中安置人数在 100 人以下的点有 1 个，生活污水日排放量为 5.8m^3；100～200 人的点有 14 个，生活污水日排放量为 8.9～17.2m^3；200 人以上的点有 6 个，生活污水日排放量为 20.5～32.9m^3。各居民点生活污水排放对周边环境会产生一定影响，需采取环境保护措施进行处理。此外，经计算，建成期日曹家湾组、高家梁、后坪和瓦房村分别排放 155.3m^3、36.2m^3、3m^3 和 21.7m^3 的生活污水，此污水如不处理，直接排放至集镇周边水体，将对库周地表水体产生不利影响，增大水库支流水体发生富营养化的可能。

因此，根据集镇迁建规划，可对生活污水处理采取雨污分流收集方式。其中，黄金峡水库迁建集镇——金水镇的生活污水，经管网收集后经新建的污水处理厂处理达标后排入金水河；三河口水库迁建集镇——十亩地集镇、石墩河集镇的生活污水由管道收集，经污水处理站处理后排入农灌沟渠，而梅子乡生活污水由管道收集，经一体化污水处理设备处理后排入子午河。

④对环境空气和声环境的影响。移民安置工程对环境空气和声环境的影响主要发生在施工期间。本工程的各集中安置点施工规模较小，对安置点周边环境空气和声环境的影响较小，因此，以下将重点分析集镇迁建时对施工区周边环境空气和声环境的影响。

在集镇迁建过程中，环境空气主要污染物是工程机械设备燃油排放的废气和粉尘。据之，工程施工机械设备主要使用柴油或汽油，若按平均每台日耗油 50L 计算，则日总耗油量为 5000L。根据水库淹没影响情况，以集镇迁建施工机械设备 100 台、施工人数 1500 人计，则根据经验数据易计算，施工燃油排放铅化合物 15.6kg/d、SO_2 32.4 kg/d、CO_2 270 kg/d、氮氧化物 440.0kg/d、烃类 44.0kg/d。但是，由于各迁建集镇规模均较小，且地势较开阔，对城区大气的污染影响历时短、强度小。

除环境空气影响外，集镇迁建过程中的材料运输、施工机械将产生不同程度的噪声污染。据实测资料，机械设备噪声一般均在 80～110dB(A)，超过国家环境噪声标准。集镇建设投入的施工机械设备需要量较大，局部区域噪声级将在 80dB(A)以上，这对施工人员及周围地区城乡居民健康产生不利影响，但受集镇迁建规模限制，影响范围较小。

⑤固体废物对环境的影响。根据迁建人口规模，本工程迁建集镇生活垃圾日排放量约 2.48t，其中金水镇、十亩地乡、石墩河乡和梅子乡的生活垃圾日排放量分别为 1.41～1.56t、0.33t、0.39t 和 0.2t，且以厨余等有机物为主。当垃圾随意堆放时，将占用安置区道路旁、屋舍、农田附近的空地，影响安置区的村容村貌，污染空气质量，还有可能造成蚊蝇孳生、鼠类大量繁殖，加大各种疾病的传播机会，危害人体健康。此外，未经收集、处理的垃圾渗滤液还会污染附近的地表水、地下水、农田等。

⑥对人群健康的影响。移民安置采取本乡村后靠和在受益区的本县其他乡镇安置的两种安置方式。搬迁后，安置区基础设施健全，较大改善了医疗和卫生条件，提高了移民生活环境和质量，对安置区原居民健康不会产生不良影响。

但是，移民搬迁会对个人心理产生一定的影响，主要表现为压抑感和不适感。本工程移民搬迁原则上不出县，虽然库区部分移民不在本镇安置，但由于生产安置全部采取大农业安置，与他们原有的生产方式相同，且安置区离原住地不远，生活习惯、卫生防疫与原住地基本相同，即原有的生活条件类似，这可使移民很快地适应当地的生产生活，减缓不适感。

蓄水初期，移民安置虽然不会增加新的传染病种，但由于水库淹没会使鼠类等病媒物向库周人群居住区迁移，如不加强预防和监控，有可能导致自然疫源性传染病在库周暴发流行。

项目复建环境影响评价。黄金峡、三河口水库项目复建主要包括库周交通复建、电力与通讯线路复建等，而对环境可能产生影响的主要是库周交通复建工程，其影响呈线性分布特点，影响程度和范围有限，主要表现在：①对生态环境的影响。库周交通工程建设会对沿线植被造成一定程度的破坏，但持续时间相对较短。一方面，复建公路建设永久征用土地，地表覆盖性质被永久性改变；另一方面，临时占用的地表植被也会遭到一定程度破坏，环境稳定性有所下降。公路建成后，一侧靠近水库，其基本不会带来生态分割问题，而且倘若对原有破坏的植被得到很好的恢复，则可形成“绿道效应”，对景观生态带来的不利影响较小。②对声环境的影响。施工期，公路复建对声环境产生影响的过程有机械设备的运转、运输车辆的运行、爆破、装卸等。在没有叠加环境噪声背景值的情况下，噪声在道路施工场界外的噪声值约为 73.5dB(A)。据调查，复建道路两侧 200m 范围内基本没有居民点，因此工程施工噪声对生产生活影响很小。运行期，本工程的复建公路等级将分为山岭重丘区的二级、三级和四级，且基本采用单车道。该通行车辆基本为轻型车辆，以昼间居多，距公路中心线 25m 范围外，则公路交通噪声可以达到标准，对道路两侧的居民影响很小。③对环境空气的影响。施工期，扬尘主要来源于露天堆场和车辆行驶。由于施工需要，一些建筑材料需要露天堆放，在气候干燥且有风的情况下，会产生大量的扬尘。如不采取防尘措施，产生的粉尘将对交通复建两侧居民和农田作物产生较大的影响和污染，特别是在基层完工后的面层未铺设阶段，施工车辆在路面行驶时所卷起的大量扬尘，对周围空气环境产生严重的污染。车辆行驶产生的扬尘量占扬尘总量的 60%以上。限制车辆行驶速度以及保持路面的清洁，是减少汽车扬尘的有效手段。例如，在施工期间对车辆行驶的路面实施洒水抑尘，每天洒水 4～5 次，可使扬尘减少 70%左右，使 TSP 污染距离缩小到 20～50m。运行期，该复建公路将成为库区公路主要交通干线。随着运行车辆的增加，车辆排放的尾气将会对沿线附近区域的大气环境产生不利影响。但由于车辆的数量不多，运输产生的废气环境空气影响有限，不会对沿线居民产生明显影响。④对水环境的影响。施工期，道路建设项目对水环境的影响主要来自生产废水和生活污水。施工人员的生活污水排放量随建设期的不同阶段施工人数不同而异。但总体上，若生活污水未经处理而直接排放，一定会对附近的河道水质产生不利影响。此外，由于建筑材料堆放、管理不当，特别是易冲失的物资如黄沙、土方等露天堆放，遇暴雨时会被冲刷进入水体，尤其是在桥梁施工和靠近河道路段施工中易发生水土流失，则必须在距河道尽量远处设置临时堆场，并加雨棚。在复建公路建成投入运行后，暴雨径流产生的污染物质是对道路沿线水体产生影响的主要因子。暴雨径流属于营运期产生的非经常性污染，主要是暴雨冲刷路面、桥面形成的，其主要污染物为 COD、石油类和悬浮物。但由于公路距离水体远近不同，流失污染物浓度不一，一般不易形成较为集中的径流污染源。

4）工程运行

引汉济渭工程实施后，对汉江干、支流水资源配置均会产生影响，主要包括对黄金峡、三河口坝下游梯级电站的影响、对航运的影响、对河道内用水的影响、对南水北调中线一期工程的影响等。

黄金峡水库、三河口水库拦河蓄水，所实施调水对库区及坝下游水文情势影响显著，主要表现在流量、流速、泥沙等方面，特别是在蓄水初期，影响更为明显。这些变化又将对水生生物，尤其是对鱼类资源产生直接影响。在建设初期，为减缓大坝修建对汉江半洄游鱼类的不利影响，提出了修建过鱼设施及其他鱼类资源恢复措施，并结合鱼类繁殖生存条件，提出根据不同来水量情况来调节下泄的生态流量，如三河口水库为多年调节水库，将产生下泄低温水，以分层取水来减少对坝下游鱼类资源产生影响。

同时，至规划水平年，黄金峡、三河口水库搬迁安置人口 9612 人，工程兴建对移民将产生深远影响。

此外，虽然工程建设可促进当地社会经济发展，如缓解陕西省电网电力供需矛盾、加强腹地的经济联系、带动旅游等相关产业的发展来为当地居民增加就业机会，促进区域产业结构调整等，但同时，由于引汉济渭工程主要开发任务为供水，为保证水源地水质将会制约黄金峡、三河口库区及上游区的社会经济发展。

3.2.4　水源区环境风险因子识别

根据前面对建设前环境现状评价以及工程可行性分析，可以知道该工程在整个水源区域中的建设、运行期间所存在的环境风险可以分为水环境风险、生态环境风险、移民安置风险、声环境风险、环境空气风险、固体废物风险和环境地质风险 7 个方面。

(1) 水环境风险识别。水环境风险主要包括供水水质污染事故风险、运行期的库区淹没风险、洪水溃坝风险以及水库引起水位、水温变化而带来的风险。

(2) 生态环境风险识别。该工程将会对汉江流域的生态结构和健康状况造成极大的影响，会对水生生态和陆生生态造成风险。其中，水生生态风险主要为水生植物多样性风险和鱼类遗传多样性风险；陆生生态风险主要为湿地生物多样性风险。

(3) 移民安置风险识别。移民安置风险主要来自于迁建和集中安置所造成的环境空气、声环境、固体废物的风险，从而存在着公众健康风险。

(4) 声环境风险识别。声环境风险主要出现在施工期，表现为禽类生存风险和村民居住、现场作业人员工作风险。

(5) 环境空气风险识别。环境空气风险主要来源于施工过程中和运输车辆产生的粉尘风险。

(6) 固体废物风险识别。固体废物主要为施工区生活、建筑垃圾，其存在传染病流行风险和植物多样性风险。

(7) 环境地质风险识别。环境地质风险主要为弃渣场在施工中存在的崩塌、滑坡风险和水库运行时地震风险。

3.3　输水沿线环境风险识别

3.3.1　输水线路概况

1. 输水沿线布置

秦岭隧道输水沿线主要分为黄池沟—西(安)临(潼)段、临潼—渭南华县段、黄池沟—贞元(渭北分水点)段、贞元分水池—泾河段、泾河—阎良段和渭北西部线路(供水线路)6段，每段路线布置相似，但也有其各自的特点。

1) 黄池沟—西(安)临(潼)段

输水干线接秦岭隧洞出口——黄池沟分水池，以倒虹过沟建筑物基本垂直穿越黄池沟后，进入输水线路1#隧洞，此为干线起点，总流量44.83m^3/s。此输水线路采用压力输水与无压输水相结合的方式，沿途分别经过户县分水口分流2.46m^3/s、长安区分水口分流33.26m^3/s。干线全长119.91km，其中黄池沟至户县分水点35.78km，户县分水点至西安分水点36.08km。

2) 临潼—渭南华县段

该段线路从临潼区韩峪乡开始以隧洞方式接压力管道，并向初拟的临潼区芷阳水库分水3.07m^3/s。管道沿正东方向布设至谢杨村，管道流量6.04m^3/s，管道起点设计水头466.13m。然后，线路折向东南方向进入塬坡段接隧洞，至最高点靳凹村折向正东偏南方向，在背坡庄以东以倒虹形式跨过南沟，倒虹长250m，沿沟道布设泄水设施。接隧洞沿正东偏南至渭南市砖厂东南部以倒虹穿越沈河，倒虹长640m，沿河道设分水设施。过河后接隧洞沿东北向至东庄村附近布设支线，向南马水厂分水4.79m^3/s，至沙圪垯村东部再转向正东偏南至末端华县杏林水厂，渭南分水后管线流量1.25m^3/s。

3）黄池沟—贞元(渭北分水点)段

该段线路全长 30.79km，起点为黄池沟分水池(水面高程约为 514m)，线路向北以倒虹和隧洞的形式分别穿越黄池沟后山，以压力管向北沿黑河右岸到达四府营下姚村附近，从黑河右岸以倒虹形式跨过黑河到达左岸；穿过黑河后在上马村附近与石头河过渭管线相交，在此设置阀门及管道投水至石头河过渭管道，分水流量 4.24 m^3/s。

此外，该段线管线沿途穿越公路、铁路、河道、灌溉渠道，布置各类交叉建筑物共 24 座。

4）贞元分水池—泾河段

输水干线起点接贞元分水池，向正北方采用暗涵无压自流约1km。同时，干线在渭惠渠高干渠北边以暗涵形式向东一直行13.23km，至兴平分水口，分流2.21m^3/s，剩余流量11.57m^3/s。干线向北绕过周陵及小益村之后继续向东北方向布置，到达咸阳底张水厂分水口，分水1.61m^3/s。此时，管道剩余流量8.46m^3/s，将继续向东北方向布线至泾河北岸瓦刘村旁修石渡泾河大桥附近，水头高程降至470.39m。

为缩短跨河倒虹长度，初步选择修石渡泾河大桥上游瓦刘村村东作为过泾河倒虹起点。泾河倒虹为双排 DN2200，流速 1.4m/s，全长 4.69km，水头损失 4.29m，水头高程降至 468.94m。

该段线路全长约70.08km，共三座倒虹。其中，贞元至兴平长约29.07km，兴平至咸阳长约34.47km，咸阳至泾河北岸6.54km。

5）泾河—阎良段

倒虹过泾河后，从此点到无压暗涵输水管线的起点长约 21.3km，水头损失约29.29m，而过清河后地面高程 435m 左右，多余水头 20 余米。由此，在干线过泾河时依河岸边地形设跌水池跌水 20m，消耗掉不满足地形高程要求的水头。

输水干线从跌水后至泾河北岸水头高程 448.77m，一路向北布置到泾阳县城西，继续向北布线，到达雪河乡西北方 1km 处的“泾三”水厂(雪河水厂)分水口，分水 3.94m^3/s，惠及泾阳县、泾阳工业密集区和三原县。

自雪河水厂分水后，剩余流量 4.51m^3/s，干线向东北方向，以最短距离的压力管道在村落间穿行，用顶管形式过 211 国道和泾惠渠北干渠，行进约 5.92km 时到达高陵的通远水厂分水口，分水 2.16m^3/s，惠及高陵县和泾河工业园区。

向高陵分水后，干管剩余流量 2.36m^3/s，因地势依旧北高南低，继续采用 DN1400 压力圆管过清河向东北方向布设。至惜字村村北时，拐点到阎良水厂段，地面高程 435～390m，由西向东下降，满足无压输水高程要求。

从惜字村村北的线路拐点作为无压暗涵输水起点，剩余流量 2.36m^3/s，输水建筑物比降为 1/1200。根据等高线走势，线路基本朝东北方向布置，到达塬边。然后线路拐向正东方向向阎良输水，自西向东沿瓦窑头村、徐木乡和社教村南边布线，直达阎良水厂，扣除支管和其他水头损失，富裕水头 10.23m。

泾河北岸—阎良区线路全长 46.76km，其中泾河北岸到泾三水厂长约 10.37km，泾三水厂到高陵水厂长约 18.73km，高陵水厂到阎良长约 17.66km。全线无隧洞，以倒虹过清河，以顶管形式过铁路、公路、灌溉干渠和支渠。

6）渭北西部线路布置

经初步布置，渭北西部供水管线全长 69.05km，输水管道由无压暗函、压力管道、漆水河倒虹及加压泵站组成。输水暗涵长度 4km，压力管道长 65.05km。

图 3-35 是引汉济渭工程供水线路图。从该图不难看出，整个输水线路会经过黑河自然保护区，这在一定程度上将影响该区的生态环境。在本节后面，将详细介绍黑河自然保护区。

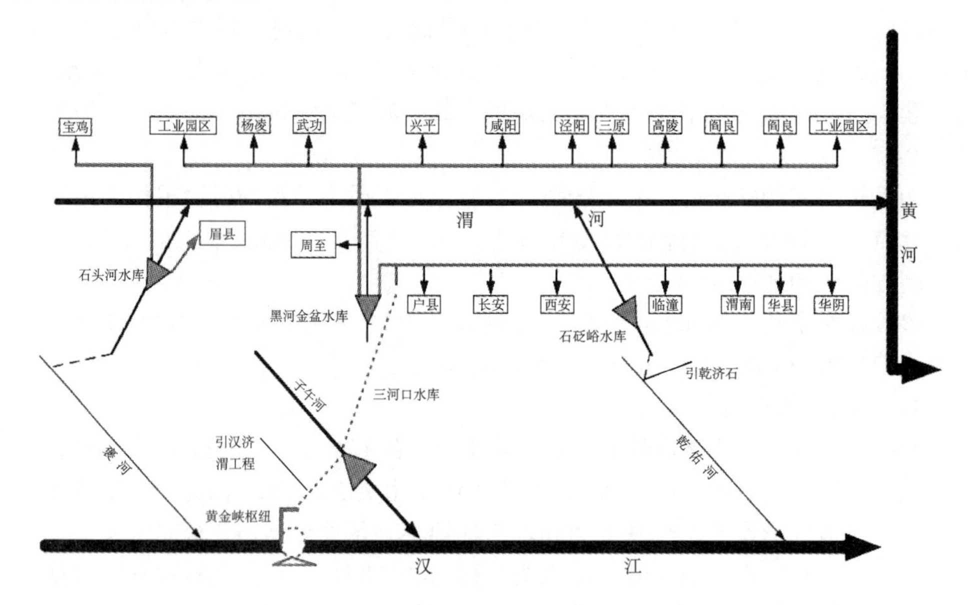

图 3-35　引汉济渭工程供水网路图

2. 环境质量现状

1）自然环境

(1) 地质地貌。秦岭输水隧洞工程横穿秦岭西部，属基岩山区，地势呈中间高而南北低的特点。在大地构造单元上，秦岭隧洞区属于秦岭褶皱系。隧洞区通过2条区域性大断裂和14条地区性一般性断裂。区域性大断裂为近东西走向，表现为压性，具有切割深、延伸长、规模大的特点。地区性一般性断裂多为近东西走向，且多数表现为压性，少数表现为张性及平移性质；断裂规模较小，多为较窄的破碎带，其中断带物质主要由碎裂岩、糜棱岩、断层角砾岩、断层泥砾组成。

总体上，该区地貌受构造控制，在新构造作用影响下，经长期水流的侵蚀、切割，形成了较为复杂的地貌单元。随之的岩性也复杂多变，主要为变质岩和岩浆岩两大岩类。

此外，黄三段及越岭段进口地震基本烈度为Ⅵ度，越岭段出口为Ⅶ度。

(2) 气候。秦岭隧洞工程沿线跨越秦岭南北。其中，黄三段位于秦岭岭脊以南地区，属暖温带山地气候区，降水充沛，气候湿润，冬冷夏凉；越岭段大部分位于秦岭以北地区，为南方湿润型与北方大陆型的过渡型气候，冬季寒冷，夏季凉爽，气温四季变化较大。表3-29为黄三段、越岭段的主要气候参数值。

表3-29　黄三段、越岭段的主要气象值

区间	年平均气温/℃	年平均降水量/mm	年平均蒸发量/mm	土壤最大冻结深度/cm
黄三段	13	1108.5	911	13
越岭段	12.7	650.5	—	24

(3) 水文。秦岭隧洞工程所涉及的主要河流除前面所述的子午河外，还有蒲河、椒溪河、王家河、黑河。

蒲河是子午河的一级支流，发源于宁陕县柴家关乡，由西木河、十里河、九关沟等13条河沟汇集而成。上游地势陡狭，下游开阔。流域内植被状况良好，水能资源比较丰富，理论蕴藏量36 786kW，可开发量4635kW。

椒溪河也是子午河的一级支流，发源于龙草坪乡的北庙子，纵贯佛坪县7乡(镇)，于大河坝乡三河口纳入汶水河、蒲河后汇入子午河，其较大支流为大东河、沙窝河、小东河等。

黑河是渭河南岸主要支流，是西安市水源地，发源于周至县西南部厚畛子乡秦岭主脊北侧，纵贯周至县南北。该流域植被良好，河水清澈，含沙量小的泥沙为主要推移质。此外，黑河径流量主要由降水形成，除枯水季节主要依靠地下水补给外，汛期主要也由降水补给。

王家河是黑河的一级支流，发源于秦岭北坡，属于山区性河流。该河径流主要由降水形成，多年平均径流量6.17亿m^3，最大年径流量12.1亿m^3，丰水期7～10月4个月径流量占总径流量的84.7%。

表3-30则表示了蒲河、椒溪河、王家河、黑河这4条河的主要相关参数。

表 3-30　蒲河、椒溪河、王家河、黑河的相关参数值

相关参数	蒲河	椒溪河	王家河	黑河
流域面积/km^2	496	592.1(佛坪县境内)	297.6	2 258
河道总长/km	57.8	80.5(佛坪县境内)	—	125.81
平均比降/%	2.66	9.83	36.1	8.77
平均径流深/mm	430	—	—	—
年径流量/亿 m^3	2.125	2.665	6.17	8.17
年平均流量/(m^3/s)	6.74	8.449	—	—
最大洪峰流量/(m^3/s)	—	1 393	—	—
最小枯流量/(m^3/s)	—	0.8	—	—
理论蕴藏量/kW	36 786	42 816	—	—
可开发量/kW	4 635	—	—	—

除上述所提及的地表水外，秦岭隧洞经过的区域还存在着地下水，分为基岩裂隙水、岩溶裂隙水和第四系松散堆积层孔隙水三大类。基岩裂隙水主要储存于基岩裂隙及区域大断裂破碎带中，依据储水裂隙成因的不同，可分为构造裂隙水、风化裂隙水及原生层理裂隙水；岩溶裂隙水主要储存于岩溶裂隙中；第四系松散堆积层孔隙水则主要储存于冲、洪积层中。

(4) 土壤。评价区的土壤类型有黄棕壤、黄褐土、石渣土、潮土、淤土五类。秦岭隧洞工程沿线土壤特性详见表 3-31。

表 3-31　秦岭隧洞工程沿线土壤特性

<table>
<tr><th>市</th><th>县</th><th>土壤类型</th><th>分布</th><th>理化性质</th><th>可蚀性</th></tr>
<tr><td rowspan="4">安康市</td><td rowspan="4">宁陕县</td><td>潮土</td><td>沙坝、城关镇、广货街等沿河两岸河谷滩地(项目区)</td><td>透气透水性好耕作良好、保肥保水能力差、肥力低</td><td>易水蚀</td></tr>
<tr><td>水稻土</td><td>1000m 以下山间谷地，全县分布广(项目区)</td><td>地下水位适中。水肥状况良好</td><td>易水蚀</td></tr>
<tr><td>黄壤土</td><td>海拔 800～1300m 的中山地区</td><td>微显酸性、通透性</td><td>易水蚀</td></tr>
<tr><td>棕壤</td><td>海拔 1300m 以上的高山地区</td><td>有机质含量高，微显酸性，土体疏松、结构良好</td><td>易水蚀</td></tr>
<tr><td rowspan="2">汉中市</td><td rowspan="2">佛坪县</td><td>水稻土</td><td>蒲河、椒溪河海拔 1000m 以下河谷两岸(项目区)</td><td>渗水性和持水性好，水肥状况良好</td><td>易水蚀</td></tr>
<tr><td>黄壤土</td><td>分布于 1500m 以下的中山地区</td><td>土壤发育好、土层较厚、耕作性一般</td><td>易水蚀</td></tr>
</table>

续表

市	县	土壤类型	分布	理化性质	可蚀性
汉中市	佛坪县	棕壤	分布于海拔 1500～2300m 的中山地带	土壤发育较好、土层深厚结构良好、层次良好肥力高	易水蚀
		潮土	分布于县城附近低阶地	透气透水性好耕作良好、保肥保水能力差、肥力低	易水蚀
西安市	周至县	黑娄土	广泛分布于渭河平原的二、三级阶地之上	具有较厚的熟土层、蓄水保肥和供水供肥能力较强	易水蚀
		褐土	主要分布于秦岭山地海拔 1200m 以下（项目区）	土质黏重、耕作困难、保水保肥，有机质含量高	易水蚀
		棕壤	主要分布于秦岭山地海拔 1200～2400m	土壤发育较好好、土层深厚结构良好、层次良好肥力高	易水蚀
		暗壤土	主要分布于秦岭山地海拔 2400～3000m 沿山脊一带	土壤发育较好好、土层深厚结构良好、有较肥沃的森林土壤	易水蚀

2）社会环境

本工程沿线涉及陕西省汉中市佛坪县、安康市宁陕县、西安市周至县等共 6 个地区。

宁陕县管辖 14 乡镇 98 个行政村，共有汉、回、蒙、满、壮五个民族，常住人口 7.4 万人。该县是国家级贫困山区县，也是全国的重点林业县。近年来，该县在重点抓“果、菌、药”三大主导产业的同时，兴办了一批工业项目和农副产品加工企业，例如，以石英砂、钼矿、铁矿、大理石材开发的矿产开采业逐步扩大规模；以中药资源为主进行生物资源开发。至 2010 年年底，全年实现 GDP 值 116 100 万元，农业总产值 42 991 万元。

周至县管辖 9 镇 13 乡，376 个行政村，总面积 2956km^2，总人口 67.1 万。至 2010 年，全年实现 GDP 共 442 900hm^2，农业总产值 185 923 万元，人均收入 3537 元。该县是陕西省主要农业产区之一，为全国首批农业基地县，耕地面积可达 42 291hm^2，以小麦、玉米、水稻、谷子为主要粮食作物，以棉花、油菜、麻类、花生、烟叶、芝麻为经济作物。此外，周至县有西宝、周城(固)、南环等干线公路和通往各乡的支线公路，公路总里程 544km。

除社会发展外，秦岭隧洞工程区人群健康现状良好，以地方性氟中毒、大骨节病等为主要的地方病现已达到基本控制标准，以肝炎、痢疾、肺结核等乙类传染病为主的传染病发病率低于 1.27‰。

3. 黑河金盆水库水源地保护区

黑河金盆水库水源地位于距西安市约 80km 的西安市周至县，其作为陕西省重要的水源地之一，水质较好，主要承担着西安市城市供水，兼有农业灌溉、发电、防洪等多方面的重任。表 3-32 表示了金盆水库枢纽工程的基本参数。

表 3-32　金盆水库枢纽工程的基本参数

总库容 /亿 m^3	年总供水 /亿 m^3	日平均供水量 /万 m^3	年农灌供水 /亿 m^3	电站装机容量 /万 kW	年发电量 /(万 kW·h)
2.0	3.05	76	1.23	2.0	7308

1）保护区功能区划

黑河金盆水库水源地保护区划分为一级保护区、二级保护区和准保护区，具体功能区划见表 3-33。

表 3-33　黑河金盆水库水源地保护区功能划分

参数 划分	水域	陆域	相关规定
一级保护区	水库正常蓄水位的全部水面	大坝至陈河乡断面左、右岸 600m 高程等高线控制的封闭区域	除遵守准保护区、二级保护区的禁止性规定外，禁止设立排污口；露营、野餐、旅游等游乐活动；洗刷车辆、衣物及其他物品；毒鱼、炸鱼、电鱼、钓鱼，从事养殖业；使用剧毒、高残留农药及其他化学危险品；向水体抛撒杂物；进行与取水和保护水源无关的建设及其他可能污染水源的活动
二级保护区	—	除一级保护区以外的全部库区两侧汇水坡面范围	除遵守准保护区的禁止性规定外，同时禁止新建、扩建向水源排放污染物的建设项目；游泳、戏水或者开辟水上娱乐场所；开采加工金矿、铁矿及其他矿产和石料；放养畜禽；修建墓地等行为
准保护区	—	坝址断面以上，一、二级保护区以外的全流域范围	禁止破坏水源、植被、护岸林及其他破坏水生态环境的行为；储存、堆放、掩埋城市垃圾、工业废渣、粪便及其他有毒有害废弃物；倾倒、排放含有汞、镉、铬、砷、铅、镍、苯并芘、氰化物、黄磷等可溶性剧毒废渣和污水；排放油类、酸液、碱液及其他剧毒废液和含放射性物质的废水；清洗装储油类及其他有毒物品的车辆和容器；新建、扩建排污口；新建、扩建化工、电镀、造纸、冶炼、印染、制革、炼油及其他有严重污染的建设项目

2）工程与保护区位置关系

秦岭隧洞越岭段 6#、7#支洞洞口和渣场均位于黑河金盆水库水源地保护区准保护区内，其中 6#洞口和渣场距离水源地二级保护区分别为 3km 和 4km，7#洞口距离水源地二级保护区距离约为 200m，渣场距离水源地二级保护区距离约为 4km。黑河金盆水库水源地保护区与越岭段 6#、7#支洞洞口和渣场的位置关系详见图 3-36 和图 3-37。

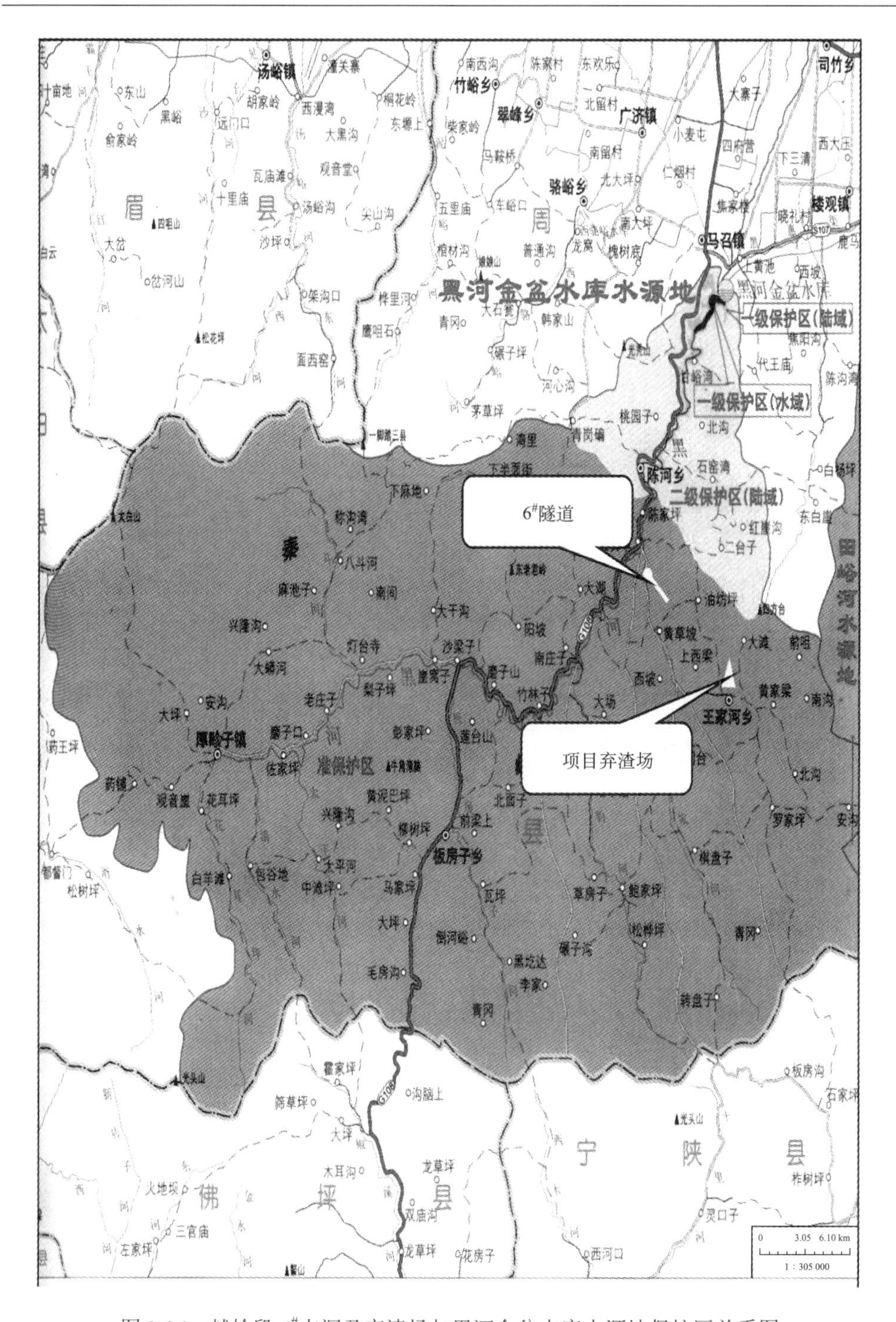

图3-36 越岭段6#支洞及弃渣场与黑河金盆水库水源地保护区关系图

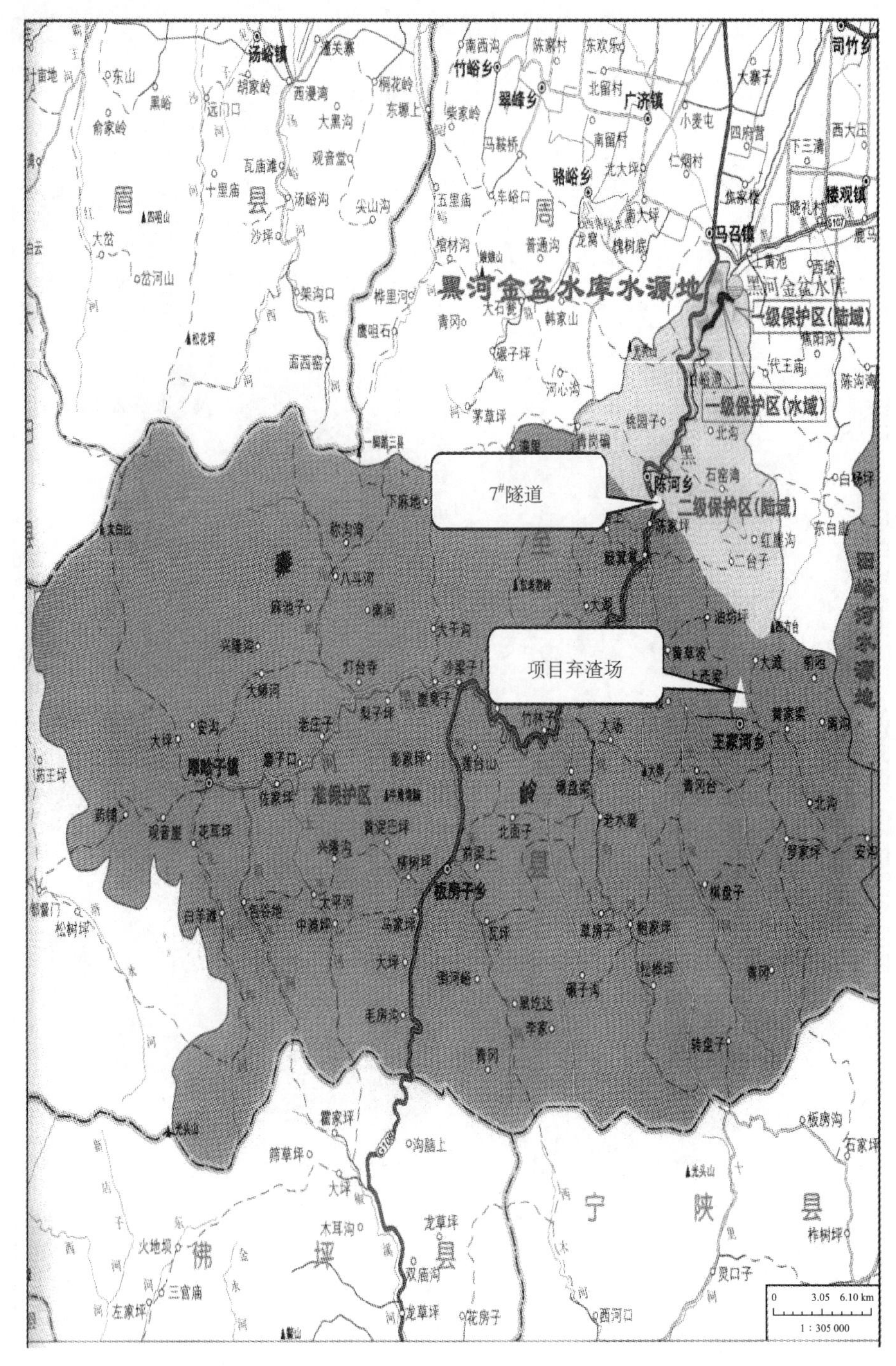

图 3-37　越岭段 7#支洞及弃渣场与黑河金盆水库水源地保护区关系图

3.3.2 输水沿线工程建设前环境状况评价

1. 水环境

秦岭隧洞工程跨越汉江、渭河两大水系，其中秦岭隧洞黄三段涉及汉江一级支沟戴母鸡沟、子午河及支沟东沟、马家沟；越岭段涉及椒溪河、蒲河及支流麻河、黑河、黑河支流王家河和黄池沟。根据调查研究，这些河流的水质现状各项指标值至少都达到了《地表水环境质量标准》（GB 3838—2002）II 类水标准。

2. 环境空气

秦岭隧洞工程区属秦岭低山区，植被覆盖好，无大中型工矿企业，除道路扬尘对局部区域环境空气有轻微影响外，工程影响区域空气质量良好。通过对工程区现状监测，工程区环境空气质量总体满足《环境空气质量标准》二级标准要求。

3. 声环境

秦岭隧洞各支洞工区周围人口分布较少或远离村庄等居住区，没有较大噪声源，声环境质量良好。根据环境监测站现状监测，工程区内各监测点的声环境均能满足《声环境质量标准》（GB 3096—2008）1 类标准。

4. 存在的环境问题

输水沿线位于秦岭低山区，跨越秦岭北坡和南坡，生态环境质量好，且水体、空气、噪声均满足国家有关标准。但是，目前该段地区主要存在着由各类交通、水电等开发建设活动开挖及弃渣导致的植被生态破坏问题，以及由此产生的水土流失问题。

3.3.3 输水沿线工程建设可行性分析

1. 隧洞线路简介及分析

1） 秦岭隧洞黄三段

（1） 线路简介。本次工程采用的是东线方案。该线路方案起点位于黄金峡水利枢纽坝址下游的左岸戴母鸡沟入汉江口北侧，隧洞进口接泵站出水池，底板高程 549.26m。线路经汉江左岸向东北方向穿行，先后经过罗家坪、穆家湾、涧槽湾、杨家坪等地，终点位于三河口水利枢纽坝后约 300m 处右岸的汇流池，洞线长 16.52km，隧洞设计为明流洞，隧洞出口底板高程 542.65m，设计纵比降 1/2500。

（2） 线路评价。该线路虽然存在穿越断层次数较多的缺点，但是在满足线路安全稳定性的前提下，其他优点也是比较明显的，主要表现在：①支洞总长度较短；②洞挖石方量较少；③场道路及施工临时道路均较短；④投资较少。

2） 秦岭隧洞越岭段

（1） 线路简介。越岭段线路采用右线方案，其进口洞线与黄三段夹角约为 214°。该线路在子午河右岸穿行约 1.5km 后，采取明渠方式通过椒溪河，后穿行于蒲河西岸经石墩河乡、陈家坝镇、四亩地镇、柴家关村、木河、秦岭主峰、虎豹河的松桦坪、王家河的小王涧乡、双庙子乡、黑河东岸，出口位于黑河金盆水库下游周至县的黄池沟内，隧洞最大埋深 2000m。此线路全长 81.78km，沿线共布设 10 条施工支洞，支洞全长 22 367m。

(2) 线路评价。该线路存在主(支)洞长度较短、扰动土地面积较少、损坏水土保持设施面积较少、挖方量较少等优点，从洞线长度、地质条件、施工条件、水流衔接的工程布置条件、投资、运行管理等方面综合考虑，右线方案是优先选择。但是，该方案仍然经过了部分自然保护区。鉴于自然保护区的敏感性和特殊性，工程在自然保护区的各相关区域的施工活动，必须进一步优化施工方案，细化施工过程中的环境保护措施，并高度重视环境保护措施的落实和监管工作。

2. *施工布置环境合理性分析*

1）料、渣场选址

(1) 料场。由于黄三段与黄金峡、三河口水利枢纽共享料场，在此，仅分析越岭段料场选址的环境合理性。

越岭段共选择了 3 个砂砾料场、2 个土料场和 2 个石料场，其天然建筑材料划分为岭南建材分布区和岭北建材分布区。岭南料场的砂、砾石主要分布在工程沿线的蒲河河滩上，主要料点为三河口、蒲河河滩内；岭北料场的砂、砂砾主要来源于黑河和周至附近的渭河。块石、碎石则主要由岭南的九关沟料场和岭北的王家河料场供应。

据调查，各料场周边 200m 范围内无环境敏感点，也不存在生态敏感区，各料场运距短，可减少施工道路、耕地与园地占地量。从环境保护角度上考虑，越岭段的料场选址较为合理。

(2) 渣场。黄三段 1#～4#支洞附近共设 4 个弃渣场。1#支洞弃渣场及 4#支洞弃渣场分别与黄金峡水利枢纽和三河口水利枢纽共享，可以减少弃渣场占地面积和对地表植被的破坏。2#、3#支洞弃渣场位于河滩地上，需对弃渣场的设计进一步优化，除加强对河道行洪安全论证外，应严格执行水土保持方案提出的措施，并加强施工管理。越岭段共设 10 处弃渣场，可研阶段这些渣场布设在河滩滩地或周边村子的旱地上。环评要求对位于河滩地上的弃渣场设计进一步优化，除加强对河道行洪安全论证外，需加强施工管理，严格执行水土保持方案提出的防护措施，保护河滩湿地环境。

2）施工支洞布设

(1) 黄三段。黄三段的 4 个支洞工区设在洞口附近，周围无居民点，不涉及生态敏感区，且占用植被类型均为当地常见物种。因此，从环境保护角度分析，支洞布设较为合理。

(2) 越岭段。越岭段沿线共布置 10 个支洞。其中，距 0#支洞口约 200m 处、

0-1#支洞洞口 180m 处、1#支洞洞口 800m 处分别有回龙寺村居民点、郭家坝村居民点及宁陕县蒲河九年制学校；另外，6#、7#支洞洞口附近有陈河口村居民点、王家河乡双庙子村居民点、王家河乡分散居民点、陈河乡三合村居民点。工程施工、车辆运输、支洞爆破等过程可能对以上这些环境敏感目标产生一定不利影响。

主体工程设计方案经过优化后，秦岭隧洞越岭段依然有 4 个支洞洞口位于保护区、实验区或准保护区，即越岭段 5#支洞洞口位于陕西周至国家级自然保护区实验区，4#支洞洞口位于陕西天华山国家级自然保护区实验区，7#支洞出口位于陕西周至黑河湿地省级自然保护区实验区，6#支洞和渣场位于黑河金盆水库水源地准保护区内。支洞施工时将对实验区或准保护区内动植物产生一定影响，因此，需进一步优化这些区域的施工方案，细化施工所需采取的环境保护措施，高度重视施工期环境保护措施的落实及监管工作。

3）施工场地布置

秦岭隧洞工程点多线长，分布地域广，临时设施采用沿线分散布置。其中，黄三段拟分 4 个施工区布置，砂石料加工系统与黄金峡和三河口水利枢纽共享；越岭段拟分 11 个施工区布置，布置 2 套砂石料加工系统，分别置在石墩河乡和王家河。从投资、资源利用等方面考虑，这种布置方式是经济可行的。

此外，黄三段施工场地永久占地以灌木林地为主，耕地仅占 8.82%；临时占地全部为灌木林地和裸地。相比之下，越岭段隧洞永久占地和临时占地均以耕地为主，减少了耕地面积，在一定程度上，会引起农民的不良情绪。

3. 引汉济渭工程对环境作用因素的分析

1）工程施工

（1）施工废水。输水沿线的施工废水主要为隧洞洞内施工排水和施工区施工废水。其中，隧洞施工排水主要包括隧洞施工时所出现的地下水涌水及隧洞开挖过程中产生的生产废水，该生产废水主要来自施工机械操作、炸药爆破后隧洞内喷淋除尘等施工过程，含有悬浮物、油类、氨氮、COD 以及少量爆炸残留物等污染物质。

隧洞洞内施工排水。初步分析，秦岭隧洞岭南段正常涌水量约 41 487.849m^3/d，岭北段约 31 815.41m^3/d。地下水涌水水质较好，但瞬时排水量大，可直接排放至下游河流。

当施工高峰时，黄三段支洞生产废水量约为 96m^3/d，由 4 个施工支洞排出；越岭段洞内生产废水量约为 145m^3/d，由 10 个施工支洞排出。在支洞生产废水经采取环保措施后，可全部回用。

因此，隧洞洞内施工排水总体上对环境无不利影响。

施工区施工废水。施工废水包括砂石料加工废水、碱性废水、含油废水和生活污水，其中生产废水10 857m^3/d，生活污水577m^3/d。表3-34表示了各废水的性质。虽然各废水的成分较简单，但若随意排放，将对排放河流水质产生不利影响(各施工区施工废水量见表3-35)，且附近地表水体基本属于禁排河段，因此，施工废水需考虑回用。另外，由于隧洞工程总体上具有施工区分散、单个工区废水量较少的特点，所以这部分的施工废水在处理前，可先分类再集中收集，以此提高废水处理效率，并可减少废水处理工程的建设和运行投资。

表 3-34　各废水的性质

性质	砂石料冲洗废水		生产废水		生活污水
			碱性废水	含油废水	
总量/(m^3/h)	680	510	—	—	—
pH	>7.7		11～12	—	—
浓度/(mg/L)	4 000～70 000		5 000(悬浮物)	20～40(石油类)	300(COD)；250(BOD_5)；40(氨氮)

表 3-35　秦岭隧洞工程施工区施工废水排放量表

工程项目	施工区	生活污水排水量/(m^3/d)	混凝土拌和废水量/(m^3/d)	机械冲洗废水量/(m^3/d)	综合加工厂废水量/(m^3/d)	合计/(m^3/d)
黄三段隧洞	1#施工区	24	16	10	45	95
	2#施工区	19	16	11	49	95
	3#施工区	24	16	12	36	88
	4#施工区	19	16	10	45	90
越岭段隧洞	椒溪河支洞工区	54	16	7	75	152
	0#支洞工区	40	16	8	75	139
	0-1#支洞工区	44	16	10	75	145
	1#支洞工区	44	16	7	90	157
	2#支洞工区	44	16	6	60	126
	3#支洞工区	44	16	5	75	140
	4#支洞工区	48	16	7	72	143
	5#支洞工区	44	16	8	90	158
	6#支洞工区	44	16	7	60	127
	7#支洞工区	44	16	7	75	142
	出口施工区	41	16	4	56	117

(2) 噪声。该段工程的噪声主要来源于施工爆破、砂石料加工、施工机械及交通。其中，施工爆破噪声主要分为隧洞施工爆破噪声和料场爆破噪声，其声强与爆破方式、爆破炸药量和敏感点位置有关。各类噪声性质可见表 3-36。

表 3-36　各类噪声性质

噪声种类	声源	源强
施工爆破噪声	瞬间点声源	0.5kg 炸药在距爆破点 40m 处：≤84dB(A)
砂石料加工系统	连续点声源	1m 处声强级约为 108dB(A)
施工机械噪声	—	施工机械：75～90dB(A)；施工工厂：＜105dB(A)
交通噪声	线声源	车线 15m 处平均辐射声级为 70.5dB(A)

(3) 废气。施工期的大气污染来源于砂石加工系统、炸药爆破作业、交通运输、燃油排放、混凝土拌和系统等，所含污染物主要为粉尘、废气和扬尘。其中，砂石料加工系统中每立方米砂石将排放 0.3kg 粉尘；秦岭隧洞越岭段工程在施工高峰期粉尘排强度可达 3.3kg/h。

此外，石料场爆破属于瞬间源，其粉尘、废气的影响范围主要集中在爆破源附近。根据《三废处理工程技术手册》，采取措施后的粉尘排放系数为 0.96t/万 m^3，CO 的排放系数为 41.75kg/t 炸药，NO_2 的排放系数为 15.27kg/t 炸药。类比其他工程，洞口单次爆破的 CO、NO_x 浓度分别为 0.36 mg/m^3、0.15mg/m^3。

交通扬尘则主要来源于施工过程中车辆行驶，其产生的扬尘占施工总扬尘的 60%以上。

(4) 固体废物。工程固体废物包括施工人员及附属人员生活垃圾、生产废料和建筑垃圾。秦岭隧洞黄三段、越岭段施工期产生活垃圾分别为 1215t、9828t，排放分布于 15 个施工区，具有排放分散的特点。按 0.03t/m^3 计，建筑垃圾和生产废料产生量分别为 276t、1099t。

(5) 生态变化。秦岭隧洞越岭段 $4^{\#}$支洞洞口位于陕西天华山国家级自然保护区实验区，$5^{\#}$支洞洞口位于陕西周至国家级自然保护区实验区，$7^{\#}$支洞洞口位于陕西周至国家级自然保护区实验区，各支洞施工、施工道路建设等施工活动会导致野生动物生境发生变化，使该区域的栖息适宜度降低。此外，施工弃渣会对渣场植被及景观造成一定破坏，处置不当易造成水土流失。

2) 淹没与土地

秦岭隧洞输水工程占地总面积 176.39hm^2，其中永久占地 38.11hm^2。黄三段占地以耕地、林地及裸地为主，不涉及人口；越岭段工程占地包括耕地、林地和其他土地，搬迁安置人口 317 人。

总体上，输水工程占地可能造成植被破坏，对占地区生物量和陆生动植物生境产生影响；但工程占地总体涉及人口较少，不危及周围居民的生产生活。

3）移民(拆迁)安置

秦岭隧洞黄三段工程占地范围内不涉及人口，而越岭段生产安置人口 223 人，搬迁安置人口 317 人，并采取调剂土地和分散后靠的安置方式。从安置人口规模和安置方式来看，秦岭隧洞工程拆迁安置的环境影响较小。

3.3.4 输水沿线环境风险因子识别

根据前面对工程建设前环境现状评价以及工程分析，可以知道该输水沿线在建设、运行期间所存在的环境风险可以分为水环境风险、生态环境风险、声环境风险、环境空气风险、固体废物风险和环境地质风险 6 个方面。

(1) 水环境风险识别。水环境风险主要包括施工过程中的地表水污染事故风险、地下水突发事故风险。

(2) 生态环境风险识别。该工程涉及 3 个自然保护区实验保护区，将会对这些自然保护区中的生态结构造成较大的影响，主要为野生动物物种多样性风险。

(3) 声环境风险识别。声环境风险主要出现在施工期的爆破和交通运输中，表现为村民居住、现场作业人员工作风险。

(4) 环境空气风险识别。环境空气风险主要来源于施工过程中和运输车辆产生的粉尘风险。

(5) 固体废物风险识别。固体废物主要为施工区生活、建筑垃圾，其存在传染病流行风险和水质污染事故风险。

(6) 环境地质风险识别。环境地质风险主要通过断层泥砾带、含泥质地层时的突水涌泥风险、围岩失稳风险、岩爆风险及局部放射性风险。

3.4 受水区环境风险识别

3.4.1 受水区概况

根据受水城市及工业园区的分布、供水量、地形高程、位置分布以及当地供水工程现状等因素，受水区被划分为西安片区、渭南片区、渭北泾东片区、咸阳片区和渭北西部片区(图 3-38)。按照受水区就近原则，这些区域可整合成 3 个大片区，形成 3 条配水干线，分别为渭河南岸的西安—渭南干线、渭北西部的杨凌—阳平干线、渭北东部的咸阳—泾东干线。

1. 自然环境

1）地形地貌

受水区为渭河两岸地区，地势南北高、中部低，其中中部是一个由西向东的地堑式构造盆地。由于渭河自西向东穿过盆地中部，两侧是经黄土沉积和渭河干

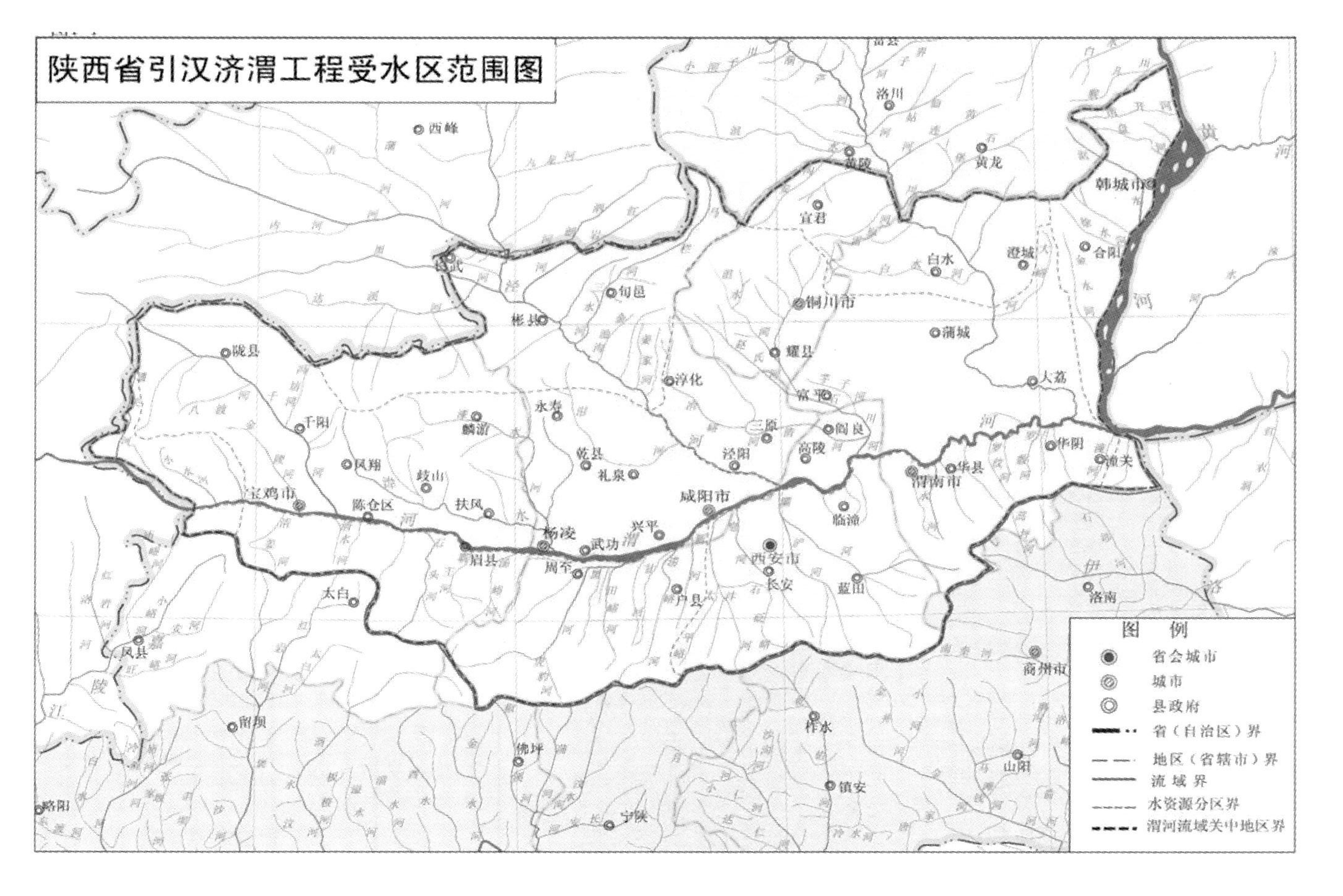
陕西省引汉济渭工程受水区范围图
西峰
洛川
黄陵
黄龙
韩城市
宜君
合阳
澄城
白水
旬邑
铜川市
彬县
蒲城
陇县
耀县
淳化
大荔
富平
永寿
千阳
麟游
三原
阎良
乾县
泾阳
高陵
华阴
凤翔
岐山
礼泉
渭南市
华县
潼关
宝鸡市
陈仓区
扶风
咸阳市
临潼
杨凌
兴平
眉县
武功
西安市
周至
长安
蓝田
户县
太白
洛南
凤县
商州市
留坝
柞水
佛坪
山阳
镇安
略阳
宁陕
图例
省会城市
城市
县政府
省（自治区）界
地区（省辖市）界
流域界
水资源分区界
渭河流域关中地区界

图 3-38　受水区划分

支流冲积而成的“关中平原”，因此河两岸依次分布的地貌是河漫滩—阶地—黄土台塬—山前冲洪积扇—山地。

此外，渭河北部台塬塬面宽阔平坦，呈连续分布，其中兴平、杨凌、武功、咸阳、泾阳、高陵、三原、阎良、高陵以及泾河工业区、泾阳工业密集区和绛帐工业区位于引汉济渭工程受水区范围；南部台塬塬面比较窄小，呈断续分布，其中渭南、西安、长安、临潼、周至、户县、眉县、华阴、华县以及罗敷工业区和卤阳湖工业区位于引汉济渭工程受水区范围。

2）水系

关中地区以渭河为主轴，两岸支流呈树枝状分布。渭河自西向东从本区穿流而过，且从此河北岸汇入的支流自西向东依次有通关河、小水河、金陵河、千河、漆水河、泾河、石川河、北洛河等，具有源远流长、水量不丰、河床比降较小、泥沙含量大的特点；从南岸汇入的主要支流有清姜河、清水河、石头河、霸王河、汤峪河、黑河、涝河、沣河、灞河、零河、沈河、罗敷河等，具有源短流急、河床比降大、水流清澈、含沙量小的特点，出峪口后进入关中平原，比降变缓。

3）气候气象

受水区属典型的大陆性季风气候，是暖温带半湿润气候区。表 3-37 为该区的主要气象值，其中多年平均降水量和多年平均蒸发量具有东部高于西部、北部高于南部的特点，且水面蒸发量年际变化较小，年内分配不均。

表 3-37　受水区主要气象表

多年平均气温/℃	极端最高气温/℃	极端最低气温/℃	年日照时数/h	无霜期/天	多年平均降水量/mm	多年平均蒸发量/mm
9.1～13.4	43.4	–24.9	2100～2400	166～219	634.9	600～1100

2. 社会环境

关中地区是陕西省政治、经济、文化、商贸的中心，是自然资源、经济发展的重点区域，集中了西安、宝鸡、咸阳、铜川、渭南五个大中城市和杨凌农业高新技术产业示范区、阎良飞机城以及一批小城市。该区区内共汇集了陕西省 63%的人口、55%的耕地、72%的灌溉面积，占据了全省 64%的国内生产总值，在西部大开发战略和陕西经济社会发展中具有重要的战略地位。

受水区主要经济指标见表 3-38。

表 3-38　受水区经济社会发展指标表(2010 年)

项目	土地面积/km^2	人口/万人	国民生产总值/亿元			
			一产	二产	三产	合计
西安市	10 108	847.4	140.06	1 406.72	1 694.91	3 241.69
宝鸡市	18 143	371.9	104.20	614.42	257.47	976.09
咸阳市	10 246	489.8	203.29	573.27	322.12	1 098.68
渭南市	13 134	529.0	128.94	394.55	277.93	801.42
杨凌区	94	20.1	3.75	23.50	20.04	47.29

3.4.2　受水区工程建设前环境状况分析

1. 水环境

1）污染源状况

(1) 点污染源。2010 年渭河流域入河排污量达 75 422 万 t/a，其中 COD 含量为 167 781 t/a，氨氮含量为 14 361 t/a。受水区涉及城市现状年排入渭河流域工业废水量及污染物量详见表 3-39。

表 3-39　渭河流域废污水排放量及主要污染物入河量统计表(2010 年)

城市	废污水排放量/(万 t/a)	污染物含量/(t/a)	
		COD	氨氮
西安	44 647	93 509	8 318
宝鸡	9 396	19 935	2 047
咸阳	10 299	28 961	2 172
渭南	10 282	25 194	1 733
杨凌	798	182	91
合计	75 422	167 781	14 361

(2) 面污染源。面源污染主要指农业污染负荷，其主要的污染物质为氨氮，并以农业使用化肥后的农业退水、灌溉退水以及水土流失为主。

首先，氨氮流失率一般为 4%，按表 3-40 中数据可以推算出关中地区每年因施用化肥流失的氨氮约 25 242t；其次，根据陕西省农业退水氨氮含量的典型调查资料，农业退水量约占灌溉量的 30%，退水氨氮浓度在 17～36mg/L，据此可以估计陕西关中年流失氨氮约 27 000t；然后，根据往年的水土流失量，可推算关中地区每年因水土流失造成的氨氮量流失量约 2000t。因此，该地区的总面源污染量约为 54 242t/a。

表 3-40　陕西省关中地区化肥施用量一览表

地区	西安	咸阳	宝鸡	渭南	合计
氮肥(折纯吨)	175 905	175 778	116 105	163 251	631 039

2）水质状况监测与评价

为了解引汉济渭工程受水区水质现状，在受水区评价范围内渭河干支流选取10个水质监测断面，并收集了2010年、2011年的水质监测资料。

采用单因子评价法对2010年、2011年水质监测结果进行评价，评价表明受水区渭河干流总体水质为《地表水环境质量标准》(GB 3838—2002)中的劣V类，主要污染指标是化学需氧量(COD)、五日生化需氧量(BOD_5)、氨氮和总磷。导致这一污染现象的原因主要为：① 工业污染结构性特点突出。根据2010年陕西省污染源普查显示，工业污染占渭河污染总量的23%。全省造纸、化工、饮料加工等涉水重污染行业几乎全部集中在渭河流域。目前，渭河流域水污染物排放量较大的国控、省控污染源共计130家，主要污染物化学需氧量和氨氮排放量分别占关中工业污染物总排放量的59%和75%以上。② 生活污水处理达标率低。生活污染占渭河总污染量的42%。截至2013年年底，关中地区的污水处理率仅为68%，低于全国平均水平77%。此外，一些城镇的配套污水管网和污水处理设施建设滞后，导致城市生活污水未经有效处理就被直接排入河流。③ 农业面源污染加剧。农业面源污染占渭河流域总污染量的35%左右，而农业种植施用化肥及农村养殖是造成渭河农业污染的重要原因。④ 生态基流不足。渭河流域人均水资源占有量仅为全国平均水平的1/6，且全年60%以上水量集中在丰水期(每年的6～10月)。枯水期，渭河干流水基本为生活和工业废水的综合，生态水严重不足。

因此，从总体上来看，受水区——关中地区的本地水资源匮乏，且渭河流域存在着比较严重的水质污染问题，迫使关中地区成为严重资源性和水质性缺水的贫水地区。同时，关中渭河地区县(区市)工业化程度相对较高，能耗和污染比较严重，这将引起水质污染呈现加重的趋势。

2. 环境空气

本工程涉及西安市、咸阳市、渭南市和杨凌区，分南北两大干线。南干线主要以秦岭北麓山脚田园景观为主，无工业分布，空气质量相对较好；北干线所经区域相对人口稠密，生产、生活活动频繁，交通便利而使尾气产生量较大，因此空气质量相对较差。

根据《2015年陕西省环境状况公报》，咸阳市、渭南市和杨凌区的环境空气质量可达到国家环境空气质量二级均值标准，但西安市环境空气质量超标。该报告中工程设计地区的环境空气具体指标详见表3-41。

表 3-41　工程涉及市、区的环境空气质量现状表

市、区	优良天数/天	SO_2		NO_2		可吸入颗粒物	
		浓度值/(mg/m³)	达到国家标准	浓度值/(mg/m³)	达到国家标准	浓度值/(mg/m³)	达到国家标准
西安市	206	0.014～0.06	二级	0.006～0.048	二级	≫0.10	超标
咸阳市	317	0.014～0.06	二级	0.006～0.04	一级	0.024～0.10	二级
渭南市	310	0.014～0.06	二级	0.006～0.048	二级	0.024～0.10	二级
杨凌区	315	0.014～0.06	二级	0.006～0.04	一级	0.024～0.10	二级

3. 声环境

本工程南干线主要穿越秦岭北麓，人口聚居相对稀疏，无大的产噪污染源，声环境质量相对较好；而北干线所经区域人口较稠密，生产活动频繁，交通发达，因此产噪源较多，噪声相对较大。

根据《2015年陕西省环境状况公报》，渭南市的环境噪声平均等效声级介于53.0～55.0dB(A)，声环境质量较好。西安市、咸阳市和杨凌区平均等效声级介于55～60dB(A)，声环境质量一般。

4. 生态环境

依据《陕西省生态功能区划》划分，本工程南干线推荐线路属于秦岭北坡中西段水源涵养区，北干线属于关中平原城镇农业区及渭河两侧黄土台塬农业区。

根据现场调查，受水区南北干线无保护性植被、保护性动物和保护性鱼类分布，总体上，对生态环境影响较小。

3.4.3　受水区工程建设可行性分析

1. 流域水资源及开发利用状况

1）水资源状况

(1) 地表水资源开发利用率。渭河流域关中地区多年平均径流深为104.3mm，且径流深的分布情况与降水分布基本一致，总体是渭河南岸高于北岸，西部高于东部。此外，关中地区水资源总量为90.05亿m^3，其中地表水资源量73.85亿m^3，地下水资源量48.92亿m^3，地表水与地下水的重复量为32.72亿m^3。

根据调查，该区地表水资源开发利用率为44%，超过国际公认的40%最高开发利用率限额；而且，目前地表水的开发潜力分布不均，除泾河张家山以上、洛河状头以上、渭河南山支流等地区尚有一定开发潜力外，渭河干流已没有开发潜力。

(2) 地表水消耗率。关中地区近十年(1998～2007年)的地表水供水量为20.46亿～24.83亿m^3，耗水量为15.35亿～18.62亿m^3。经计算，该地区允许消耗的地表水资源量为19.00亿m^3，当有75%枯水年时允许消耗16.08亿m^3，若遇

95%特枯年则允许消耗的资源量仅 12.50 亿 m^3。因此，目前的枯水年和特枯年地表水消耗率已经超过 100%。

(3) 地下水开发利用程度。关中地区近十年(1998～2007 年)的地下水实际开采量为 26.29 亿～31.89 亿 m^3，平均年开采量 29.2 亿 m^3。据调查，平原区地下水资源量 33.48 亿 m^3，现状地下水开采率高达 87.2%，已经超过了平原区地下水资源 28.04 亿 m^3 的可开采量。

另外，地下水地区分布不平衡，除部分地区还存在一定的开采潜力外，一些区域超采严重。为此，从 2006 年以后陕西省对渭河沿线地下水超采区进行划定，并制定了关井计划，将逐步封闭超采区地下水水源地和自备井。

2) 关中地区水资源开发利用状况

至 2010 年年底，关中地区已建成 399 座水库，总库容 21.07 亿 m^3，兴利水库库容 13.82 亿 m^3；1130 处引水工程，设计供水能力 20.17 亿 m^3，其中宝鸡峡、泾惠渠和洛惠渠三大引水工程担负着渭北 500 余万亩农田的灌溉任务；5855 处提水工程，其中交口抽渭、东雷抽黄和港口抽黄三大抽水工程担负着关中东部 280 万亩农田灌溉任务；约 12.4 万眼配套机电井，设计供水能力 26.58 亿 m^3；42.4 万座集雨工程，总容积约 4183 万 m^3。此外，已建成污水处理及中水回用项目 15 个，日处理能力 81.8 万 t/日，中水 17 万 t/日。

2. *工程方案布局环境合理性分析*

1) 水资源配置方案环境合理性

引汉济渭配水工程受水对象为 23 个供水点，以 2030 年为规划目标，按照《陕西省实行最严格水资源管理制度考核办法》(陕政办发〔2013〕77 号)对各市区用水总量控制目标进行比较，详见表 3-42。

表 3-42　各市区水量分配方案总量控制对照表

序号	行政区划	供水对象	引汉济渭调水量/亿 m^3	各市区用水总量控制目标/亿 m^3	符合性
1	西安	西安主城区	3.86	23.52	符合
2		沣东新城	0.47		
3		沣西新城	0.44		
4		泾河新城	0.08		
5		周至	0.16		
6		户县	0.79		
7		长安	0.74		
8		临潼	0.86		
9		高陵	0.26		

续表

序号	行政区划	供水对象	引汉济渭调水量/亿 m^3	各市区用水总量控制目标/亿 m^3	符合性
10	西安	阎良	0.36	23.52	符合
11		高陵组团工业园	0.58		
12		渭北组团工业园	0.58		
13		阎良组团工业园区	0.58		
		小计	9.75		
14	咸阳	咸阳主城区	1.70	15.5	符合
15		空港新城	0.23		
16		秦汉新城	0.41		
17		兴平	0.56		
18		武功	0.28		
19		三原	0.11		
		小计	3.29		
20	渭南	渭南主城区	0.85	17.92	符合
21		富平	0.18		
22		华县	0.26		
		小计	1.29		
23	杨凌	杨凌城区	0.35	0.68	符合
		小计	0.35		

经该表分析可知，本工程针对各市区生物水量分配方案是符合《陕西省实行最严格水资源管理制度考核办法》各市区用水总量控制目标要求的。

2）工程布局及方案环境合理性

引汉济渭输配水工程在原设计阶段对主体工程推荐了两条比选线路。这两个方案在环境角度的详细比较可见表 3-43。

表 3-43 从环境角度比较推荐方案与比选方案优劣性

	推荐线路	比选线路
输水方案	南干线：无压力流长隧洞方案；北干线：无压流+压力流方案	南干线：压力流方案；北干线：压力流方案
长度	南干线：172.81km；北干线：132.30km 支线：105.10 km 合计：410.21 km	南干线：170.62km；北干线：132.65；支线：101.79 km 合计：405.06 km

续表

		推荐线路	比选线路
工程占地		南干线：465.33 hm^2；北干线：1228.78 hm^2 合计：1694.11 hm^2	南干线：1805.57 hm^2；北干线：1010.58 hm^2 合计：2816.15 hm^2
工程弃渣		合计：581.78 万 m^3	合计：763.5 万 m^3
环境敏感目标	与森林公园方位关系	南干线： ①穿越楼观台国家级森林公园（秦岭国家植物园）18.9km ②距离朱雀国家级森林公园 13.4km ③穿越祥峪省级森林公园 3.0km ④穿越沣峪省级森林公园 4.9km ⑤距离五台山国家级森林公园 4.6km ⑥穿越骊山国家级森林公园 7.7km ⑦距离少华山国家级森林公园 6.5km	南干线： ①穿越楼观台国家级森林公园（秦岭国家植物园）5.5km ②距离朱雀国家级森林公园 15.2km ③穿越祥峪省级森林公园 3.0km ④穿越沣峪省级森林公园 4.8km ⑤距离五台山国家级森林公园 4.6km ⑥穿越骊山国家级森林公园 8.7km ⑦距离少华山国家级森林公园 6.5km
	距自然保护区距离	南干线：距离陕西黑河珍稀水生野生动物省级自然保护区 18km	南干线距离陕西黑河珍稀水生野生动物省级自然保护区 18km
	与水源地方位关系	南干线： ①距离黑河金盆水库水源地 1km ②穿越田峪河水源地 300m ③距离沣峪河水源地 6.7km ④距离石砭峪水库水源地 6.7km ⑤距离浐河饮用水水源地 9km ⑥距离渭南市尤河水库水源地 1.6km	南干线： ①距离黑河金盆水库水源地 1km ②距离田峪河水源地 1.0km ③距离沣峪河水源地 6.5km ④距离石砭峪水库水源地 6.7km ⑤距离浐河饮用水水源地 5.2km ⑥距离渭南市尤河水库水源地 1.6km
	湿地保护区距离	北干线： ①距离陕西周至黑河湿地自然保护区（省级）20km ②距离陕西泾渭湿地自然保护区（省级）17km	北干线： ①距离陕西周至黑河湿地自然保护区（省级）20km ②距离陕西泾渭湿地自然保护区（省级）9km
	文物保护单位距离	①杨武支线穿越隋泰陵 900m ②北干线距离咸阳城北帝王陵群最近 700m ③南干线距离秦始皇陵建设控制边界 0m	①杨武支线穿越隋泰陵 900m ②北干线穿越咸阳城北帝王陵群约 18.13km ③南干线距离秦始皇陵建设控制边界 0m
	动物园距离	南干线穿越长度 700m	南干线穿越长度 2400m

通过该表比较分析可知以下几点。

（1）从长度分析，推荐方案总输水路线长 410.21km，比选方案长 405.06km，则比选方案因路线短，即投资低而优于推荐方案。

(2) 从工程占地方面分析，推荐方案总占地面积 1694.11hm^2，比选方案总占地面积 2816.15 hm^2，则推荐方案因占用地面积少，即投资低、对生态环境影响程度低而优于比选方案。

(3) 从工程弃渣方面分析，推荐方案弃渣总量 581.78 万 m^3，比选方案弃渣总量 763.5 万 m^3，则推荐方案因产渣量低，即资源浪费少、固废处理成本低、对环境影响程度低而优于比选方案。

(4) 从与森林公园方面的影响分析，推荐方案、比选方案均穿越森林公园四处，其中，推荐方案穿越总长度 34.5km，比选方案穿越总长度 22km。此外，推荐线路为全隧道路线，对森林公园的占地面积仅是支洞口施工场地占地部分，基本不会对森林公园植被等生态环境造成影响；比选方案虽穿越线路较短，但施工支洞开挖基本位于森林公园坡脚，占地面积较大，破坏森林公园植被严重。因此，从保护生态环境角度考虑，推荐方案的长隧道方案明显优于比选方案。

(5) 从与水源地方位关系分析，推荐方案从田峪河水源保护区底部穿越而过，比选方案自田峪河水源保护区外边界经过，则比选方案因工程量相对较少、对水源保护区影响相对较小而优于推荐方案。

(6) 从与文物方位关系分析，在推荐方案主线全部避让了全国重点文物保护单位的保护范围，而比选方案特别是北干线穿越咸阳城北帝王陵群达 18.13km，因此，从环境保护角度分析，推荐方案明显优于比选方案。

(7) 从与秦岭野生动物园方位关系分析，推荐方案穿越秦岭野生动物园 700m，比选方案穿越 2400m，则推荐方案因对秦岭野生动物园的影响程度低而优于比选方案。

综上分析，虽然比选方案长度比推荐方案短 5.15km，但从工程占地面积、施工弃渣、森林公园植被破坏程度以及文物保护等各方面考虑，在环境保护角度上，推荐方案明显优于比选方案，因此主体工程选择的推荐方案是合适的。

3. 工程运作分析

引汉济渭工程向关中地区供水，不仅可以使关中地区“一线两带”沿线的重要城市、县城及工业园区的缺水问题极大地得到缓解，而且在工程实施后可形成完善的城市供水体系，大大提升了供水抗风险能力。

此外，通过关中地区水资源合理配置，可以降低区域缺水率，缓解关中城市群发展对水的迫切需求。由此，可置换出挤占的 1.01 亿 m^3 生态用水，抑制关中地区继续恶化由于水资源匮乏、渭河水质恶化而导致的生态环境；退还挤占的 1.46 亿 m^3 农业用水，促进关中农业生产；退还超采的地下水，抑制环境地质问题的进一步恶化。

3.4.4 受水区环境风险因子识别

根据前面对受水区建设前环境现状评价以及工程分析，整个引汉济渭工程的实施就是为了改善受水区的环境质量，但是其仍然在建设、运行期间存在水环境和生态环境两方面的风险。

(1) 水环境风险识别。水环境风险主要表现为水质环境风险。工程运行后会导致新增污染负荷，从而可能会出现水污染事故风险。

(2) 生态环境风险识别。该工程可以改善渭河流域的生态环境影响，利于湿地生物多样性的恢复，但是仍然可能存在外来鱼类与水生植物泛滥风险，从而可能导致水体污染事故风险。

通过以上内容，即对水源区、输水沿线和受水区各自环境风险识别可以看出引汉济渭工程在建设、运行中可能存在的风险归结起来就是水环境风险、生态环境风险、环境地质风险和公众健康风险(图 3-39)。这些风险具体的分析可见接下来的几章中。

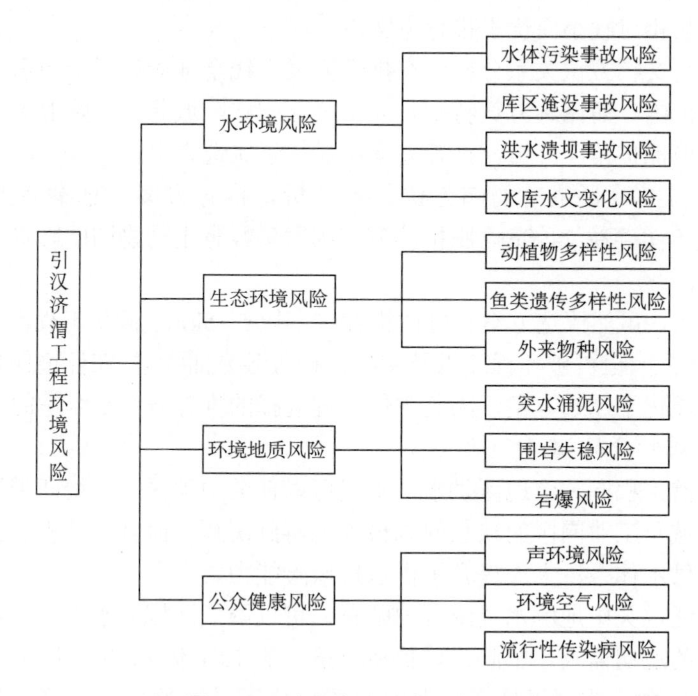

图 3-39 引汉济渭环境风险识别

第 4 章 引汉济渭工程水环境风险分析与评价

由第 3 章的风险识别以及分析可知，整个水利工程的环境风险主要为水环境风险、生态环境风险、工程建设所引发的环境地质灾害风险以及施工建设影响居民健康方面的公众健康风险。其中，水环境风险和生态环境风险贯穿整个工程建设，从水源区、输水沿线到受水区；环境地质灾害主要集中在水源区的移民安置和输水沿线的隧道建设方面；公众健康风险中的声环境和空气环境主要存在于受水区和输水沿线的建设期，流行性传染病则主要分布在施工期间和水库蓄水期间。本章与后面三章，将分别对工程的水环境风险、生态环境风险、环境地质灾害风险和公众健康风险各自进行详细分析与评价。

4.1 水源区水环境风险分析与评价

水源区的水环境风险以水污染为主，尤其是突发性水污染事件。水污染事件是指含有高浓度污染物的液体或者固体进入水体，使某一水域的水体遭受污染从而降低或失去使用功能并产生严重危害的现象，如生活垃圾进入河道而使河流发黑发臭，生活废水或未经处理的工业废水直接排入河道而导致的水质污染等。

作为水污染事件中的特殊一类，突发性水污染事件目前虽没有明确的定义，但一般是指由人为或者自然灾害引起，污染物在短期内恶化速率突然加大的水污染现象，且无固定的排放方式和途径。例如，在短时间内排放大量有害污染物进入水体，将导致水质恶化，影响水资源的有效利用，使社会、经济的正常活动受到严重影响，同时对水生态环境造成严重危害。总之，突发性水污染事件对人类健康及生命安全会造成巨大威胁，其危害将制约着生态平衡及社会经济的发展。

4.1.1 水质污染事故分析

1. 污废水

1）污废水特性

施工期对地表水环境的影响主要来自施工生产废水和生活污水。根据工程建设内容与施工布置特点，施工期生产废水主要包括砂石料冲洗废水、混凝土拌和系统废水、基坑废水、施工机械车辆维修冲洗废水、隧洞基坑涌水等；生活污水主要来源于施工营地区餐浴、生活排污及粪便等。施工期污废水类型见图 4-1。

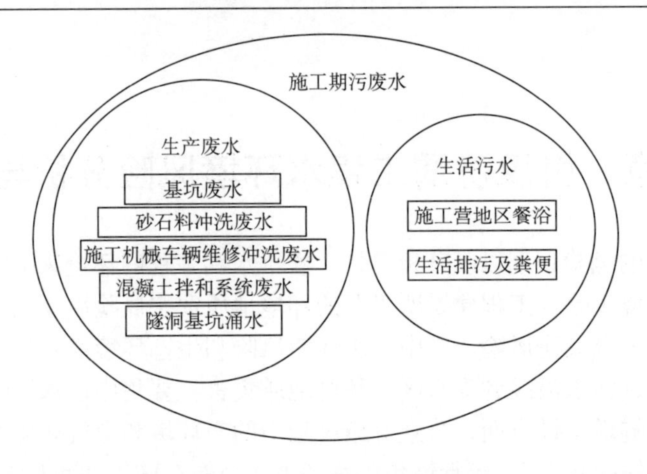

图 4-1　施工期污废水类型

(1) 砂石料冲洗废水。本工程推荐线路总长度 410.21km，其中六条隧洞长度 105.53km，施工支洞 19 处，进出口 12 处，除隧洞外地面开挖线路长度 304.68km，若按平均 3km 布设一处施工生产生活区，则本工程合计施工场地约为 132 处。此外，每处施工支洞设置一处砂石料加工系统，且其他线路开挖按 3 处施工工地共用一处砂石料加工系统计算，本工程砂石料加工系统合计 53 处。砂石料加工系统用水除部分消耗于生产过程中外，其余均作为废水排放。经估算，本工程砂石料加工冲洗水为 $1325m^3/h$，分配到 53 处砂石料加工系统处，每处产生废水量为 $25m^3/h$。类比其他工程，该废水主要以悬浮物为主，浓度为 20 000～90 000 mg/L。

(2) 混凝土拌和系统废水。本工程施工场地共 132 处，每处施工场地各布置 1 座混凝土拌和站。按每天冲洗 2 次，每次冲洗废水量 $15m^3$ 计算，每天产生冲洗废水 $30m^3$，则本工程混凝土拌和冲洗总废水为 3960 m^3/d。该废水显碱性，pH 一般为 11～12，悬浮物浓度为 2000～5000 mg/L。

(3) 基坑废水。本工程采用倒虹和渡槽方式(图 4-2)穿越河流，其中倒虹 11 处(子河倒虹、滈河倒虹、潏河倒虹、浐河倒虹、灞河倒虹、龙河倒虹、零河倒虹、渭河倒虹、清峪河倒虹、泾河倒虹、漆水河倒虹等)、渡槽 2 处(油王沟渡槽、沈河渡槽)，合计 13 处。这 13 处的河道施工会产生基坑废水，该废水主要污染物为浓度 2000～4000 mg/L 的悬浮物。

(4) 施工机械车辆维修冲洗废水。施工机械车辆维修冲洗废水主要为含油废水，其主要污染物成分为石油类和悬浮物，石油类浓度一般为 20～40mg/L。该废水为间歇式排放，若 132 处施工场地每处的大型施工机械按 30 台(件)、每台(件)设备每周冲洗维护一次、每次每台(件)冲洗水 $0.3m^3$ 计算，则机械维修、冲洗最大废水平均产生废水强度为 $1.3m^3/d$，其中，全工程日排含油废水 $171.6m^3/d$。

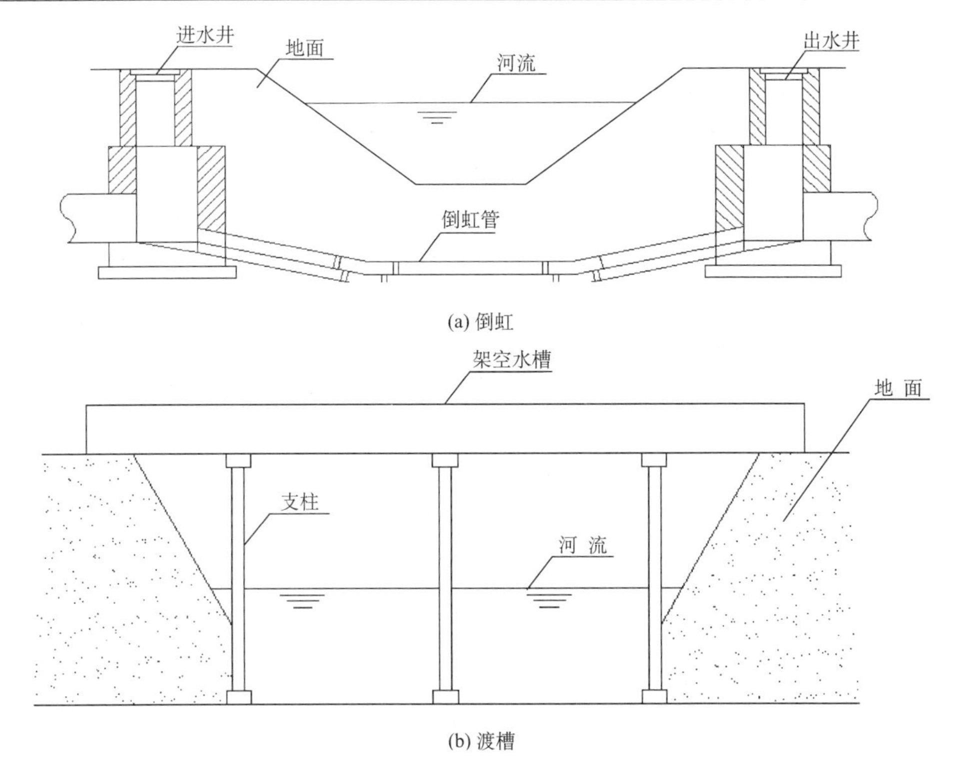

(a) 倒虹

(b) 渡槽

图 4-2　倒虹、渡槽方式示意图

(5) 隧洞基坑涌水。本工程共计六条隧洞，31处施工场地。地下水水位大部分都高于隧道的开挖高程，因此存在隧洞涌水的问题。但洞线穿越地层大部分区域为弱—微风化二云石英片岩(图4-3)，呈弱—微透水性，且前期施工资料显示地下水活动状态多以沿结构面渗水、线状流水、滴水为主，故隧洞涌水现象较易控制。

图 4-3　二云石英片岩

每处施工场地(含进出口)隧洞涌水 600m³/d。该隧洞涌水主要含浓度为1500～4000mg/L 的悬浮物，呈连续性排放。

(6) 施工生活污水。若本工程施工高峰期各施工场地人数和生活用水定额分别按 400 人和 90L/(人·d)计，排放系数取 0.8，则每处施工场地日排放生活污水量为 28.8 m³/d，因此全工程日排施工生活污水 3802m³/d。该废水污染物主要源于排泄物、餐饮废物等，其中 COD 浓度为 300 mg/L ，BOD_5浓度为 150 mg/L。

在工业污染源方面，三河口水库无点源污染，污染源集中在黄金峡库区。

2) 污废水排放量预测方法

污废水排放的预测方法根据废水性质而定，不同的废水将采用不同的计算公式来计算废水排放量。本节中的污废水主要为工业生产废水和生活污水，下面将主要介绍这两种污废水的预测方法及其预测结果。

(1) 工业废水预测。工业废水及主要污染物排放量预测采用弹性系数法，其计算公式如下：

$$Q_n = Q_0(I + \mu R_i)^{t_n - t_0} \tag{4-1}$$

式中，Q_n 为预测年排放量，万 t/a；Q_0 为基准年排放量，万 t/a；μ 为弹性系数；R_i 为工业总产值增长速度；t_n 为预测年份；t_0 为基准年份。

(2) 生活污水预测。生活污水排放量预测方法主要采用《全国水资源综合规划》中推荐的方法，以人口增长率与人均生活排水指标的积进行预测。

生活污水排放量预测公式如下：

$$Q = 0.365A \times F \tag{4-2}$$

式中，Q 为预测水平年污水排放量，万 t/a；F 为生活污水排水指标，L/(人·d)；A 为规划年人口，万人。

人口预测。黄金峡库区洋县县城现有人口约 63 000 人、金水镇 1685 人，总计 64 685 人。如果人口按自然增长率 9‰计，则至规划水平年 2025 年时，库区涉及城镇人口将达到 72 676 人。预测成果见表 4-1。

表 4-1 各规划水平年库区涉及人口预测

地名	现状人口/人	规划水平年 2025 年/人
洋县县城	63 000	70 782
金水镇	1 685	1 893
合计	64 685	72 676

排放指标预测。 洋县目前人均综合利用水量为 138L/d。考虑到节约用水意识的加强、人民生活水平的提高，结合该地区供水条件、生活习惯等方面因素，拟定出规划水平年 2025 年生活用水定额为 150L/d，排水率均按 80%计。

主要排污口废污水及主要污染物排放量预测。生活污水排放浓度按未达标和达标两种情况预测。未达标时，COD 浓度取 300mg/L，氨氮浓度取 40mg/L；达标时，COD 浓度取 100mg/L，氨氮浓度取 15mg/L，则黄金峡库区主要城镇生活污水排放量预测结果可见表 4-2 和图 4-4。

表 4-2　规划水平年 2025 年生活污染源预测结果

地名	生活污水排放量/(万 t/a)	主要污染物达标排放量		主要污染物不达标排放量	
		COD/(t/a)	氨氮/(t/a)	COD/(t/a)	氨氮/(t/a)
洋县县城	310.03	310.03	46.50	620.05	93.01
金水镇	8.29	—	—	16.58	2.49
合计	318.32	310.03	46.50	636.64	95.50

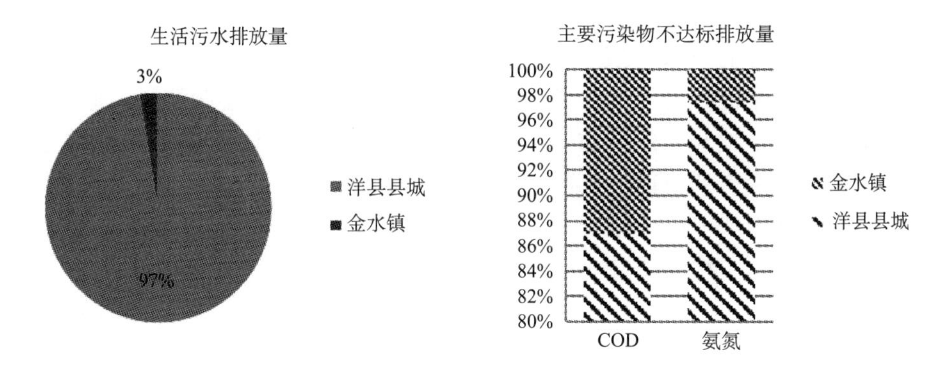

图 4-4　2025 年生活污染源预测结果

(3) 污废水及污染物入河量预测。洋县污废水年平均增长率为 12.3%。若该区域 1999～2010 年平均需水弹性系数为 0.57，可计算出 2025 年库区工业污染源废水排放量。

黄金峡库区 2025 年主要工业污染源排放量的预测结果见表 4-3。

表 4-3　黄金峡库区主要工业污染源排放量预测结果

地名	规划水平年	工业废水排放量/(万 t/a)	主要污染物排放量/(t/a)	
			COD	氨氮
洋州镇	2025	73.69	73.69	11.05

若选取入河系数 0.7，对废污水及主要污染物 COD、氨氮排放量通过入河系数来进行预测，至规划水平年，洋县县城(生活污水、工业废水)及金水镇新址生

活污水入河量及主要污染物预测结果详见表 4-4。

表 4-4　规划水平年 2025 年污染源预测结果

地名	废污水排放量/(万 t/a)	生活污水达标排放/(t/a)		生活污水不达标排放/(t/a)	
		COD	氨氮	COD	氨氮
洋县县城	276.28	276.28	41.44	552.55	82.88
金水镇	5.97	—	—	11.94	1.79
合计	282.25	276.28	41.44	564.49	84.67

根据水源工区现状污染负荷评价结果，选定入库污染物代表参数为有机污染类的综合指标：COD 和氨氮，分别对点源污染源和面源污染源进行预测。

随着污水处理厂的建设和工业污水的截流，在工业废水与城镇生活污水排放均达标的情况下，同时考虑国家节能减排政策，预测到 2025 年，黄金峡至白河断面区间 COD 为 13 156t/a，氨氮排放量为 1290t/a。

对于面源污染源，影响区中农畜牧业至规划水平年期间继续增长，但受产业结构调整的限制，增长速度会放缓，考虑到影响区将采取退耕还林和水土保持等措施，化肥施用量有所下降，同时部分生活面源转化为点源，在不考虑其他因素的情况下，2025 年影响区面源产生量仍以现状年为准。

2. *水质预测方法及模型验证*

1）预测方法

(1) 河道一维水质模型。模型中采用带旁侧入流的一维圣维南方程和点、面源汇入的一维对流扩散方程。

水流连续方程

$$B\frac{\partial h}{\partial t}+\frac{\partial Q}{\partial x}=q \tag{4-3}$$

水流动量方程

$$\frac{\partial Q}{\partial t}+\frac{\partial uQ}{\partial x}+gA\frac{\partial z}{\partial x}+\frac{gn_{ld}^2Q^2}{AR^{4/3}}=0 \tag{4-4}$$

污染物输移扩散降解方程

$$\frac{\partial hc_i}{\partial t}+\frac{\partial huc_i}{\partial x}=\frac{\partial}{\partial x}\left(hE_x\frac{\partial c_i}{\partial x}\right)+S_{c_i} \tag{4-5}$$

式中，x 为河道纵向坐标或河长，m；t 为时间，s；A 为河道断面面积，m^2；B 为河宽，m；h 为水深，m；z 为水位，m；Q 为流量，m^3/s；q 为河道侧流汇入或流出的流量，m^3/s；u 为断面平均流速，m/s；R 为河道水力半径，m；n_{ld} 为河道糙率；

E_x 为河流污染物扩散系数；c_i 为水质指标，在本项目中，水质指标取 COD；S_{c_i} 为水质指标的源和漏项，$S_{c_i}=-k_i h\, c_i$，k_i 是对应于 c_i 的衰减系数。

(2) 模型边界条件。模型边界条件由场变量(如应力、时间)组成，包括初始条件和上、下游边界条件。

根据初始时刻干流各水文站和水位站的实测资料，以及水质断面的水质监测资料，通过插值内插出初始变量沿程分布，可确定计算初始条件(t=0)为

$$\phi=\phi(x,0) \tag{4-6}$$

式中，ϕ 可以表示为 Q、z 和 c_i(i=1，2)的函数。

上游边界条件(x=0)为

$$Q=Q(0,t) \tag{4-7}$$

$$c_i=c_i(0,t) \tag{4-8}$$

下游边界条件(x=L)为

$$z=z(l,t) \tag{4-9}$$

$$\frac{\partial c_i}{\partial x}=0 \tag{4-10}$$

式中，各项含义同上。

(3) 数值求解。河流水质模型在结合上述模型边界条件的基础上，可通过式(4-11)进行数值求解

$$\frac{\partial h\phi}{\partial t}+\frac{\partial Q\phi}{\partial x}=\frac{\partial}{\partial x}\left(\Gamma\frac{\partial\phi}{\partial x}\right)+S_{\phi i} \tag{4-11}$$

采用有限控制体积法，通过迎风隐式格式对控制方程组进行离散，得到如下的方程

$$A_p\phi_p=A_u\phi_u+A_d\phi_d+S_d \tag{4-12}$$

$$A_p=A_u+A_d+A_p \tag{4-13}$$

$$S_\phi=S_d-S_p\phi \tag{4-14}$$

当 ϕ=h 时，分别是连续性方程和动量方程的离散形式，对应于连续性离散方程和动量离散方程；当 ϕ=c_i 时，为水质成分的对流扩散离散方程，本书首先采用追赶法对水动力学求解，后对水质部分进行求解，最终确定河流各断面的水流、水位，以及各水质成分的值。

(4) 水质模拟条件。在水质预测中，分别考虑 10%、50%、90%和 95%代表水文年，采用建库前后出入库流量及坝前水位过程作为水质预测的水文条件。

2) 模型验证

(1) 模型参数。计算所采用的河道糙率主要由实测水流资料率定计算确定；

扩散系数、紊动黏性系数采用经验公式计算；降解系数由实测水质资料率定计算确定。

①糙率。根据《陕西省引汉济渭工程可行性研究水文分析报告》及相关研究成果，确定河道糙率值，见表 4-5。

表 4-5　不同河段糙率取值范围

站名	糙率
黄金峡坝下—白河断面	0.041
黄金峡库区	0.025～0.046
三河口库区	0.038～0.042

②扩散系数。汉江水体的扩散系数 E_x 采用经验公式求得，按拉格朗日紊动长度及紊动长度强度概念，E_x 值可表达为

$$E_x = \alpha h u_* \tag{4-15}$$

$$u_* = \sqrt{ghI} \tag{4-16}$$

式中，α 为无量纲系数，0.1～0.2；u_* 为摩阻流速，m/s；I 为水面比降；h 为水位，m。

③紊动黏性系数。紊动黏性系数采用 $\gamma t = \alpha u_* h$ 公式计算，其中 α 为常数，取为 0.5，u_* 为摩阻流速。

④降解系数。江河自身对污染物有一定的自然净化能力，即污染物在水环境中通过物理降解、化学降解和生物降解等使水中污染物的浓度降低。反映江河自然净化能力的指标称为降解系数。不同的水力条件、不同的污染物有不同的降解系数。根据丹江口水库相关研究成果，确定计算河道的降解系数见表 4-6。

表 4-6　不同河段污染物降解系数　　(单位：d^{-1})

<table>
<tr><th rowspan="3">站名</th><th colspan="4">水质指标</th></tr>
<tr><th colspan="2">COD</th><th colspan="2">氨氮</th></tr>
<tr><th>工程前</th><th>工程后</th><th>工程前</th><th>工程后</th></tr>
<tr><td>黄金峡库区</td><td>0.1～0.2</td><td>0.001～0.03</td><td>0.1～0.25</td><td>0.001～0.03</td></tr>
<tr><td>三河口库区</td><td>0.1～0.15</td><td>0.001～0.02</td><td>0.1～0.2</td><td>0.001～0.02</td></tr>
<tr><td>黄金峡坝下—白河断面</td><td colspan="2">0.004</td><td colspan="2">0.005</td></tr>
</table>

(2) 参数率定与验证。采用 2011 年黄金峡、三河口库区现状监测资料对水源区模型进行验证，其中，黄金峡库区选择大石湾断面，三河口库区选择刘家坝断面。验证结果见表 4-7。

表 4-7　水源区水质验证结果

水库	断面	指标	计算值/(mg/L)	实际值/(mg/L)	绝对误差/(mg/L)	相对误差/%
黄金峡	大石湾	COD	10.9	11	−0.1	−0.91
		氨氮	0.182	0.18	0.002	1.11
三河口	刘家坝	COD	9.04	10	−0.96	−9.6
		氨氮	0.093	0.09	0.003	3.33

由表 4-7 可知，水质的模拟值和实测值误差小于 4%，表明该模型模拟情况较好，对应用于水源区水质模拟具有较高的可靠性。

在水质影响预测中，选择高锰酸盐指数、氨氮作为水质预测指标。已有的污染源资料中污染物指标均采用 COD，汉江中 COD 和高锰酸盐指数间存在较好的比例关系，故用此比例关系将污水中 COD 浓度(达标排放为 100mg/L、不达标排放为 200mg/L)转换为高锰酸盐指数浓度，以高锰酸盐指数浓度代入模型进行计算。

4.1.2　地表水水质污染事故评价

1. 黄金峡水库

1) 施工建设期

(1) 生产废水。黄金峡右岸上游施工区混凝土拌和系统、机械停放场、综合加工厂、办公生活区等较为集中，生产区废水日排放量为 171m³/d，主要污染物为悬浮物和石油类。按照 1h 事故排放时间计算，非正常工况下生产废水的排放量为 0.048m³/s，汉江黄金峡断面最枯月均流量为 54.1m³/s，是废水事故排放量的 1127 倍，事故工况下混凝土拌和冲洗、机械停放场、综合加工厂废水排放不会对汉江水质造成明显影响，水质污染风险较小，见图 4-5。

黄金峡坝址下游右岸史家梁砂石料加工系统最大排水量为 425m³/h (0.12m³/s)，事故排放时将直接排入汉江干流。用河流完全混合模型计算，在砂石料冲洗废水悬浮物浓度为 20 000mg/L 时，下游完全混合段汉江水体悬浮物浓度增量为 70mg/L，汉江黄金峡段最枯月均流量远大于砂石料冲洗废水排水量，因此冲洗废水非正常排放对汉江水体水质影响有限，水质污染风险较小。

(2) 生活污水。事故工况下生活污水未经处理直接排入汉江，主要污染物包括 COD、氨氮等，其浓度分别可达 300mg/L、40mg/L。黄金峡施工区生活污水高峰

图 4-5 大雨造成拌和站沉淀池废水外溢至河道，造成河水浑浊

期排放量为 $173m^3/d$，污染物 COD 为 5.95mg/L，氨氮为 0.26mg/L，对应岸边流速为 0.4m/s。

采用二维稳态混合衰减模式计算。施工区生活污水直排入汉江会使下游江段 500m×20m 范围内 COD、氨氮浓度有所升高，排污口下游 10m 处 COD 增加 0.22mg/L，氨氮增加 0.04mg/L，施工江段水质现状仍满足Ⅱ类水质要求，非正常工况生活污水排放对施工区下游汉江水质影响较小。

2）运行期

选取黄金峡库区的贯溪石梁(库尾)、大石湾(库中)和代阳滩断面(坝前)来预测 2025 年调水前后的高锰酸盐指数、氨氮状况。预测结果可知，在引汉济渭工程实施后，2025 年各断面在丰水年、平水年、枯水年和特枯年，高锰酸盐指数和氨氮浓度总体呈增加的趋势；但不同代表年中，枯水期浓度变幅最大，丰水期浓度变幅最小。此外，各水平年预测结果均不改变该河段水体现状的水质类别，符合《陕西省水功能区划》中该河段Ⅱ类水质目标要求。因此，工程运行对黄金峡库区河段总体水质影响不大。

3）黄金峡水库坝下影响区

一方面，为反映黄金峡水库坝下影响区不同的规划水平年水质变化情况，对黄金峡坝下—白河断面进行总体水质预测；另一方面，为反映调水对石泉县城取水口(黄金峡水库坝下第一个集中式取水口，距黄金峡坝址 51km)水质的影响，对石泉断面进行水质预测。预测结果表明，2025 年黄金峡坝下—白河区间断面、石泉断面在丰水年、平水年、枯水年和特枯年，高锰酸盐指数和氨氮浓度调水后呈增加的趋势，且不同代表年中，枯水期浓度变幅最大，丰水期浓度变幅最小。总体上，各水平年预测结果表明，该工程均不改变该河段水体现状水质类别，符合《陕西省水功能区划》中该河段Ⅱ类水质目标要求。工程运行对黄金峡库区下游河段总体水质影响不大。

2. 三河口水库

1）施工建设期

（1）生产废水。三河口枢纽下游右岸施工区集中了机械停放场、综合加工厂、办公生活区等，左岸为混凝土拌和系统。这两处生产区废水排放量为 114m^3/d、48m^3/d，主要污染物为悬浮物和石油类。按照 1h 事故排放时间计算，非正常工况下这两处施工区生产废水的排放量为 0.04m^3/s。子午河三河口断面最枯月均流量为 4.46m^3/s，径流量是废水事故排放量的 100 倍，因此在事故工况下生产废水排放不会对子午河水质造成明显影响，水质污染风险较小。

三河口枢纽砂石料加工系统布置于大河坝乡八字台，加工系统最大排水量为 680m^3/h（0.18m^3/s），事故排放时将直接排入子午河。砂石料加工系统冲洗排水主要污染物为悬浮物。子午河坝下最枯月均流量为 4.46m^3/s，用河流完全混合模型计算，在砂石料冲洗废水悬浮物浓度为 20 000mg/L 时，下游完全混合段子午河水体悬浮物浓度增量为 768mg/L。砂石料冲洗废水事故排放会造成子午河下游水体悬浮物浓度明显升高，但不会改变现状水质类别。

（2）生活污水。事故工况下生活污水未经处理直接排入子午河，主要污染物浓度 COD300mg/L、氨氮 40mg/L。生活污水高峰期排放量为 240m^3/d， COD 浓度为 5.6mg/L，氨氮为 0.15mg/L，对应岸边流速为 0.4m/s。生活污水直排入子午河与上游来水混合用 S-P 模式计算，预测结果见表 4-8 和表 4-9。

表 4-8 生活污水事故排放对子午河下游 COD 浓度影响分析表

排水口下游距离/m	10	20	50	100	150	200	300	400	500	950
COD 浓度/(mg/L)	6.18	6.17	6.15	6.12	6.09	6.06	6.00	5.93	5.87	5.60

表 4-9 生活污水事故排放对子午河下游氨氮浓度影响分析表

排水口下游距离/m	10	20	50	100	150	200	300	400	500	6500
氨氮浓度/(mg/L)	0.25	0.25	0.25	0.25	0.25	0.25	0.25	0.24	0.24	0.15

三河口水利枢纽坝下河段，受生活污水事故排放影响，排污口下游10m处COD浓度比本底值增加0.58mg/L，氨氮比本底值增加0.1mg/L，排污口下游950m处COD浓度恢复到本底浓度范围，6.5km处氨氮恢复到本底浓度范围。子午河枯水期水量较小，受生活污水事故排放影响较明显，风险性较大。

2）运行期

选取三河口库区小麻阳坝（汶水河库尾）、石墩河乡下二里坝断面（蒲河库尾）和刘家坝断面（坝前），预测 2025 年三河口水库调水前后高锰酸盐指数、氨氮状况。预测结果表明，2025 年各断面在丰水年、平水年、枯水年和特枯年，高锰酸盐指数和氨氮浓度调水后呈增加的趋势，且在不同代表年中，枯水期浓度变幅最大，丰水期浓度变幅最小。预测结果表明，该工程不改变该河段水体现状水质类别，符合《陕西省水功能区划》中该河段Ⅱ类水质目标要求。工程运行对三河口库区河段总体水质影响不大。

3）三河口水库坝下影响区

按平水期和枯水期分别对三河口水库坝下河段的水质进行预测。建库后两河口镇断面、两河口—子午河入河口河段在平水期和枯水期时污染物浓度比天然状况均有所提高，但不会改变河道现状水质类别，符合《陕西省水功能区划》中该河段Ⅱ类水质目标要求。调水对两河口水源地取水水质安全影响不大。

4.1.3　地下水水质污染事故评价

地下水的水质污染多是由于地表水没有受到好的水质保护以及污废水在没有经过水质处理的前提下直接排放，最终通过土壤下渗而造成的。对水源区的地下水质污染事故分析可知，在施工建设期由于施工地集中，使得污废水排放并造成地下水水质污染，运行期的地下水水质污染则是由生活污水和工业废水的排放所导致。

施工建设期，在正常工况下，枢纽工程施工期砂石料冲洗废水、混凝土拌和系统冲洗废水以及含油废水处理达标后回用，不外排；生活污水处理达标后也回用，且生活污水量较小，污水不会进入地下水补给区，因此，此时的工程在施工时，不会对地下水水质产生影响。

但在非正常工况下，生活污水可能不经处理而直接排放，主要污染物氨氮会迁移进入土地粉质黏土淤积层，部分会通过土壤吸附和硝化作用转化成NO_3^-。在下渗水流和弥散作用下，部分未被吸附和降解的氨氮及NO_3^-穿过表土层进一步进入包气带中，在此继续进行吸附作用，同时发生硝化和反硝化作用，形成NO_3^-和NO_2及N_2。除NO_2和N_2可挥发逸入大气外，少量的氨氮和NO_3^-随即进入地下含水层中。

施工期生活污水中氨氮浓度可达40mg/L，而《地下水质量标准》(GB/T 14848—1993)中氨氮Ⅲ类标准值为0.2mg/L。因此，在非正常工况下，位于河漫滩的施工区生活污水若不经处理排放，有可能会发生下渗污染施工江段及地下水的地下水污染事故。

在运行期，三河口水库周围无工业园，主要水质污染多来源于生活污废水，但其对地表水的污染程度较大，地下水水质影响较小，风险性较小。黄金峡库区周围工业污染源形成一个点源污染源，其排放的工业废水浓度大且集中，若不配套建设适当的废水处理系统，将会导致工业废水的排放，最终因下渗对地下水质造成一定的污染，工业污染源的污染风险概率也远远大于生活污水对地下水质的污染。

4.1.4　水库水体富营养化事故分析与评价

由第 3 章的风险因子识别可知，在运行期水库会由于污染负荷增大，水体流动速度缓慢，使水中的氮磷含量过高，再加上夏季温度升高，加快了水库中有机物的分解，这都将导致水体营养物质含量丰富，增加了水体富营养化水质污染事故风险的发生率。最典型的则为黄金峡和三河口两个水利枢纽的水库富营养化的水质污染，下面就这两个水库的水体富营养化风险污染做一个详细的分析及评价。

1. 污染源预测分析

1）模型选择

黄金峡、三河口水库富营养化预测采用狄龙(Dillon)模型：

$$p = \frac{L(1-R)}{Hq} \tag{4-17}$$

式中，L 为入库面积负荷浓度，g/(m^2 · a)；H 为水库平均水深，m；q 为水力冲刷率；R 为滞留系数。

2）计算参数的确定

（1）上游来水浓度的确定。水库上游来流中的各指标分别采用 2011 年、2013 年水质现状监测数据，按丰、枯水期分别取值。入流浓度取值见表 4-10 和表 4-11。

表 4-10　黄金峡水库上游来流各指标浓度取值

断面	水期	高锰酸盐指数/(mg/L)	总磷/(mg/L)	总氮/(mg/L)
黄金峡库区	枯水期	1.7	0.115	—
	丰水期	2.0	0.116	—
金水河	枯水期	1.5	0.077	0.83
	丰水期	1.6	0.133	—
酉水河	枯水期	1.7	0.021	0.85
	丰水期	2.1	0.097	—

表 4-11　三河口水库上游来流各指标浓度取值

断面	水期	高锰酸盐指数/(mg/L)	总磷/(mg/L)	总氮/(mg/L)
库区	枯水期	1.4	0.02	—
	丰水期	1.3	0.047	—

续表

断面	水期	高锰酸盐指数/(mg/L)	总磷/(mg/L)	总氮/(mg/L)
汶水河	枯水期	1.4	0.02	—
	丰水期	1.3	0.045	—
椒溪河	枯水期	1.5	0.034	—
	丰水期	1.3	0.052	—
蒲河	枯水期	1.3	0.033	—
	丰水期	1.4	0.034	—

（2）污染源的确定。按库区耕地面积计算得到库区农田径流污染物流失量，水库库区单位面积耕地产生的农田径流污染统计见表 4-12。据此计算得到黄金峡、三河口水库库周农田径流污染物产生量，统计结果见表 4-13 和表 4-14。

表 4-12　水库库区单位面积耕地产生的农田径流污染统计表

项目	高锰酸盐指数	TP	TN
污染物量/[t/(km^2•a)]	0.73	1.21	0.225

表 4-13　黄金峡库区农田径流污染物统计表

项目	高锰酸盐指数/(t/a)	总磷/(t/a)	总氮/(t/a)
库区	219.07	363.12	67.52
金水河	56.96	94.41	17.56
酉水河	67.91	112.57	20.93

表 4-14　三河口库区农田径流污染物统计表

项目	高锰酸盐指数	总磷/(t/a)	总氮/(t/a)
全库区	292.07	484.12	90.02
汶水河	105.15	174.28	32.41
椒溪河	90.54	150.08	27.91
蒲河	58.41	96.82	18.00

（3）参数的确定。面积负荷总磷（总氮）浓度 L，根据式(4-18)计算：

$$L = Q_{in} P_{in} / A \tag{4-18}$$

式中，Q_{in} 为入流流量，按多年平均流量取值，m^3/s；P_{in} 为输入水库的总磷、总氮浓度，mg/L；A 为水库表面积，m^2。

根据 Dillon 和 Kirchner 的分析，滞留系数 R 与面积负荷 q_s 密切相关，则滞留系数 R 的计算公式如下

$$R = 0.426\exp(-0.27q_s) + 0.574\exp(-0.0094q_s) \tag{4-19}$$

式中，R 为滞留系数；q_s 为面积负荷，$q_s=Q/A$（Q 为年出库水量）；H 为水库平均水深，根据各月水库运行水位，计算对应的水库库容面积曲线后得到；q 为水力冲刷系数，按 $q=Q_{in}/V$ 求解，其中 V 为水库库容。

2. 风险预测结果及评价

1）预测结果

黄金峡库区干、支流水质现状补充监测成果显示，水体中总磷含量较低，均低于检出限。库区支流金水河、酉水河的氮磷比分别为 759∶1 和 999∶1，水库为磷限制状态。

预测可知黄金峡、三河口水库建成后，高锰酸盐指数、总磷、总氮浓度均能达到《地表水环境质量标准》（GB 3838—2002）Ⅱ类水质标准。预测结果见表 4-15 和表 4-16。

表 4-15　黄金峡水库各指标预测结果

断面	水期	高锰酸盐指数/(mg/L)	总磷/(mg/L)	总氮/(mg/L)
库区	枯水期	0.97	0.07	—
	丰水期	1.14	0.07	—
金水河	枯水期	0.85	0.04	0.47
	丰水期	0.91	0.08	—
酉水河	枯水期	0.97	0.01	0.48
	丰水期	1.19	0.06	—

表 4-16　三河口水库各指标预测结果

断面	水期	高锰酸盐指数/(mg/L)	总磷/(mg/L)	总氮/(mg/L)
库区	枯水期	0.050 0	0.000 71	—
	丰水期	0.046 4	0.001 68	—
汶水河	枯水期	0.050 0	0.000 71	—
	丰水期	0.046 4	0.001 61	—
椒溪河	枯水期	0.053 6	0.001 21	—
	丰水期	0.046 4	0.001 86	—
蒲河	枯水期	0.046 4	0.001 18	—
	丰水期	0.050 0	0.001 21	—

2）富营养化评价分析

参照湖泊(水库)营养状态评价标准(表4-17)，黄金峡水库全年总磷、总氮、高锰酸盐指数为中营养状态，入库支流金水河、酉水河丰、枯水期各指标均为中营养状态。三河口水库全库全年总磷、总氮、高锰酸盐指数为贫营养状态，入库支流汶水河、椒溪河以及蒲河各指标均为贫营养状态。

表 4-17　湖泊(水库)营养状态评价标准

营养状态	指数	总磷/(mg/L)(以 P 计)	总氮/(mg/L)(以 N 计)	高锰酸盐指数	透明度/m
贫	10	0.001	0.02	0.15	10
	20	0.004	0.05	0.4	5
中	30	0.01	0.1	1	3
	40	0.025	0.3	2	1.5
	50	0.05	0.5	4	1
富	60	0.1	1	8	0.5
	70	0.2	2	10	0.4
	80	0.6	6	25	0.3
	90	0.9	9	40	0.2
	100	1.3	16	60	0.12

由于黄金峡水库为日调节水库，水体滞留系数较小，水库水交换较为频繁，金水河、酉水河回水区水体流动缓慢，夏季水温较高。因此分析认为，黄金峡水库运行期出现整体富营养化的可能性不大，但由于水体总磷、总氮本底浓度较高，加上水库蓄水初期被淹植物残体氮、磷的释放，在水库蓄水后的3～5年内，水库中死水区、库汊的水体，不排除出现富营养化的可能。支流金水河、酉水河等库区主要河流夏季适宜条件下有发生富营养化风险的可能。

三河口水库为年调节水库，调节性能较强，水库水交换缓慢，尤其是支流及库湾水流流速缓慢。由于水体总磷、总氮本底浓度较低，三河口水库运行期出现整体富营养化的可能性不大，但水库死水区、库汊的水体以及支流(椒溪河、汶水河、蒲河)等库区主要支流在夏季适宜条件下不排除有富营养化的可能。

4.2　输水沿线水环境风险分析与评价

秦岭隧洞全线共布置15个施工区，因此，输水沿线的水质污染事故主要来自于隧洞施工排水以及固废垃圾所造成的水质污染。隧洞施工排水则主要包括地下水涌水、隧洞开挖过程中产生的生产废水；固废垃圾则包括生活垃圾、建筑垃圾、施工废弃物以及工程弃渣。

4.2.1　水质污染事故分析

1. 污废水

1）地下水涌水

根据主体工程设计，隧洞开挖中出现的围岩渗水、洞内生产废水会通过排水沟集中到集水井，集水井每隔 200m 设置一个，然后通过支洞口抽至洞外。图 4-6 表示了隧洞渗水产生的原因，而隧道开挖之所以会产生围岩渗水，是因为改变了周围岩石的径流路径，使水向隧洞汇聚积累，水压力作用在衬砌上，促使材料强度降低，诱发裂缝、渗水等。

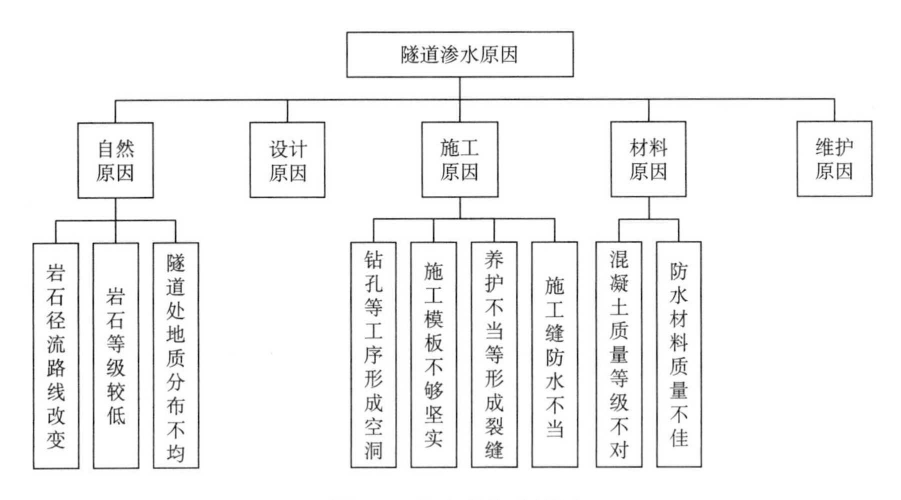

图 4-6　渗水产生的原因

经计算，岭南段隧洞正常涌水量约 41 487.84m^3/d，洞线两侧影响范围为 216～369m；岭北隧洞正常涌水量共计约 31 815.41m^3/d，洞线两侧影响范围为 216～239m。由于涌水属于突发性排水，且瞬时排水量较大，需要将涌水马上排出支洞，因此，不可能进行有效的收集和处理。

2）洞内施工废水

隧洞洞内施工废水是施工机械操作、炸药爆破后隧洞内喷淋除尘等施工过程中产生的，主要污染物为悬浮物、石油类、氨氮、COD 及少量爆炸残留物等。其中，越岭段在施工高峰期时的洞内生产废水量约为 145m^3/d，黄三段约为 96m^3/d。

3）砂石加工废水

黄三段与黄金峡、三河口水利枢纽工程共同使用砂石加工系统，在此不作分析。

越岭段设两处砂石料加工系统，分别为石墩河乡砂石料加工系统和王家河砂石料加工系统，两处砂石加工系统排水量最大分别为680m³/h和510m³/h，砂石料加工系统影响的附近水体为蒲河、王家河。

2. 固体废弃物

固废垃圾主要为生活垃圾和建筑垃圾。其中，黄三段、越岭段施工期日均垃圾产生量分别为0.75t、4.2t，总量分别为1215t、4320t。秦岭隧洞全线共布置15个施工区，生活垃圾排放呈线性分布，具有排放分散的特点。建筑垃圾主要来源于施工工厂、加工厂、仓库、临时施工营地等的拆除、场平、道路铺设和其他施工现场。经计算，黄三段、越岭段隧洞工程施工期建筑拆除垃圾产生量分别为276t、1099t。弃渣主要来源于隧道的建设。

4.2.2 地表水水质污染事故评价

1. 施工废水对地表水的影响评价

秦岭隧洞黄三段布置4个施工区，越岭段布置11个施工区，且施工区均布置于各施工支洞附近。此外，施工区分布有施工营地、综合加工厂、混凝土拌和系统、机械停放场等。总体来说，隧洞工程具有施工区分散、单个工区生产污水量较少的特点。

各工区碱性废水悬浮物浓度较高，pH可达11～12，废水日排放量约16m³；含油废水主要污染物成分为石油类和悬浮物，废水日排放量4～12m³；生活污水主要污染物为COD、BOD_5和氨氮等，废水日排放量19～54m³。表4-18为各施工区排放至附近地表水体的要求。结合该表，各施工区废水排放将有如下影响。

表4-18　秦岭隧洞工程施工区施工废水排放要求

工程项目	施工区	生活污水排水量/(m³/d)	混凝土拌和废水量/(m³/d)	机械冲洗废水量/(m³/d)	综合加工厂废水量/(m³/d)	附近地表水体	排放要求
黄三段	1#施工区	24	16	10	45	汉江一级支沟戴母鸡沟	满足污水综合排放一级标准
	2#施工区	19	16	11	49	子午河一级支沟（东沟，季节性河流）	
	3#施工区	24	16	12	36	马家沟（长年有水，上游为沙坪水库）	回用于绿化、洒水降尘、生产用水等
	4#施工区	19	16	10	45	子午河	

续表

工程项目	施工区	生活污水排水量/(m³/d)	混凝土拌和废水量/(m³/d)	机械冲洗废水量/(m³/d)	综合加工厂废水量/(m³/d)	附近地表水体	排放要求
越岭段	椒溪河支洞工区	54	16	7	75	椒溪河	回用于绿化、洒水降尘、生产用水等
	0#支洞工区	40	16	8	75	蒲河	
	0-1#支洞工区	44	16	10	75		
	1#支洞工区	44	16	7	90		
	2#支洞工区	44	16	6	60		
	3#支洞工区	44	16	5	75		
	4#支洞工区	48	16	7	72	蒲河一级支流麻河	
	5#支洞工区	44	16	8	90	黑河支流王家河	
	6#支洞工区	44	16	7	60		
	7#支洞工区	44	16	7	75		
	出口施工区	41	16	4	56		满足污水综合排放一级标准

1）黄三段

黄三段 1#、2#支洞工区排水去向为附近冲沟，排水量较小，施工废水因沿途蒸发渗漏而实际进入河道的废水量。因此，这两处施工区废水经处理能满足污水综合排放一级标准，对周边环境影响较小。

黄三段 3#、4#支洞工区附近的地表水体为马家沟和子午河。马家沟上游 600m 为沙坪水库，水库现状水质达Ⅱ类水，该河流和子午河均不能作为纳污河流，因此，该施工区生产、生活污水需处理后才能回用于绿化、洒水降尘等。

总的来说，在正常工况下，3#、4#支洞施工区、连接段施工区生产、生活污水全部回用，不会对下游水体造成污染。

2）越岭段

该段路线中，石墩河乡砂石料加工系统和王家河砂石料加工系统的附近水体为蒲河、王家河，均属于禁排河段。其中，砂石料加工废水处理后回用于砂石筛分生产。此外，在越岭段 11 处施工区中，除出口段施工废水经处理能达到污水综合排放一级标准，可排放至附近的黄池沟外，其余各工区附近水体均属于禁排河流。

若施工区施工废水随意排放，则将对排放河流水质产生不利影响，尤其是作为保护区动物饮用水源的王家河、麻河等河流，废水排放不仅影响水质，还会影响河流的生物多样性。

总体上，越岭段施工区施工废水以回用为主。这种处理方式决定了该段施工区基本无水质污染。

2. 固废对地表水的污染影响评价

固体废物主要包括生活垃圾和建筑垃圾。

生活垃圾中有机物含量高，在降解的过程中会产生大量的蝇虫和细菌，若没有经过一定的污水处理设施，随径流或其他条件直接排入附近水体，会污染水体，降低水体水质。

建筑垃圾除大多进行回收利用外，也有部分进行就地处置，如果这些建筑垃圾没有经过妥善处置，而随意丢弃，不但会污染水体，造成水体污染，甚至会阻碍水体的流动，尤其是大型的建筑垃圾。

除此之外，施工企业在生产过程中产生的一定数量废弃物，若露天堆放锈蚀、腐烂后经过地表径流与雨水的冲刷，所产生的污染水体随地表径流进入水体，不仅造成物资财产的损失，也会对周围水体等造成污染，特别是蓄电池应严格禁止露天堆放以避免其腐蚀后造成严重的水体污染。

总体上，秦岭峡谷施工场地有限，临时渣场只能选择建在平坦的河道附近。尽管这是基于将施工给环境带来的损失降到最低程度来进行考量的，但工程石渣若堆放在村子附近的河道边，将不利于汛期安全，也会对当地的水环境带来污染。

根据引汉济渭规划，在陕西南部秦岭山区的陕西佛坪县到周至段，全部采用输水隧洞。由于隧道出渣量巨大，而施工现场为两山夹一水的峡谷地貌，施工废料如何安置是一个值得深入考虑的问题。例如，上述蒲河段施工将弃渣临时堆放在河道附近，其隐患重重。另外，在汉中市佛坪县的大河坝镇，引汉济渭的三河口水利枢纽选在该镇的三河口附近，在该处的环境影响要比其余隧道弃渣更为严重。

曾有报道称，三河口水利枢纽工程施工现场附近的子午河河道沿线几乎成了一个弃渣场，占据了宽百余米的河道近半，不仅造成鲇鱼、鲤鱼等原水生生物基本消失，而且每天几十台挖掘机作业，既对环境影响较大，也对附近居民生产生活造成干扰。

由此可见，固体废弃物若不加以处理，随意丢弃，将会严重污染当地的地表水体环境，甚至造成当地水体生态系统的严重失衡。

4.2.3 地下水水质污染事故评价

1. 施工废水排放对地下水的影响

在已经开始施工的试验洞中采集 9 组水样进行水质分析，对隧洞开挖过程中的隧洞渗水及排水进行水质评价，确定污染因子，各试验洞水质监测见表 4-19 和表 4-20。监测评价结果表明，在 19 项评价因子中，主要超标物有 F^-、NH_4^+、NO_2^-。

表 4-19　支洞地下水水质监测结果

（单位：mg/L）

点号	pH	$NH_4^{\boxtimes}$	总铁	$Cl^{\boxtimes}$	$SO_4^{2\boxtimes}$	$NO_3^{\boxtimes}$	$NO_2^{\boxtimes}$	挥发酚	氰化物	$F^{\boxtimes}$	As	Cr^{6+}	Pb^{2+}	Cd^{2+}	Hg^{2+}	总硬度	溶解性固体	COD	Mn
1 支 001	7.8	0.06	0.08	5.3	50.4	2.5	0.003	0.001	0.000 8	0.6	0.001	0.005	0.001	0.000 5	0.000 05	200.2	230	0.6	0.05
1 支 002	7.8	0.04	0.08	7.1	40.8	2.5	0.016	0.001	0.000 8	1.07	0.001	0.005	0.001	0.000 5	0.000 05	160.1	234	0.6	0.05
1 支 003	7.8	0.06	0.08	5.3	88.9	2.5	0.191	0.001	0.000 8	0.93	0.001	0.005	0.001	0.000 5	0.000 05	190.2	254	0.6	0.05
2 支 001	7.8	0.04	0.08	5.3	48	2.5	0.042	0.001	0.000 8	0.3	0.001	0.005	0.001	0.000 5	0.000 06	205.2	280	1.6	0.05
3 支 001	8.4	0.06	0.08	7.1	156.1	2.5	0.005	0.001	0.000 8	1.78	0.005	0.005	0.001	0.000 5	0.000 05	82.6	286	1.6	0.05
3030	8.4	1.09	0.08	10.6	127.3	3.68	0.059	0.001	0.000 8	2.24	0.003	0.045	0.001	0.000 5	0.000 05	72.6	298	1.6	0.05
6 支 001	7.6	0.03	0.08	7.1	208.9	2.5	0.003	0.001	0.000 8	0.32	0.001	0.005	0.001	0.000 5	0.000 05	255.2	422	0.8	0.05
6 支 002	7.6	0.38	0.08	7.1	213.7	2.46	0.333	0.001	0.000 8	1.99	0.001	0.005	0.001	0.000 5	0.000 05	200.2	408	1	0.05
7 支 001	7.9	1.46	0.08	10.6	64.8	12.14	0.463	0.003	0.011 6	0.69	0.001	0.005	0.022	0.000 5	0.000 05	115.1	222	2.2	0.18
最大值	8.4	1.46	0.08	10.6	213.7	12.14	0.463	0.003	0.011 6	2.24	0.005	0.045	0.022	0.000 5	0.000 06	255.2	422	2.2	0.18
最小值	7.6	0.03	0.08	5.3	40.8	2.46	0.003	0.001	0.000 8	0.3	0.001	0.005	0.001	0.000 5	0.000 05	72.6	222	0.6	0.05

表 4-20　支洞地下水水质评价　(单位：mg/L)

点号	pH	NH_4^+	总铁	Cl^-	SO_4^{2-}	NO_3^-	NO_2^-	挥发酚	氰化物	F^-	As	Cr^{6+}	Pb^{2+}	Cd^{2+}	Hg^{2+}	总硬度	溶解性固体	COD	Mn
1 支 001	0.53	0.3	0.27	0.02	0.20	0.03	0.05	0.5	0.016	0.6	0.02	0.1	0.02	0.05	0.05	0.44	0.23	0.20	0.5
1 支 002	0.53	0.2	0.27	0.03	0.16	0.03	0.24	0.5	0.016	1.07	0.02	0.1	0.02	0.05	0.05	0..36	0.23	0.20	0.5
1 支 003	0.53	0.3	0.27	0.02	0.36	0.03	2.89	0.5	0.016	0.93	0.02	0.1	0.02	0.05	0.05	0.42	0.25	0.20	0.5
2 支 001	0.53	0.2	0.27	0.02	0.19	0.03	0.64	0.5	0.016	0.3	0.02	0.1	0.02	0.05	0.06	0.46	0.28	0.53	0.5
3 支 001	0.93	0.3	0.27	0.03	0.62	0.03	0.08	0.5	0.016	1.78	0.1	0.1	0.02	0.05	0.05	0.18	0.29	0.53	0.5
3030	0.93	5.45	0.27	0.04	0.51	0.04	0.89	0.5	0.016	2.24	0.06	0.9	0.02	0.05	0.05	0.16	0.30	0.53	0.5
6 支 001	0.4	0.15	0.27	0.03	0.84	0.03	0.05	0.5	0.016	0.32	0.02	0.1	0.02	0.05	0.05	0.57	0.42	0.27	0.5
6 支 002	0.4	1.9	0.27	0.03	0.85	0.03	5.05	0.5	0.016	1.99	0.02	0.1	0.02	0.05	0.05	0.44	0.41	0.33	0.5
7 支 001	0.6	7.3	0.27	0.04	0.26	0.14	7.02	1.5	0.232	0.69	0.02	0.1	0.44	0.05	0.05	0.26	0.22	0.73	1.8
最大值	0.93	7.3	0.27	0.04	0.85	0.14	7.02	1.5	0.232	2.24	0.1	0.1	0.44	0.05	0.06	0.57	0.42	0.73	1.8
超标率/%	0	33.3	0	0	0	0	33.3	11.1	0	44.44	0	0	0	0	0	0	0	0	11.1

其中，在所采集的 9 组水样中，F^-超标个数为 4，NH_4^+、NO_2^-超标个数均为 3，NH_4^+、NO_2^-、F^-最大浓度分别为 1.46mg/L、0.463mg/L、2.24mg/L，此类水可划归为Ⅴ类水。另外，只有 1 组水样中 Mn 超标，可划归为Ⅳ类水；其余因子达到Ⅲ类水要求。

正常情况下，评价区地下水大部分时段补给地表水，只有旱季在地势较低部位，地表水补给地下水。当地下水补给地表水时，地表水体的污染就不会对地下水产生影响。

整体而言，对于支洞洞内生产废水，若不进行一定的废水处理而直接排放，将会导致污废水下渗，对当地的地下水环境造成一定的水质污染。

2. 固废堆放对地下水的影响

为减少可能产生的水土流失，主体工程设计将弃渣场与河道整治防护结合起来，利用弃渣堆筑压实后，一方面用作施工生产场地，另一方面造出更大、更平整的复耕地。堆渣前后，对弃渣场采取相应的工程措施，并在堆渣完成后均采取复垦与植被恢复措施。

输水隧洞工程弃渣主要为砂石，根据地质勘探报告，虽然初步分析隧洞弃渣不含有毒有害物质，不存在放射性物质，但随意倾倒会阻碍河(沟)道行洪、交通以及造成地质灾害等，并产生水土流失和扬尘，对堆放地土壤水环境造成污染。

4.3　受水区水环境风险分析与评价

1. 调水后受水区污染源预测分析与评价

1）生活污染源预测

(1) 预测方法。城镇综合污水量及各个污染指标的污染负荷计算公式如下：

$$Q = Q' \times \delta \tag{4-20}$$

式中，Q 为城镇生活污水排放量，万 t/a；Q'为城镇生活用水总量，万 t/a；δ 为城镇生活污水排放系数。

计算各污染指标的污染负荷，需要知道 Q、δ 两个参数的取值。这两个参数值不是恒定的，会随着时间和地区而变化。因此，需要根据相关规范及研究资料选取合适的参数值。

(2) 生活污水排放系数的确定。现状生活污水排放系数的确定主要是资料收集调查，并统计人均生活污水排放量的规范、指南及涉及县市的规划，详见表 4-21。

根据《第一次全国污染源普查城镇生活源产排污系数手册》可知，受水区位于全国五个区域中的第五区。将受水区 5 个重点城市划分为五类城市，则西安市为五区一类城市，宝鸡、咸阳为三类城市，渭南市、杨凌区为五类城市。

各城市下属区县统一按照所述分片进行归类。

表 4-21　人均综合污水排放量统计表格

资料来源	条件	q /[L(人·d)]	备注
《村镇供水工程技术规范》(SL 310—2004)	集中供水点取水，或水龙头入户且无洗涤池和其他卫生条件	40～55	
	水龙头入户，有洗涤池，其他卫生条件较少	50～75	
	全日制供水，有洗涤池和部分卫生条件	75～95	
	全日制供水，室内有给水、排水设施且卫生设施较齐全	95～130	
《室外给水设计规范》(GB 50013—2006)	二区大城市-最高日	120～180	西安市
	二区大城市-平均日	90～140	
	二区中小大城市-最高日	100～160	宝鸡、咸阳、渭南市、杨凌区
	二区大城市-平均日	70～120	
《全国水环境容量核定技术指南》(2003)	城镇居民	64～128	人均用水量 80～160L/(人·d)，排污系数 0.8
	农村居民		
《第一次全国污染源普查城镇生活源产排污系数手册》(2007)	五区一类	125	西安市
	五区三类	110	宝鸡市、咸阳市
	五区五类	95	渭南市、杨凌区

《陕西省渭河流域水污染防治规划》、《陕西省渭河流域综合治理五年规划》的相关规定，以及《室外给水设计规范》和《第一次全国污染源普查城镇生活源产排污系数手册》，分别选取西安市、宝鸡市、咸阳市、渭南市、杨凌区现状年和预测年排污系数值。各城市现状城镇生活污水排放系数 δ 详见表 4-22。

表 4-22　受水区各城市现状城镇生活污水排放系数 δ 统计表

城市	区域	城市类别	排污系数
西安	五区	一类	0.80
宝鸡	五区	三类	0.76
咸阳	五区	三类	0.76
渭南	五区	五类	0.75
杨凌	五区	五类	0.75

国务院印发的《“十二五”节能减排综合性工作方案》(国发[2011]26 号)中提出的 12 个方面、50 条政策措施，“十一五”时期，COD 排放量下降 12.45%，结合关中地区渭河流域严峻的治污形势，确定了排放系数，预测各规划水平年生活污水排放系数，预测结果详见表 4-23。

表 4-23　受水区各城市 2025 年城镇生活污水排放系数 δ 统计表

城市	区域	城市类别	考虑“三先三后”	考虑节能减排	排污系数
西安	五区	一类	0.80	0.81	0.65
宝鸡	五区	三类	0.80	0.75	0.60
咸阳	五区	三类	0.80	0.75	0.60
渭南	五区	五类	0.80	0.69	0.55
杨凌	五区	五类	0.80	0.69	0.55

(3) 城镇生活污水排放量计算。经计算，至规划水平年 2025 年将产生生活污水量约 32 950 万 t/a，预测结果见表 4-24。

表 4-24　各城市规划水年城镇生活污水排放量统计表　(单位：万 t/a)

城市	区域	城市类别	污水来源	2025 年	2030 年
西安	五区	一类	当地	7 120	17 065
			新增	13 969	6 274
宝鸡	五区	三类	当地	4 712	5 213
			新增	0	0
咸阳	五区	三类	当地	1 800	3 530
			新增	2 396	1 103
渭南	五区	五类	当地	270	592
			新增	2 004	1 877
杨凌	五区	五类	当地	142	301
			新增	537	524

2) 工业污染源预测

(1) 预测方法。预测方法同生活污染源。

(2) 工业污水排放系数的确定。西安市属五区一类城市，经济发达，工业废水排放量较大；宝鸡市、咸阳市属五区三类城市，经济总量小于西安市；渭南市、杨凌区属五区五类城市，工业废水排放量最小。根据《陕西省渭河流域水污染防治规划》、《陕西省渭河流域综合治理五年规划》，并结合受水区工业产业特点和《第一次全国污染源普查工业污染源产排污系数手册》，可以确定西安市、宝鸡市、咸阳市、渭南市、杨凌区现状年和预测年排污系数值。各城市现状工业废水排放系数 δ 详见表 4-25，2025 年工业废水排放系数见表 4-26。

表 4-25　各城市现状工业废水排放系数统计表

城市	区域	城市类别	排污系数
西安	五区	一类	0.65
宝鸡	五区	三类	0.66
咸阳	五区	三类	0.66
渭南	五区	五类	0.66
杨凌	五区	五类	0.66

表 4-26　各城市 2025 年工业废水排放系数 δ 统计表

城市	区域	城市类别	考虑“三先三后”	考虑节能减排	考虑中水回用	排污系数
西安	五区	一类	0.80	0.88	0.5	0.35
宝鸡	五区	三类	0.90	0.99	0.4	0.36
咸阳	五区	三类	0.90	0.99	0.4	0.36
渭南	五区	五类	0.94	0.98	0.4	0.37
杨凌	五区	五类	0.94	0.98	0.4	0.37

(3) 工业废水排放量计算。根据拟定的预测水平年城市工业废水排放系数及预测水平年各城市工业用水量，计算 2025 年产生工业废水量约为 47 271 万 t/a，预测结果见表 4-27。

表 4-27　各城市规划水年工业废水排放量统计表　　（单位：万 t/a）

城市	区域	城市类别	污水来源	2025 年
西安	五区	一类	当地	15 073
			新增	9 480
宝鸡	五区	三类	当地	9 069
			新增	0
咸阳	五区	三类	当地	4 117
			新增	3 595
渭南	五区	五类	当地	1 672
			新增	3 419
杨凌	五区	五类	当地	465
			新增	381

3）入河排污量及污染物含量预测

（1）入河系数的确定。污染源废水排出后，在污染物自净、降解和输移沿程蒸发、渗漏等作用影响下，废水中污染物的总量和浓度一般随时间呈递减变化，污染物入河量相对于排放量的减少，可以用污染物的入河系数给予描述。

根据《全国水资源综合规划》中统计的陕西省 2007 年的平均入河系数，类比黄河流域其他区域的入河系数，结合入河系数的特性和变化规律，预测到规划水平年时，西安、宝鸡、咸阳、渭南以及杨凌 5 重点城市均位于渭河干流，平均入河系数废污水及主要污染物 COD 在 0.7～0.9，而周至、长安、户县等县市废污水排入黑河、涝峪河、浥河等渭河支流，所排的废污水及主要污染物 COD 进入支流后经过较长距离才能到达渭河干流，沿途污染物会有降解，因此污染物的实际入河量也会有衰减。根据污染源排放口到控制断面所在河流的入河排污口的距离（L）确定入河系数。当 $20\text{km}<L\leqslant 40\text{km}$ 时，支流入河系数可取 0.45～0.5。

（2）废污水量及主要污染物入河量计算。按照《陕西省“十二五”环境保护规划》关于污染物削减量的相关要求，拟定废水中 COD、氨氮浓度详见表 4-28。

表 4-28　各城市规划水年废污水污染物浓度统计（单位：mg/L）

城市	区域	城市类别	2025 年	
			COD	氨氮
西安	五区	一类	195	20
宝鸡	五区	三类	205	20
咸阳	五区	三类	265	20
渭南	五区	五类	225	25
杨凌	五区	五类	225	25

预测规划水平年 2025 年，受水区废污水入河排放总量为 80 221 万 t/a，其中 COD 含量为 170 309t/a，氨氮含量为 16 548t/a，预测结果见表 4-29。

表 4-29　各城市规划水年城镇生活污水入河量统计表

城市	区域	城市类别	污水来源	2025 年		
				污水排放量/(万 t/a)	污染物含量/(t/a)	
					COD	氨氮
西安	五区	一类	当地	22 193	48 824	4 882
			新增	23 449	39 864	4 221
宝鸡	五区	三类	当地	13 780	38 584	3 032
			新增	0	0	0

续表

城市	区域	城市类别	污水来源	2025 年		
				污水排放量/(万 t/a)	污染物含量/(t/a)	
					COD	氨氮
咸阳	五区	三类	当地	5 917	12 838	1 302
			新增	5 991	11 143	1 078
渭南	五区	五类	当地	1 942	4 856	583
			新增	5 424	10 847	1 085
杨凌	五区	五类	当地	607	1 518	182
			新增	918	1 836	184
当地污染源合计				44 440	106 621	9 981
新增污染源合计				35 781	63 689	6 567
合计				80 221	170 309	16 548

2. 受水区水质污染风险评价

根据预测结果分析，当受水区人口、经济增长以及部分措施处于初运行或试运行阶段时，废污水量比现状情况下增加 2528 万 t/a。可以断言，此时的污染负荷比原本的渭河水体增加。虽然在遵循“三先三后”原则以及满足国务院关于节能减排要求的前提下，至 2025 年受水区污染负荷量比现状增势趋缓，但引汉济渭工程运行所新增的污染负荷，若不采取一定的水质管理等环保措施，也有可能会使得总污染负荷增大，降低水质，对渭河流域水环境造成水环境污染的风险。

4.4　突发性水质污染事故分析与评价

黄金峡水库、三河口水库为引汉济渭工程水源地，库周污水排放发生突发性污染事故、交通事故导致有毒有害物质泄漏等，将对库区水质造成污染，不仅影响供水水质，还将影响库区下游沿岸居民生活用水以及工农业生产的正常进行。

(1) 库周污水排放发生突发性污染事故。根据污染源调查，三河口库周目前建成投产的有 2 家矿山开采企业，分别是洋县钒钛磁铁矿有限责任公司和洋县鹏鑫矿业有限责任公司，均为露天开采，采用磁选工艺选铁。这 2 家企业所选矿的污水均排入尾矿库，沉淀后回用不外排。尾矿库存在垮塌从而导致污水事故排放的风险。

(2) 交通事故导致突发性水污染事故。经分析，可能因交通事故导致突发性水污染事故的风险点主要包括：黄金峡水库金水镇 108 国道 K0+170 跨库大桥，全长 340m；石墩河新址对外交通大桥，横跨蒲河，总长 140m，桥面宽 9m；佛坪县三陈路（佛坪县陈家坝—三河口库周）及跨库大桥，沿蒲河右岸山体蜿蜒向下游三河口方向延伸；宁陕县筒车湾—大河坝，沿汶水河右岸山体蜿蜒向下游三河口方向前延伸；三河口坝址下游 1.2km 处的永久交通桥（长 100m），跨子午河。

新建公路与桥梁的污染事故主要来源于交通事故。车辆事故可能对水体产生污染，其水污染事故主要有以下 3 种类型：车辆发生交通事故，本身携带的汽油（或柴油）和机油泄漏，并排入附近水体；装载着化学品的车辆发生交通事故，化学品发生泄漏，并排入附近水体；在桥面发生交通事故，汽车连车带货物坠入河流。

对库区公路现状车流量、运输货物种类、运输化学危险品车辆占货车比例等各项因素进行综合分析，在上述公路及桥梁营运期，运输化学危险品发生重大交通事故的概率较低。考虑最近几年公路发生危险品事故的概率有所增加，因此复建公路和桥梁在运行期间发生水污染事故的可能性是客观存在的。

(3) 金水镇新址生活污水事故排放风险分析。金水镇属于移民搬迁集镇，根据移民安置规划，建库后，金水镇整体搬迁至金水河对岸的曹湾组，与现有集镇一河之隔。根据《污水综合排放标准》（GB 8978—1996）中关于“GB 3838 中Ⅰ、Ⅱ类水域和Ⅲ类水域中划定的保护区，禁止新建排污口，现有排污口应按水体功能要求，实行污染物总量控制”的相关要求，金水镇新址生活污水禁止排入库区。因此仅对金水镇搬迁后发生事故排放进行风险预测。

通过计算，金水镇新址曹湾组发生事故排放后，其污染带长度约为 60m，宽度约为 10m，金水河左岸岸边局部水域水质变差，因此事故排放，对黄金峡水库库区岸边水域将会产生一定的影响，但对水库总体水质影响不大。预测结果见表 4-30。

表 4-30　金水镇新址排污口事故排放预测结果统计表　（单位：m）

断面	预测工况	建库后	
		COD	氨氮
		不达标	不达标
曹湾组	污染带长度	45	60
	污染带宽度	10	10

综上所述，运行期水环境风险事故发生的风险概率中等，影响程度一般，风险程度较大。

参考文献

陈培帅，季铁军. 2012. 絮凝剂在隧道施工废水处理中的应用研究. 公路交通技术, (2): 22-24.
郭晓冬. 2013. 浅谈大中型水库水质状况及防治对策. 公共管理, (5): 150.

卢锟明. 2012. 引汉济渭输水隧洞(岭北段)地下水环境影响研究. 西安: 长安大学硕士学位论文.
王德利, 张鑫, 王丽娟, 等. 2013. 水利工程建设对环境的影响. 中外企业家, (26): 255-256.
王伟, 钟永华, 雷晓辉, 等. 2012. 引汉济渭工程水源区与受水区丰枯遭遇分析. 南水北调与水力科技, 10(5): 23-26.
汪维琴. 2014. 生态水利工程设计若干问题的探讨. 能源与环境科学, (2): 167-168.
王晓青. 2012. 三峡库区澎溪河(小江)富营养化及水动力水质耦合模型研究. 重庆: 重庆大学博士学位论文.
王新华. 2012. 引汉济渭秦岭输水隧洞越岭段主要工程地质问题. 地下水, 34(2): 160-162.
王振宇, 陈银鲁, 刘国华, 等. 2009. 隧道涌水量预测方法研究. 水利水电技术, 40(7): 41-44 .
杨晓盟. 2013. 引汉济渭工程秦岭隧洞岭北施工废水水质预测于分析评价. 西安: 西安建筑科技大学硕士学位论文.
张永永, 黄强, 蒋瑾, 等. 2011. 陕西省引汉济渭工程受水区水资源优化配置研究. 西安理工大学学报, 27(2): 165-167.
赵文谦. 1995. 水利工程的环境问题与对策. 水环境, 1(17): 34-39.
朱大力, 李秋枫. 2000. 预测隧道涌水量的方法. 工程勘察, (6): 18-22, 32.
祝婕. 2014. 引汉济渭工程输水隧洞施工废水处理工艺研究. 铁道工程学报, (6): 110-112.

第 5 章　引汉济渭工程生态环境风险分析与评价

引汉济渭工程位于秦岭地区，森林覆盖率高，生物多样性丰富。工程建设对森林生态系统的影响主要是工程占地和水库淹没所引起的林地植被破坏，以及因此而影响野生动物的栖息、觅食和避敌。

工程占用林地(主要为永久占用林地和水库淹没)共 1414.12hm^2，其中黄金峡水利枢纽淹没林地 466.33hm^2，枢纽工程永久占用林地 22.05hm^2；三河口水利枢纽淹没林地 895.05hm^2，枢纽工程永久占用林地 23.18hm^2；输水沿线永久占用林地 7.51hm^2。

工程占地对森林生态系统的影响主要体现在减少了森林植被的分布面积和动物的适宜栖息环境上，从而影响森林生态系统功能。另外，施工带来的其他干扰会驱使林地中的动物向远离工区的地区迁移，可能会使动物的分布发生改变。

对此，本章主要就水利工程对生物多样性的影响，对外来物种所带来的风险以及对朱鹮保护区、天华山自然保护区等生态敏感区可能造成的生态环境风险进行分析评价。

5.1　生物多样性影响分析与评价

5.1.1　水源区生物多样性风险分析与评价

1. 对陆生植物的影响

1）施工期

(1) 永久占地对植物资源的影响。黄金峡永久占地 36.42hm^2，此为汉江两岸河滩地、荒地，植被类型以灌丛灌草丛为主；三河口水库永久占地 39.42hm^2，集中在子午河两岸，植被类型以灌木林地和耕地为主。表 5-1 为两水库的永久占地情况。

表 5-1　黄金峡、三河口永久占地

地区	耕地/ hm^2	灌木林地/ hm^2	永久占地/ hm^2
黄金峡	4.13	22.05	36.42
三河口	5.38	23.18	39.42

大黄进场道路植被类型以阔叶林为主，如栓皮栎林、板栗林、香椿林、化香林、山茱萸林等，常见灌丛及灌草丛的种类有山鸡椒、牡荆、白茅、小白酒草等。

黄金峡水库和三河口水库枢纽占地影响的陆生野生植物种类，均为评价区广泛分布类型，工程建设活动对其造成的影响及破坏有限，如施工道路的建设将破坏原生地貌，虽然对植被产生不利影响，但是这种影响主要集中在施工期。

(2) 临时占地对植物资源的影响。黄金峡水利枢纽工程临时占地 114.54hm^2，其中占用灌木林地 65.59hm^2；三河口水利枢纽工程临时占地 99.23hm^2，其中占用灌木林地 51.58hm^2。临时占地资源主要包括弃渣场、料场以及施工道路。

弃渣场。黄金峡水利枢纽戴母鸡沟和党家沟弃渣场布置在河滩地，占地类型为灌木林地。三河口水利枢纽西湾弃渣场和蒲家沟弃渣场同样布置在河滩地，占地类型为灌木林地，弃渣场区常见的阔叶林树种主要是白桦、香椿、青冈，灌丛主要是小果蔷薇、映山红、山胡椒、荚蒾、算盘子、牡荆等。

料场。黄金峡枢纽砂砾料场、土料场均位于汉江两岸河滩地上，植被类型以阔叶林和灌丛灌草丛为主；石料场位于锅滩、郭家沟山梁上，植被类型以阔叶林为主。

三河口枢纽砂砾石料场，位于蒲河、椒溪河及子午河河漫滩，植被类型以较为常见的灌丛灌草丛为主，石料场、土料场的植被类型除常见的灌丛灌草丛外，还有少量针阔混交林。

施工道路。 黄金峡、三河口枢纽工程施工道路主要铺设在灌草地和河滩地，河滩地植物种类为人工栽植的山茱萸、栓皮栎，灌木草本主要种类有小果蔷薇、山鸡椒、紫堇、鬼针草、牡荆、白茅、野艾蒿等。

弃渣场、料场以及施工道路，临时占用部分阔叶林和灌草地，这使得植被的面积和生物量减少。虽然说占地范围内的植被类型均为水源区常见类型，在评价区内分布广泛，且一般情况下不会改变区域植物种类和生物多样性，但若是在施工期间或者施工结束之后，没有进行一定的治理与环境恢复措施，将会导致临时占地的生态环境污染，以及常见分布广的生物的流失，数量减少，从而影响该地区的物种多样性。

总体上，水源区临时占地所涉及的陆生植物资源以天然灌丛和农作物为主，高等乔木较少。其中，高等乔木主要是一些常见的树种，如栓皮栎、马尾松、麻栎等；占用的灌木种类主要有野刺梅、野花椒等；藤本有猕猴桃、南蛇藤等；地被植物则为多豆科、菊科植物。

2）初期蓄水

初期蓄水期间，水位急剧上升，将快速淹没蓄水位下的陆生植被，造成不可逆的生态环境影响。黄金峡、三河口两库正常蓄水位以下，除农田作物外，常见的乔木树种有山茱萸、香椿、核桃、杨树、栓皮栎、板栗等，灌木种类有小果蔷薇、马桑、野山楂、醉鱼草、胡枝子、紫穗槐等，常见草本有白茅、龙须草、狗牙根、芒等。初期蓄水，将会造成其种群数量下降。

3）运行期

工程运行后，黄金峡水库将淹没土地 2583hm^2；三河口水库淹没土地 1688hm^2。两水库淹没线下植被覆盖率均在 50%以上。表 5-2 为两水库的淹没土地情况。

表 5-2　黄金峡、三河口淹没土地

地区	耕地/hm^2	灌木林地/hm^2	其他/hm^2	总淹没土地/hm^2
黄金峡	326.66	466.36	1789.98	2583
三河口	455.59	895.1	337.31	1688

水库淹没所涉及的植物以天然灌丛和农作物为主，高等乔木少，主要是一些常见的树种，如栓皮栎、马尾松、麻栎、漆树、毛栗等；灌木主要是多松花竹、野刺梅、野花椒等；藤本有猕猴桃、南蛇藤等；地被植物多豆科、菊科植物。水源区淹没线下以灌木林地和耕地为主，淹没会减少局部的生物量与生产力。

水库蓄水后直接带来的影响是，该区域植被生境的淹没，生物个体失去生长环境，产生不可逆的生态环境风险。三河口水库属高坝大库，库区小气候的形成，将会使库周植物由低级、简单向高级、复杂的群类方向演替，进一步改变当地的生态平衡系统。引汉济渭工程黄金峡水库、三河口水库的淹没示意图见图 5-1 和图 5-2。

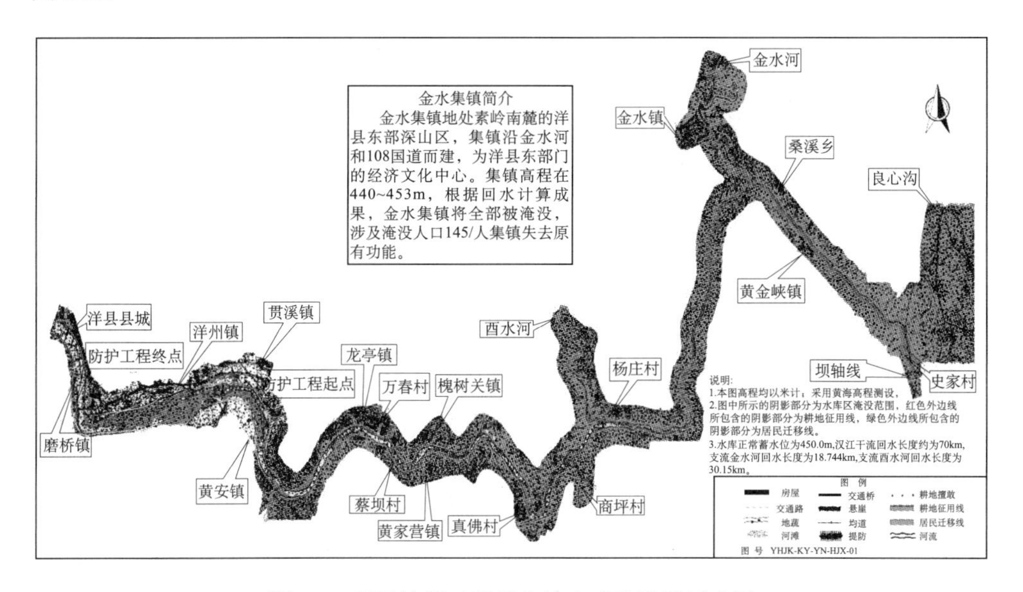

图 5-1　引汉济渭工程黄金峡水库的淹没示意图

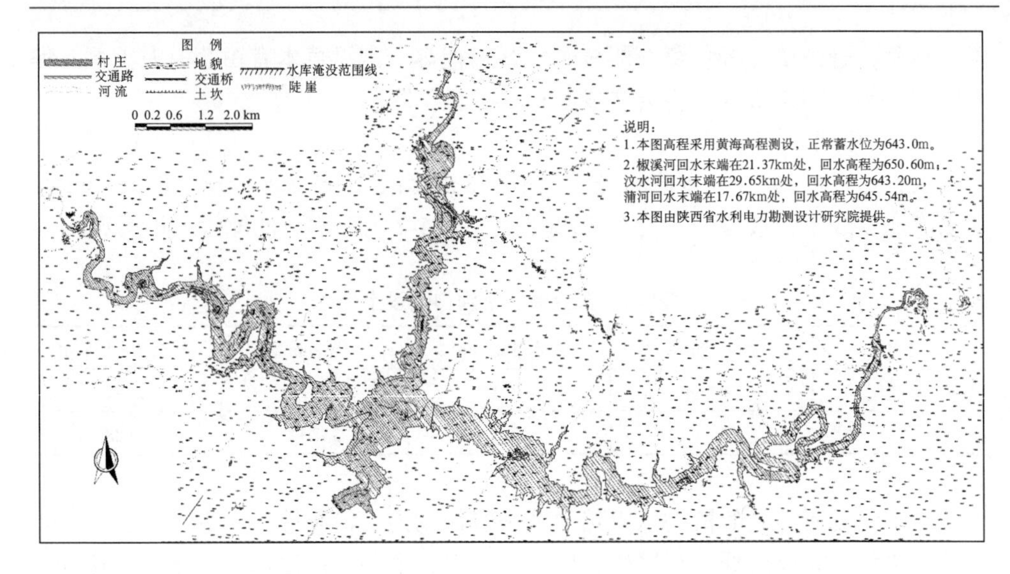

图 5-2　引汉济渭工程三河口水库的淹没示意图

2. 对陆生动物的影响

1）施工期

水源区分布 10 种两栖动物、31 种爬行动物和 230 种鸟类。施工期对陆生动物的影响主要表现在枢纽工程区、弃渣场、采料场、施工道路对动物生境的占用或破坏以及施工噪声的驱赶作用。

(1) 枢纽占地区。黄金峡、三河口枢纽工程区内分布的两栖、爬行类种类会受施工建设的影响，而迁移至非施工区或非淹没区。枢纽占地区的工程建设施工过程中，会由于占用动物生境、人为捕猎和噪声驱赶等对涉禽、陆禽以及一些当地的兽类造成一定的影响，部分当地动物将远离原来的栖息地，对当地的动物多样性造成一定的影响。

施工人员的活动，会吸引一些鼠类，鼠群密度增加成为自然疫源性疾病的传播源，将增加枢纽工程区流行性出血热等疾病发生的概率，这些将在第 7 章的公众健康风险分析中具体进行分析评价。

(2) 弃渣场。黄金峡、三河口枢纽工程弃渣场占地类型为灌木林地，其对陆生动物的影响也主要是临时占地的影响。由于弃渣场占用部分为攀禽、鸣禽以及小型兽类的栖息地，施工噪声亦对动物有一定驱赶作用。使得在弃渣场区域分布的动物不得不外迁，鸟类和兽类种类及数量均相对减少。

(3) 采料场。黄金峡、三河口枢纽工程占地类型为阔叶林和灌木林地，其中砂砾石料场占用的土地类型为河滩地，分布的动物以涉禽居多。砂砾石料开采对该区域动物产生驱逐作用，石料场植被以林地为主，石料的开挖也导致对动物生境的破坏，这些动物包括穴居型动物以及地下生活型的小型兽类、生活于林地内的攀禽等，可能在短期内使得该区域动物转移到其他地区生存栖息，导致陆生动物数量减少。

（4）施工道路。施工道路主要是占用生境和产生噪声。道路沿河道布置，占地主要以灌草地和河滩地为主，即将占用区域内部分两栖、爬行类动物的生境，使动物被迫迁移到附近适宜的生境生活。

2）初期蓄水

水库蓄水期间，将淹没部分耕地和灌草地，对在这些生境中活动频繁的小型兽类有一定影响。黄金峡蓄水期从 5 月开始，蓄水时间约 66 天，三河口水库蓄水期从 1 月开始，蓄水时间约 80 天。

此外，两水库蓄水期间，部分小型兽类存在被淹没的影响，使得小型兽类外迁移到适宜生境中生存。冬季为穴居型兽类越冬期，若三河口水库在冬季蓄水，将会对淹没线下的穴居型兽类产生淹没的风险。

3）运行期

水库蓄水后，水量增加，水面扩大，不仅使两栖爬行类动物的活动范围增加，利于这些动物的栖息和觅食，促进种群的繁衍，而且也有利于游禽、涉禽以及鸣禽中傍水禽鸟类的活动和觅食，特别是黑鹳和朱鹮这些依赖水域生活的国家重点保护涉禽。

此外，虽然水库蓄水后，对兽类的影响是正面的，将给野生兽类的饮水提供更多的区域，但从另一个角度来讲，水库淹没占用了野生兽类的活动区域，活动面积的减少，将影响淹没区野生兽类的种类组成和空间分布。

大黄进场公路由于占用动物生境、产生噪声，会使受影响的爬行类和小型兽类外迁至适宜生境中。

4）对重点保护陆生动物的影响

（1）国家重点保护陆生动物。工程对水源区 63 种国家级重点保护动物的影响方式见表 5-3，由表可知，引汉济渭工程会对水源区周围的两栖类、鸟类以及兽类带来不同程度的影响。

表 5-3　工程建设对国家级保护动物的主要影响方式

类别	中文名	生态型	分布	影响方式	保护级别
鸟类	黑鹳、朱鹮、玉带海雕、白尾海雕、金雕、白肩雕	猛禽	活动范围广	噪声、人为干扰	国家Ⅰ级
两栖	大鲵	流溪型	山区的溪流之中	水质变化	国家Ⅱ级

续表

类别	中文名	生态型	分布	影响方式	保护级别
鸟类	凤头蜂鹰、黑冠鹃隼、黑鸢、凤头鹰、赤腹鹰、雀鹰、松雀鹰、苍鹰、褐耳鹰、大𫛭、普通𫛭、毛脚𫛭、蛇雕、鹰雕、短趾雕、秃鹫、白腹鹞、白尾鹞、猎隼、游隼、燕隼、红脚隼、红隼、阿穆尔隼、灰背隼、红角鸮、领角鸮、雕鸮、黄腿渔鸮、雪鸮、领鸺鹠、斑头鸺鹠、鹰鸮、纵纹腹小鸮、灰林鸮、长耳鸮、短耳鸮	猛禽	活动范围广	噪声、人为干扰	国家Ⅱ级
鸟类	血雉、红腹角雉、勺鸡、白冠长尾雉、红腹锦鸡、红翅绿鸠	陆禽	林地、灌丛	施工占地、淹没、噪声、人为干扰	国家Ⅱ级
鸟类	灰鹤、蓑羽鹤	涉禽	浅滩湿地	淹没、噪声	国家Ⅱ级
兽类	豺、小灵猫、大灵猫、黑熊、小熊猫、斑羚、鬣羚	地面生活型	林地	生境占用、噪声	国家Ⅱ级
兽类	金猫、青鼬	半树栖型	林地	生境占用、噪声	国家Ⅱ级
兽类	猕猴	树栖型	林地	生境占用、噪声	国家Ⅱ级
兽类	水獭	水栖型	河流	水质变化、噪声	国家Ⅱ级

对两栖类的影响。大鲵属于流溪型两栖类，对生态环境的要求很高，栖息于山区的溪流之中，在水质清澈、水流湍急，并要有回流水的洞穴中生活。目前，陕西省野生大鲵主要集中在秦巴山区海拔 900～1200m 的密林山溪河流中。由于黄金峡、三河口施工区在 600m 以下，隧洞施工区主要集中在 900m 以下，工程施工对大鲵生存将会产生影响。此外，大鲵主要分布在汉江支流静水深潭中。黄金峡水库蓄水后，使汉江支流流速减缓，可能影响到大鲵的栖息和觅食。

对鸟类的影响。 黄金峡、三河口枢纽工程施工期会对喜在水域附近活动的涉禽，如灰鹤、蓑羽鹤等产生惊扰，水库蓄水也将淹没一部分河漫滩，占用涉禽的栖息环境，使涉禽的活动范围减少。工程施工对陆禽的影响主要是施工期噪声。施工期间的噪声驱赶作用，使得当地的陆生禽类由于噪声惊扰而离开当地原有的栖息地，外迁至适宜的栖息地，从而有可能影响当地的珍稀禽类的多样性。

对兽类的影响。国家Ⅰ级、Ⅱ级保护兽类主要分布于保护区中，工程对其影响见本章环境敏感区分析评价部分。

（2）省级重点保护陆生动物。引汉济渭水利工程对当地的省重点保护动物的影响分析主要是针对两栖类、爬行类和兽类。两栖类、爬行类主要有宁陕齿突蟾和中国林蛙等陆栖型动物和宁陕小头蛇、王锦蛇、秦岭蝮等灌丛石隙型爬行类动物；鸟类主要有苍鹭、夜鹭、绿头鸭等涉禽等；兽类包括赤狐、狼、狍、小麂、毛冠鹿等地面生活型的保护兽类和貉、猪獾等穴居型动物，果子狸、豹猫等半树栖型动物。

对于这些重点保护陆生动物的影响，总体上都是由于施工建设导致生存环境被占用以及噪声驱赶，最终导致该地的部分省重点保护陆生动物外迁至适宜生境，造成生物多样性降低。

3. 对水生生态的影响

1）施工期

(1) 对浮游生物的影响。枢纽工程基坑开挖、施工导流及大坝建设等产生的废水和泥沙，如不采取措施直接排放，会导致施工河段水体透明度及溶解氧降低，短期内可造成水体富营养化，导致该区域内浮游生物种类发生变化（图 5-3）。

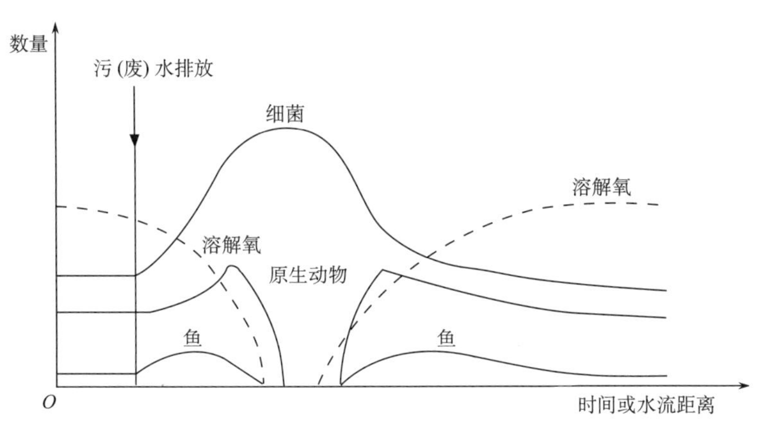

图 5-3　河流污染对水生生物的影响

(2) 对底栖生物的影响。施工期间施工江段底质发生变动，底栖生物原有的栖息地破坏，生境缩小，生物量减少。

(3) 对鱼类资源的影响。施工活动会导致施工江段原有鱼类栖息条件发生改变，对施工河段鱼类生长、觅食、繁殖和迁移会带来不利影响，可能阻碍部分鱼类洄游产卵繁殖，造成产卵场鱼卵的孵化率及幼苗的成活率下降。

2）初期蓄水

(1) 黄金峡水库。黄金峡枢纽开工后第五年 11 月下旬下闸蓄水，蓄至死水位 440m 约 66 天。初期蓄水期间对下游水文情势影响较大，下游减水河段下泄水量明显减少，水域范围随之缩小，直接导致河道鱼类栖息范围缩小。初期蓄水是在 11 月下旬开始，持续 2 个月左右。此时是鱼类的越冬期，上游来水量的减少，下游岸边深水区域减少，导致该区域越冬场规模萎缩，位置向下游石泉水库退缩。

由于上游来水量大幅减少，水流趋于平缓，鱼类饵料生物的分布区域缩小，原有饵料资源的分布种类和数量将会发生较大的改变，从而影响到鱼类摄食。坝下河段流量减少，如水质环境变差，会影响到鱼类生存环境，蓄水初期会导致坝下的鱼类资源量下降。

(2) 三河口水库。三河口水库初期蓄水至水库死水位558m(相应库容0.23亿m^3)，蓄水时间约80天。经计算，在75%保证率条件下，初期蓄水期间，1月三河口坝下游流量减少24.93%；2月减少12.86%；3月减少32.59%，坝下游流量减少明显，初期蓄水期间对下游水文情势影响明显。

大坝初期蓄水在1～3月，可能导致枯水季节水位下降幅度加剧，湿生植物生境面积缩小，鱼类的越冬场及栖息地消失。下游河段水量减少，水体纳污能力降低，鱼类生存的水环境状况变差。初期蓄水期对鱼类的影响较大，渔业资源量也受到较大影响，初期蓄水完成后，经过一段时间适应，在洪水季节将有所改善。

3) 运行期

(1) 黄金峡水库。黄金峡水库在蓄水期间会对水库水体中的浮游生物、两栖动物、水体维管束植物以及鱼类造成不可避免的影响。

甲壳动物(枝角类、桡足类)是水体中较大的动物，喜于分布在水流平缓或静水体、有机营养物较丰富、无机悬浮物低的水体中。轮虫以有机碎屑、细菌和藻类为食，表现为水体有机营养源增加而数量和种类增加的趋势。库区浮游甲壳动物及轮虫的数量和种类将随着藻类的数量变化而变化。

水库蓄水后静水区域增加，坝上坝下水体透明度将增加，特别是6～9月丰水期最明显。根据丹江口水库和三峡水库建库前后的比较，丰水期平均透明度由20cm提升到了100cm，有利于浮游植物的垂直分布和增加光合强度。库区新淹没的陆生植物是水体营养素的重要来源，在一定程度和时间上将提供浮游生物的生长所需。建坝后库区和坝下一定河段浮游植物的种类数量将明显增加，浮游植物种类将从适应流水生活的类群演变成适应静水生活为主的优势类群。

黄金峡水库泥沙以悬移质为主，输沙量年内分配不均匀，主要集中于汛期，因此江段底栖动物数量较少，并且大多属寡污性种类。水库运行期，水位趋向稳定、水体流速减缓，库区底栖动物数量有上升的趋势。河段中需氧量较大的种类，如蜉蝣目、翅目等水生昆虫将显著减少或消失，取而代之是需氧量较低的寡毛类，如水丝蚓等以及一些摇蚊幼虫将成为底栖动物种类的优势种。

水库蓄水后，底栖动物群落结构的变化具体表现在：库区水流减缓，大量有机碎屑逐渐沉积下来，以腐败碎屑作为营养的水栖寡毛类的数量将增加；随着泥沙沉积，水库底质泥化，库区底栖动物的种类会有所增多，螺类、蛭类、双壳类的生物量将会增加，水库底栖动物的多样性将显著提高。

对水生维管束植物的影响。水库蓄水将提高库区水生维管束植物的生物量；回水区近岸水域水质变差，有利于藻类的生长，但不利于水生植物的生长。由于水生维管束植物群落自然发展的速度较慢，在蓄水初期不会有较大数量的增加，但库区水生维管束植物总体呈现数量、生物量及多样性增加的趋势。

对鱼类的影响：

①对鱼类组成的影响。建库后，库区江段水文情势发生较大变化，形成了以静水环境为主的库区环境，将导致鱼类栖息、繁殖条件发生改变，使水体初级生产力提高、饵料生物构成发生变化，这将直接或间接地影响库区江段的鱼类种类组成及其资源量。

由于流速减缓以及饵料条件发生变化，库区江段原来适应于底栖急流、砾石、岩盘底质环境中生活繁衍的鱼类，失去了摄食、生长、繁殖的场所，逐渐移向干流、库尾上游或支流，其在库区的数量将减少，如中华倒刺鲃、多鳞铲颌鱼、齐口裂腹鱼、中华纹胸鮡、黄颡鱼、长吻鮠等鲿科鱼类以及鳅科部分种类等。而适应于缓流或静水环境生活的鱼类如麦穗鱼、鳑鲏类、鲤鱼、鲫、棒花鱼、大银鱼及鳘类等，由于水库能够满足其繁殖条件，其数量将逐渐上升，成为库区的优势种类。

总体上，工程建设对该江段鱼类群落结构影响表现在：库区喜流水性鱼类种群数量会减少；适应于缓流或静水环境生活的鱼类会增多；库区鱼类生物多样性和多样性指数会降低；库区鱼类资源量会上升；随着养殖业的发展，外来物种可能会增加。

②对鱼类洄游和种质交流的影响。汉江上游江段分布的鱼类，多具有干支流短距离洄游习性。工程建设阻隔了这些物种的种群遗传交流，形成的水库环境将有利于鲤、鲫、麦穗鱼、中华鳑鲏等适应静水环境鱼类的数量和比例增加，而不利于原有的这些洄游性鱼类生存。

大坝修建后，汉江陕西段干流被分割为“河流—水库—水库”，原急流生态系统的连续性和完整性被破坏，鱼类上溯产卵的通道被隔断，导致汉江鱼类早期资源量下降。坝体阻隔将原来一个种群分为坝上和坝下两个群体，群体间不能进行双向遗传交流。坝上江段的鱼类，无论是在局部水域内能完成生活史的种类，还是半洄游性鱼类，其种质均将受到影响。种群数量较大的物种，群体间将出现遗传分化，种群数量较少的物种将逐步丧失遗传多样性，有可能危及物种长期生存。

由于石泉水库及下游安康等梯级的兴建，阻断了铜鱼、青鱼、草鱼、鲢、鳙、赤眼鳟、鳜、鳡类的上溯通道，上述鱼类的产卵活动已经受到影响，甚至部分已经消失，黄金峡水利枢纽兴建加剧了阻隔效应，进一步导致鱼类生境片断化，导致这些鱼类的遗传多样性降低。犁头鳅、紫薄鳅、吻鮈、中华纹胸鮡等喜流水性种类将上溯到库区上游。

(2) 三河口水库。与黄金峡水库在蓄水期间所存在的问题一样，三河口水库也会对水库水体中的浮游生物、两栖动物、水体维管束植物以及鱼类造成不可避免的影响。

对浮游生物的影响。工程运行后，库区和坝下一定河段浮游植物的种类数量将显著增加。随着被淹陆生植物分解完成，水库的藻类数量会逐渐降低到一定水平。水库水体浮游植物的数量变化，在较大的程度上依赖周边区域对库区的氮、磷贡献量。枝角类、桡足类、轮虫呈现出数量和种类增加的趋势。

对底栖动物的影响。建库后库区水流减缓，以腐败碎屑作为营养的水栖寡毛类物种的数量将增加；库区底栖动物的种类会有所增多，螺类、蛭类、双壳类的生物量将会增加，底栖动物的多样性将显著提高。

对水生维管束植物的影响。由于水生维管束植物群落自然发展的速度较慢，蓄水初期，库区水生维管束植物不会有较大数量的增加，但库区水生维管束植物总体呈现出数量、生物量及多样性增加的趋势。

对鱼类资源的影响。对鱼类资源的影响来自于目前的鱼类区系不利于繁殖、水库水温分层以及水库实体中气体过于饱和等产生的不利于鱼类繁殖的影响。

①对鱼类区系组成及资源现状的影响。子午河不存在产漂流性鱼类的产卵场，主要是阻隔影响使鱼类交流减少，导致鱼类的遗传多样性降低。运行期，坝上一些喜流水性种类逐渐减少，这些鱼类将被迫上溯到库区上游或支流寻找新的生存环境。库区则将以定居性鱼类类群为主，如鲤、鲫、鲴类、鲌类、鲶类、乌鳢、麦穗鱼以及人工放养的鲢鳙、草鱼等。

②水库水温分层及下泄低温水对鱼类的影响。三河口水库为多年调节型水库。水库运行后在每年 3～11 月，水库垂向出现较大的水温分层梯度，表层水温比天然河道同期水温高，而底层水温则较低。表层水温受气温影响而上升，有助于饵料生物的繁殖，那些适应于库区中上层水域生活的鱼类可能会增加。

支流子午河共有鱼类 32 种。子午河所分布的鱼类在干流均有分布，且为干流种类中喜流水性的鱼类。同黄金峡水库江段，此流域的鱼类组成亦以鲤科鱼类为主，共 18 种，占支流种数的 56.25%，产卵期在 4～7 月。鱼类在长期的进化过程中，水温成为影响它们生命活动周期极为重要的因素。总的来说，鱼类对水温既敏感又有一定的适应幅度。

三河口水库下泄水温平均降温最明显的是 5～9 月，最大降温 3.75℃，水温波动向后推迟了 1 个月左右，其下泄的低温水将影响下游鱼类的生活繁衍。影响的河流长度为三河口坝下到堰坪河入河口(距离约 22km)。因此，需采取环境保护措施予以减缓不利影响。

③气体过饱和对鱼类的影响。三河口水库最大坝高 145m，坝身泄洪采用表孔加底孔泄洪布置。表孔作为主要泄洪措施参与泄洪，共设置了 3 孔，最大泄量

6020m^3/s；底孔除了承担泄洪任务、在施工期参与导流外，同时具有放空水库的作用。三河口水利枢纽设计表孔采用等宽连续挑流坎挑流，底孔采用窄缝消能，泄洪时优先考虑底孔泄洪。

表孔泄洪时，气体过饱和可导致鱼苗“气泡病”，对鱼类的生存繁殖将会带来一定的风险。一般来说，过饱和气体需要经过一定流程逐渐释放才能恢复正常水平，水中气体过饱和含量随流程递减的规律并不十分明显。

4）对保护鱼类和重要鱼类生境的影响

（1）对重点保护鱼类的影响分析。汉江上游分布有贝氏哲罗鲑和秦岭细鳞鲑，为国家Ⅱ级保护鱼类物种。贝氏哲罗鲑仅分布在汉江上游支流湑水河、太白河水系，为我国特有物种，喜栖居于砾石或砂石底质、海拔 1100～1200m 的山间溪流中。秦岭细鳞鲑属冷水性山麓鱼类，生活于秦岭地区海拔 1000～2300m 的山涧溪流中。因此，由于海拔原因，黄金峡、三河口枢纽工程建设不会对其产生影响。

此外，汉江上游陕西段分布有省级保护鱼类 13 种，保护鱼类中齐口裂腹鱼喜栖息在急流卵石、砾石底层，产沉性卵，但其主要分布于牧马河支流，本工程运行对其影响不大。以大眼鳜、鳜、草鱼、鳡、鲢、鳙、赤眼鳟、鳊等为代表性的鱼类都产漂流性卵，卵的发育对水环境有一定要求，工程运行后，大坝的阻隔使这些鱼无法洄游至上游河段产卵繁殖，且水流的减缓及水资源的减少无法达到漂流性卵的发育要求。

在实地调查期间，保护鱼类东方薄鳅、鯮、鳡、中华倒刺鲃等均未被捕获，表明其资源已经严重衰退，且梯级电站的修建会加剧对其影响；而现场捕获的省级保护鱼类鳡、翘嘴鲌及大眼鳜的资源量也已经严重衰退，主要是由于其为产漂流性卵鱼类，建坝蓄水将对其产生较为不利的影响，会造成资源量下降的风险。

（2）对鱼类重要生境的影响分析。对鱼类生境的影响主要是减少了鱼类产卵场的静水区域，以及蓄水初期所引起的索饵场和越冬场的微量减少。

鱼类产卵场。鱼类产卵场可分为漂流性产卵场和黏性产卵场，两者的影响也并不相同。①漂流性卵产卵场。20 世纪 80 年代黄金峡江段是较大的漂流性卵的产卵场。产漂流性卵鱼类，如“四大家鱼”的产卵，需要涨水刺激产卵，且需要一定长度的孵化流程，库区的形成将无法满足产漂流性卵鱼类产卵及漂流孵化的需要。黄金峡距离石泉水库库区只有 60km，产卵场距离库区静水水域距离过短，导致大量早期资源群体的死亡，种群补充量减少，该处产漂流性卵的产卵场消失。目前存在的 6 处漂流性卵产卵场中有 1 处位于汉中三桥下游，黄金峡回水末端距离汉江三桥约 58km，按草鱼、鲢、鳙等孵化时长约 35h 推算，平均流速在 0.2～0.46m/s 时，58km 的流水河段基本可满足产漂流性卵鱼类的孵化。②黏性卵产卵场。工程影响江段共有 4 处产沉黏性卵的鱼类产卵场，其中黄金峡水库及坝下游分布有 3 处，分别位于洋县母猪滩、金水河入汉江口、子午河入汉江口；三河口水库坝下分布有 1 处。

总体上，黄金峡水库对该产卵场所造成的风险较小。但黄金峡库区支流金水河回水长度约 19km，酉水河回水长度约 30km，成库后回水河段将变为静止或缓流状态，将无法达到漂流性鱼类的产卵要求。黄金峡库区水位的升高将直接淹没原有产黏性卵及沉性卵鱼类产卵场，加之库区水位的频繁变动，使得库区边缘较难形成新的产卵场，故库区水位升高后，库区产黏性卵及沉性卵鱼类产卵场被淹没。

索饵场及越冬场。汉江上游索饵场及越冬场主要集中于各库区。子午河入汉江口处的索饵场在黄金峡水库坝下游 6.3km，石泉水库正常蓄水位下回水到达黄金峡坝下，与黄金峡梯级衔接，黄金峡水库运行，对该索饵场影响不明显。黄金峡和三河口两库蓄水后，库区鱼类幼鱼索饵场面积将增大，鱼类的越冬场所将增加。

通过以上的具体分析，受水区的生态环境所存在的主要风险可分两部分：一为工程建设期期间噪声和生境占地的驱逐作用使得当地的动物外迁和植物生境占地所导致的生物多样性降低；二为工程运行期间，主要的风险为鱼类的生境和产卵区的影响，所导致的鱼类数量、质量的下降，最终导致鱼类多样性降低的风险。

4. 水土流失风险分析与评价

1）破坏植被对水土流失的影响

在黄金峡、三河口枢纽工程施工区，原有地貌和植被遭受破坏，土地裸露，土地进一步砾质化，植被减少，通过土石方开挖，使原地貌边坡变陡，改变了原有边坡的稳定性，可能诱发重力侵蚀，导致新增水土流失的出现。

2）弃渣易流失对下游带来的影响

工程施工过程中的土石方临时堆放，主要发生在河道、滩涂，弃渣过程中的松散土石方如不采取必要的防护，可能随河道洪水及坡面地表径流直接冲到下游，主要影响表现为淤积抬高河床，降低防洪标准。

3）扰动河床表层对水土流失的影响

主体工程在汉江滩涂上开挖基础、填筑堤防和护岸、新建排涝工程、开采砂石、临时堆放弃渣，各种施工建设活动松动了滩涂表层岩土，形成了取料大坑，若不采取有效的防护措施，汛期洪水必将造成大量水土流失。

4）对工程施工建设和运行的影响

工程弃土弃渣以及开挖形成的土壤裸露面如不及时进行有效防护，雨季流失的水土将影响施工进度，威胁施工人员安全，影响防护工程安全运行。

5.1.2　输水沿线生物多样性风险分析与评价

1）对陆生植物的影响

隧洞工程占地地区植被多样性较差，生产力较低，乔木为当地常见的树种，以栎类林带为主，灌木为马桑、竹子等，草本植物多以豆科植物和菊科植物为主。隧洞工程占地对植物资源的影响较小。对于整个评价区，永久占地不会改变区域植被种类和区系组成。临时占地可通过植被恢复与绿化得到一定恢复。

表 5-4 为输水沿线占地情况。

表 5-4　输水沿线占地情况

输水沿线名称	永久占地/hm^2		临时占地/hm^2	
	占用灌木林地	总占地	占用灌木林地	总占地
黄三段	1.54	1.68	38.97	42.05
越岭段	5.98	36.43	13.3	92.23

2）对陆生动物的影响

（1）两栖和爬行动物。输水沿线分布的两栖类、爬行类动物分别为 13 种、35 种，其中有 4 种省级保护动物，分别为宁陕齿突蟾、王锦蛇、宁陕小头蛇、秦岭蝮。隧洞施工对两栖动物的影响较小，主要风险来自于施工人员对蛙类和爬行类动物的捕杀。

（2）鸟类。输水沿线的鸟类种数分布较多，有 213 种。工程影响主要是机械噪声及施工人群的活动，对陆禽、攀禽和鸣禽鸟类的驱赶作用较大，使其原分布区在施工期间有所减少。

（3）兽类。输水沿线分布的兽类有 70 种，受影响的主要是喜在地下生活的种类，如中华鼢鼠、长吻鼹、麝鼹和鼩鼹等，支洞开挖会对这些种类造成伤害。受施工噪声影响，野生兽类会被驱赶到其他地方，从而影响其分布格局。秦岭主隧洞越岭段最大埋深为 2000m，黄三段最大埋深为 574m，主隧洞施工对动物基本没有影响。

至于隧洞工程料、渣场，其大部分修建在河流附近，且主要占用的是河滩地，对陆生动物的影响不大，但会减少水禽的活动范围，从而影响其分布格局。

总体上，同水源区相似，输水沿线对于生态环境所造成的生物多样性风险也主要是施工阶段所造成的噪声驱逐和生境占地作用所导致的生物外迁，物种多样性降低。由于输水沿线大多都是管道布置，所以并不会对水生生态多样性造成影响。越岭段 4#、5#、7#支洞洞口工区位于各自然保护区实验区，对保护区动物的影响见本章环境敏感区影响专题评价。

3）对重点保护植物和古树名木的影响

根据实地考察，在各支洞口附近未发现国家和省级重点保护植物。评价区共有 11 种古树，共 23 株。这 23 株古树均分布于周至县且距离施工区 3km 以外，因此，工程施工对这 23 株古树名木均没有影响。

4）水土流失影响预测

(1) 扰动原地貌、损坏土地和植被面积。若将工程建设过程中的永久和临时用地全部计入损坏原地貌植被的面积，黄三段损坏植被面积为 45.38hm^2，越岭段为 141.17hm^2。

(2) 损坏水土保持设施面积。黄三段中损坏水土保持设施的面积为 40.65hm^2，越岭段为 127.75hm^2。

(3) 弃土、弃石、弃渣量预测。根据工程建设期土石方平衡分析，黄三段工程开挖土石方总量 109.67 万 m^3，回填土石方总量 11.68 万 m^3，弃渣总量 97.99 万 m^3；越岭段工程开挖土石方总量 550.60 万 m^3，回填土石方总量 24.30 万 m^3，弃渣总量 526.30 万 m^3。

(4) 水土流失量预测。在不采取任何防治措施的情况下，黄三段地表可能产生的水土流失总量为 24 376.80t；越岭段可能产生的水土流失总量为 100 195.09t。黄三段、越岭段项目区水土流失预测详见表 5-5 和表 5-6。

表 5-5　秦岭隧洞黄三段项目区水土流失量预测表

项目	预测时段	预测流失总量/t	背景流失量/t	新增流失量/t
扰动地表流失量	施工准备期	575.38	40.03	535.36
	工程建设期	14 668.31	1 021.71	13 646.60
	自然恢复期	3 552.60	492.05	3 060.55
小计		18 796.29	1 553.79	17 242.50
弃渣流失量	施工准备期	0	0	0
	工程建设期	4 533.51	276.54	4 256.97
	自然恢复期	1 047.00	127.73	919.27
合计		5 580.51	404.28	5 176.23
总计		24 376.80	1 958.07	22 418.73

表 5-6　秦岭隧洞越岭段项目区水土流失量预测表

项目	预测时段	预测流失总量/t	背景流失量/t	新增流失量/t
扰动地表流失量	施工准备期	1 325.05	123.11	1 201.94
	工程建设期	37 065.00	3 705.54	33 359.46
	自然恢复期	6 637.20	1 326.38	5 310.82
小　计		45 027.25	5 155.03	39 872.21

续表

项目	预测时段	预测流失总量/t	背景流失量/t	新增流失量/t
弃渣流失量	施工准备期	0	0	0
	工程建设期	47 589.84	4 912.70	42 677.14
	自然恢复期	7 578.00	1 564.55	6 013.45
合计		55 167.84	6 477.25	48 690.59
总计		100 195.09	11 632.29	88 562.80

(5) 可能造成的水土流失风险。在工程施工区，原有地貌和植被遭受破坏，土地裸露，土地进一步砾质化，造成植被减少，通过土石方开挖，使原地貌边坡变陡，改变了原有边坡的稳定性，可能会诱发重力侵蚀，导致新增水土流失。

弃渣过程中的松散土石方如果不采取必要的防护，可能随河道洪水及坡面地表径流直接冲到下游，将会造成淤积，抬高河床，对防洪造成一定的风险。

5.1.3　受水区生物多样性风险分析与评价

1) 对生态系统的影响

引汉济渭工程建设任务是向渭河沿岸重要城市、县城、工业园区供水，逐步退还挤占的农业与生态用水，缓解城市与农业、生态用水矛盾。工程实施将改善受水区关中平原地区的生态环境，遏制水资源开发利用过渡引起的关中地区生态环境进一步恶化趋势。

由于水量增加，有利于受水区植被的生长，这主要体现在对农业植被的有利影响，而对森林生态系统的影响则不明显。在工程建设之后，受水区内的农田灌溉用水有了保障，农业植被生长环境得到改善，农产品产量有所增加。由于农田面积不会出现大幅增加，受水区生态功能不会发生变化。总体上，本工程对受水区的水生态环境的影响主要表现在以下几个方面。

(1) 输水沿线渗漏水和河道内水量补充对关中部分地区水生态环境的影响。一方面，一部分输水沿线的渗漏水直接补给了河道生态水量；另一方面，引汉济渭调水工程的实施也增加渭河流域水量，部分可补充渭河河道内水量。这些都将有利于关中部分地区水生态环境的改善。

(2) 城市生态供水对关中地区城市生态环境的影响。引汉济渭工程将增加关中地区城市的供水量。这些城市供水量包括一部分城市生态用水。城市生态用水量的增加，有利于改善关中地区的城市生态状况。

(3) 河道外水量的增加对渭河流域水生态环境的影响。引汉济渭工程实施后，将退还挤占的河道外生态环境需水量。河道外生态环境需水量包括城镇生态环境

(城市绿化及环境卫生用水、河湖补水)、防护林草等。在进行水资源联合配置中，当地水源工程的开发均以留足河道最小生态流量为前提，从而置换出现状供水量中挤占生态用水的份额。工程实施后退还挤占生态水 1.01 亿 m^3，在一定程度上抑制了渭河流域水生态环境的恶化。

(4) 水量增加对关中地区农业生态的影响。引汉济渭工程可以在解决缺水问题的同时，通过置换出超采地下水和超用的生态水量，有效增加渭河流域的生态水量，可在一定程度上遏制渭河水生态恶化并减轻黄河水环境压力，改善农业生态环境。

2) 对受水区鱼类资源的影响

(1) 对保护鱼类的影响。渭河流域分布两种鱼类——秦岭细鳞鲑和北方铜鱼。其中，细鳞鲑为冷水性鱼类，在黑河上游海拔 1100m 的山间溪流中有分布，在工程受水区域无分布，且由于黑河金盆水利枢纽工程已于 2002 年建成蓄水，北方铜鱼在黑河亦无分布。因此工程对渭河的保护鱼类资源影响有限。

(2) 外来种可能带来的生态影响。引汉济渭水利工程通过一定的管道运输将汉江的水引到渭河，在这整个水利工程的输水过程中会夹带外来生物的入侵，导致水源区的水生生态系统改变，从而导致其水生生物多样性的改变。

总体来说，受水区的利大于弊，引汉济渭水利工程的建设主旨也是造福渭河沿岸，所以会给渭河沿岸的生态环境带来较大的益处，受水区的建设中也少有大的动工，噪声也较少，不会对沿岸的生态造成大的影响。主要的风险仅为外来物种所带来的环境生态风险。外来物种所带来的环境风险在 5.3 小节中将进行具体的分析。

5.2　生态敏感区影响分析与评价

由风险识别可知，引汉济渭工程对环境敏感区所造成的生物多样性风险主要是影响水生生物多样性。建设期所造成的植物多样性影响和动物多样性影响所造成的可恢复影响多会随着施工的结束逐渐恢复，虽然施工会造成少量的不可逆的环境生态影响，但不会影响当地的植物多样性和动物多样性。具体的水生生物多样性风险主要从四个生态保护区分别进行分析与评价。

1. 对朱鹮保护区的水生生物多样性影响

在陕西汉中朱鹮国家级自然保护区，工程建设主要涉及黄金峡水利枢纽工程的尾库以及汉江防洪工程。工程建设对保护区造成危险影响的作用方式主要有河道淹没和堤岸修筑。

施工期间，施工机械机修以及工作时的油污“泡、冒、滴、漏”产生的含油污水等的排放，若不进行收集和处理，加之邻近水体的工程作业场，施工材料堆放在附近，若保管不善或受暴雨冲刷，也将会进入水体。还有施工期间的废水排放，这些都将会对水质造成一定的污染，引起浮游生物种类的组成和优势度的变化，也会对水体中生活的底栖动物造成一定的影响，防护工程施工时，堤基开挖扰动或造成部分底栖动物生物量的下降。

工程的建设，毁坏了部分陆生植物的栖息地，使依赖于这些生存的陆生植物生物资源发生了改变。该工程还阻隔了洄游性鱼类的洄游渠道，影响了物种的交流，改变了水库库区及水库下游江段、水生动植物物种及其栖息环境等。水库削弱了洪峰，调节了水温，降低了库区及下游河水的稀释作用，使得浮游生物数量大大增加，微型无脊椎动物的分布特征和数量(数量一般指种类)显著改变。在库区，由于大量鹅卵石和砂石被大坝拦截，使得河床底部的无脊椎动物、昆虫、软体动物和贝壳类动物等失去了栖息环境。在水库下游，由于浅滩砾石之间存在着大量的生藻类保留的大量营养源，使得生活在砾石间隙的底栖动物有较多食物来源和隐蔽场所。因此，该河段底栖动物数量将维持稳定，并有上升的趋势，适应冷水性生活的种类将增加。与此同时，大坝的拦洪作用增强，使得大坝下游段的生态因子趋于稳定，水生植物分布面积增大，生物量增大，但物种丰富度下降，从而导致生物多样性的降低，甚至影响朱鹮的觅食，从而导致朱鹮数量下降，存活率降低。

2. 对天华山自然保护区的水生生物多样性影响

工程建设在陕西天华山国家级自然保护区内，仅涉及秦岭隧洞 4#支洞，井位位于保护区实验区。工程作用的主要方式为工程占地、井位占地、附属工程占地、生活场地、道路及供电线路建设。

4#支洞施工靠近麻河干流河岸，工程沉积物会增大河道的宽深比，引起水生生物栖息环境的改变，从而对水生生物多样性产生一定的影响。

在支洞施工期间，施工机械油污、沉降在路面上的机动车尾气排放物和车辆油类等，随降水地表径流进入水体。若不对这些生活污水、洗车废水及施工机械油污采取污水处理措施，直接排放入河流，将会造成水生生物的生存环境被严重污染，从而影响麻河的水生生物多样性。

施工期间，由于各种原因造成的对河流水质在一定程度上遭到的破坏和污染，也会使得原本适应于栖息在较清洁水体中的底栖生物物种生存环境破坏，造成此类物种的减少。施工噪声，也会对水体中的鱼类产生一定的驱赶作用，使得鱼类数量减少，生物多样性改变。

3. 对周至自然保护区的水生生物多样性影响

工程建设在陕西周至国家级自然保护区内，仅涉及秦岭隧洞 5#支洞，位于保护区实验区。工程作用的主要方式为工程占地、井位占地、附属工程占地、生活场地、道路及供电线路建设。

在支洞施工期间，同天华山自然保护区，需处理工程期间各类污废水。若不然，将造成王家河的水生生物的生存环境严重污染，生物多样性遭到破坏。

4. 对周至黑河自然保护区的水生生物多样性影响

工程建设在陕西周至国家级自然保护区内，仅涉及秦岭隧洞 7#支洞，位于保护区实验区。工程作用的主要方式为工程占地、井位占地、附属工程占地、生活场地、道路及供电线路建设。

7#支洞施工靠近黑河河岸，工程沉积物会增大河道的宽深比，引起水生生物栖息环境的改变，从而对水生生物多样性产生一定的影响。

支洞施工面坡度较大，为 20°～40°，支洞出渣易滑落至黑河水体中，且在雨季施工区土壤侵蚀强度增大，将会污染黑河水质，影响水生生物的生存环境。

在支洞施工期间，同天华山自然保护区，需处理工程期间各类废水、污水，以免对水生生物生存环境造成污染，从而对黑河的水生生物多样性造成负面影响。

施工期间由于各种原因所造成的对河流水质在一定程度上的破坏和污染，会使得原本适应于栖息在较清洁水体中的底栖生物物种生存环境破坏，造成此类物种的减少。

施工期间由于废水排放和交通运输系统所产生的一系列的尾气污染、油污污染等，若不采取一些预防以及处理措施，将会导致工程所涉及的四个天然保护区的水生生物多样性降低，水体中生物丰富度降低，影响当地生态环境。

5.3 外来物种风险分析与评价

外来物种风险主要存在于两方面：一种是在建设期，施工过程中由于施工材料的运输，或者外来物种的觅食等带进来的外来物种；另一种则是运行期水源区的水运输到受水区所带来的外来物种。

1. 建设期

工程施工过程中，工程建筑材料及其车辆的进入、水保方案中的植树造林等，可能使外来物种进入该区域。

在实际勘察过程中，评价范围内未发现外来物种，但在施工过程中应注意外来物种的监测，防止其入侵。外来物种能通过竞争、捕食、改变生境和传播疾病等方式对本地生物产生威胁，影响原植物群落的自然演替，降低区域的生物多样性。

2. 运行期

相对而言，秦岭南北的气候有一定的差异，所以汉江的水质，也会与渭河的水质有所差异，水体中的生物也会有所差异。虽然在项目建设中设有拦鱼的措施，但无法做到百密而无一疏，而且水体中的水生植物也会随着水体流入渭河，现在还无法对其影响进行彻底的定位，但如果没有相对应的天敌，而肆意泛滥，就会产生一定的水质污染。

外来物种也称为非本地的(non-native)、非土著的(non-indigenous)、外国的(foreign)或外地的(exotic)物种。研究表明(图 5-4)，仅次于生境的丧失，外来种的生物入侵已成为导致物种濒危和灭绝的第二大原因。

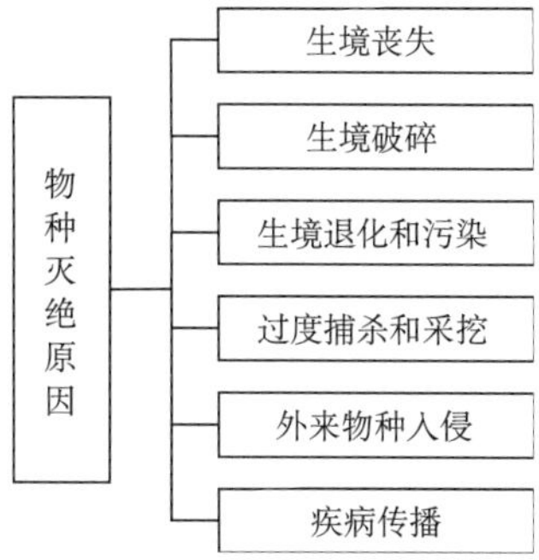

物种灭绝原因
生境丧失
生境破碎
生境退化和污染
过度捕杀和采挖
外来物种入侵
疾病传播

图 5-4　物种濒危、灭绝原因

受水区由于接纳其他流域的来水，可能会带入水源区一些外来物种。本工程水源区主要的外来物种为水生植物喜旱莲子草，其他浮游动植物、底栖生物或鱼类并未发现外来物种。喜旱莲子草在汉江和渭河均有分布，草籽通过水源区输水线路可能流入受水区，增加受水区喜旱莲子草的分布和资源量。

水源区是否还存在其他水生外来物种还需要进一步研究。若受水区存在外来藻类或鱼类，由于黄金峡水库和三河口水库均设有拦鱼设施，且秦岭隧洞长达 98.299km，将有效阻止外来鱼类进入秦岭隧洞输入黄池沟内。即使部分外来藻类通过秦岭隧洞存活下来，通过受水区有压供水管网，氧气供给不足，成活的概率很小。

虽然说这种外来物种入侵的可能性微乎其微，但若忽视它的影响，没有一定的防范措施，或许某外来物种将会随着时间大量繁殖，最终导致水体污染。

参 考 文 献

曹永强, 倪广恒, 胡和平. 2005. 水利水电工程建设对生态环境的影响分析. 人民黄河, 27(1): 56-58.

陈刚, 戴凤霞, 王永跃. 2006. 浅议水利工程建设期的环境保护措施. 水利科技与经济, 12(3): 192.

重庆市环保局建设项目环境管理处. 2004. 西部开发工程建设的主要环境问题及对策. http://wanfangdata.com.cn[2007-3-19].

董方勇. 1997. 南水北调东线工程对长江口渔业环境资源的影响. 长江流域资源与环境, 6(2): 168-172.

江和侦, 周孝德, 李洋. 2007. 水利工程建设项目的风险分析. 水利科技与经济, 13(2): 96-98.

李蓉, 郑垂勇, 马骏, 等. 2009. 水利工程建设对生态环境的影响综述. 水利经济, 27(2): 13-15.

权全, 李智录, 席思贤. 2004. 引汉济渭工程周边生态环境及其可持续性发展研究. 西北水力发电, 20(2): 28-30.

王德利, 张鑫, 王丽娟, 等. 2013. 水利工程建设对环境的影响. 中外企业家, (26): 255-256.

吴泽斌. 2005. 水利工程生态环境影响评价研究. 武汉: 武汉大学硕士学位论文.

阳大兵. 2012. 水利工程对生态环境影响后评价研究. 咸阳: 西北农林科技大学硕士学位论文.
杨晓盟, 王晓昌, 金鹏康, 等. 2013. 引汉济渭工程秦岭隧洞岭北段施工废水污染物解析. 环境工程, 31: 80-83.
张伟, 龚爱民. 2005. 浅谈水利工程对环境的影响. 河北水利, (9): 47.
赵文谦. 1996. 水利工程的环境问题与对策. 四川水利, 17(1) : 34-39.

第6章　引汉济渭工程环境地质风险分析与评价

引汉济渭水利工程要贯穿秦岭山区、盆地，地区地形复杂，相对高差大(440～2544m)。地貌上横跨秦岭剥蚀中高山及侵蚀、堆积河谷阶地两种地貌单元类型，构造剥蚀山地主要是秦岭山区，侵蚀、堆积河谷阶地有汾渭断陷盆地和洋县盆地。出露地层岩性随地貌而异，地层主要为元古界片麻岩、印支期花岗岩，次为奥陶系、志留系、泥盆系、石炭系灰岩、大理岩及第四系松散堆积物；岩性较为复杂，岩土体工程性质差异较大，地质环境条件复杂、岩相变化大，受秦岭纬向褶皱带的影响，断裂构造众多，岩体节理裂隙发育，工程地质性质差异大，容易存在地质灾害的风险。

对此，本章从引汉济渭工程秦岭隧道建设期涌水突泥风险、围岩失稳风险和岩爆风险等几方面对环境地质风险进行分析与评价。

6.1　涌水突泥风险分析及评价

秦岭隧洞将通过各断层破碎带、大理岩地段，由于构造裂隙水及岩溶水较发育，地下水循环较快，施工中有可能产生突然涌水现象。另外，在通过断层泥砾带、含泥质地层的影响带时也有可能产生突水涌泥现象。目前，在我国各种已建隧洞工程中，80%在其施工中遇到过由地下水带来的危害，因此，涌水突泥是隧洞工程施工中最为常见的地质灾害。

6.1.1　涌水突泥量分析

1. 涌水突泥量分析方法

目前，研究隧道涌水量的一般方法有水理统计法、水平衡法、解析法、比拟法、数值分析法等。这几种方法在原理上虽不尽相同，但各有各自的特点，在不同工程中也具有自己的优势。

1） 水理统计法

基于河流枯水期单位流域集水面积上的径流量，可视为隧道通过地区地下水的单位面积径流量，在此范围之内的地下水都流入隧道内。因此，隧道的总涌水量可以近似地认为等于隧道集水面积乘以枯水期地表水的径流量。

2） 水平衡法

水平衡法是根据水平衡原理，查明隧道施工期水平衡的各收入、支出部分之间的关系进而获得施工段的涌水量。该法能给出任意条件下进入施工地段的总的“可能涌水量”而不能用来计算单独隧道的涌水量。当施工地段地下水的形成条件较简单时，采用水平衡法有良好的效果，如分水岭地段、小型自流盆地等。

值得注意的是，使用该法的关键是如何建立平衡式，即如何准确地测定平衡要素。由于天然水平衡场受到矿坑采动等因素的影响，渗入系数、均衡期、最大涌水量起峰期等参数难以确定，因此这些问题的存在长期妨碍了水平衡法的广泛应用。

3）比拟法

比拟法是指应用类似的隧道水文地质资料来计算，立足于勘探区与借以比拟的施工区条件一致，是一种近似的预测方法。由此，这种方法的预测精度取决于试验段和施工段的相似性，两者越相似则精度越高，反之则越差。该法使用简便，如有较完整的观测资料，就能确定影响涌水量的主要因素，并找出它们之间的函数关系，可获得良好的效果。

通常，比拟法适用于已开工的隧道，是通过导坑开挖之实测涌水量来推算主坑涌水量，或用主坑已开挖地段之实测涌水量来推算未开挖地段之涌水量的方法。此法的关键在于所勘探区地质比较均匀，比拟地段的水文地质条件相似，且涌水量与隧道体积成正比。

4）数值分析法

数值分析法是一种传统的数学分析方法(如差分法、有限元法等)。是根据分割近似原理，将一个反映实际渗流场的光滑连续水头曲面，用一个由若干彼此衔接无缝且不重叠的三角形(有限元法)或方形、矩形(有限差分法)拼凑成的连续但不光滑的水头折面代替，将非线性问题简化为线性问题求解。

数值法是一种具有远大前景的方法，尤其是在近几年发展很快，如黄涛、杨立中使用渗流-应力-温度耦合情况下的水文地质数值法对秦岭隧道涌水量进行了预测验证，所得涌水量为 $1490m^3/d$，与实际 $1482m^3/d$ 涌水量误差仅为0.54%。

综合比较各种涌水量的预测方式，引汉济渭秦岭隧道涌水量的计算采用比拟法。

2. 隧洞涌水量预测

隧道内正常涌水量预测，采用水文地质比拟法，并涉及了以下几个公式：

$$Q = Q'\frac{FS}{F'S'} \tag{6-1}$$

$$F = BL \tag{6-2}$$

$$F' = B'L' \tag{6-3}$$

式中，Q、Q'为新建、已有隧道通过含水体地段的正常涌水量，m^3/d；F、F'为新建、已有隧道通过含水体地段的涌水面积，m^2；S、S'为新建、已有隧道通过含水体中自静止水位计起的水位降深，m；B、B'为新建、已有隧道洞身横断面的周长，m；L、L'为新建、已有隧道通过含水体地段的长度，m。

3. 影响半径预测

隧洞涌水影响宽度预测采用经验公式，即

$$R = 215.5 + 510.5K \tag{6-4}$$

式中，R 为隧道一侧涌水影响宽度；K 为含水体渗透系数。

4. 水文地质参数

涌水量预测采用水文地质比拟法计算。西康高速秦岭特长隧道位于输水隧洞东北约 80km，地形地貌、地质构造、地层岩性、水文地质条件、隧道(洞)埋深都与秦岭输水隧洞较为相似，见表 6-1；经综合考虑，秦岭隧洞正常涌水量用比拟法确定时，采用的参数见表 6-2。

表 6-1　秦岭输水隧洞与西康高速秦岭特长隧道地质条件对比表

项目	西康高速秦岭特长隧道	秦岭输水隧洞深埋段
地形地貌	秦岭主脊两侧，中-高山地貌，最高海拔 2453.9m	秦岭主脊两侧，中-高山地貌，最高海拔 2568m
地层岩性	以下元古界变质岩和后期侵入岩为主	以下元古界变质岩和后期侵入岩为主
地质构造	秦岭造山带中部	秦岭造山带中部
水文地质条件	基岩裂隙水和构造裂隙水	基岩裂隙水和构造裂隙水
隧洞埋深	最深 1600m	最深近 2000m

表 6-2　秦岭输水隧洞涌水量预测比拟法计算参数表

岩性	构造	埋深/m	单位长度涌水量/[m^3/(d · m)]
片麻岩	构造裂隙发育	400～1000	1.500
片麻岩	不发育	400～1000	0.409
片麻岩	构造裂隙发育	＞1000	1.500
片麻岩	不发育	＞1000	0.400
片岩	构造裂隙发育	400～1000	2.000
片岩	不发育	400～1000	0.136
片岩	构造裂隙发育	＞1000	0.517
片岩	不发育	＞1000	0.070
大理岩	构造裂隙发育	400～1000	2.500
大理岩	不发育	400～1000	0.517

续表

岩性	构造	埋深/m	单位长度涌水量/[m^3/(d · m)]
大理岩	构造裂隙发育	＞1000	2.000
大理岩	不发育	＞1000	0.400
闪长岩	构造裂隙发育	400～1000	2.500
闪长岩	不发育	400～1000	0.409
闪长岩	构造裂隙发育	＞1000	1.500
闪长岩	不发育	＞1000	0.070
变粒岩	构造裂隙发育	400～1000	2.000
变粒岩	不发育	400～1000	0.136
变粒岩	构造裂隙发育	＞1000	0.517
变粒岩	不发育	＞1000	0.070
变砂岩	构造裂隙发育	400～1000	2.000
变砂岩	不发育	400～1000	0.136
变砂岩	构造裂隙发育	＞1000	0.517
变砂岩	不发育	＞1000	0.070
千枚岩	构造裂隙发育	400～1000	2.000
千枚岩	不发育	400～1000	0.136
千枚岩	构造裂隙发育	＞1000	0.517
千枚岩	不发育	＞1000	0.070
花岗岩	构造裂隙发育	400～1000	2.500
花岗岩	不发育	400～1000	0.409
花岗岩	构造裂隙发育	＞1000	1.500
花岗岩	不发育	＞1000	0.070
角闪岩	构造裂隙发育	400～1000	2.500
角闪岩	不发育	400～1000	0.409
角闪岩	构造裂隙发育	＞1000	2.000
角闪岩	不发育	＞1000	0.070
断层带	—	—	3.000

5. 比拟法预测结果

经预测，岭南段隧洞正常涌水量约 41 487.849m^3/d，洞线两侧影响范围为 216～369m，断裂带横穿处影响范围为 445～1688m；岭北隧洞正常涌水量共计约 31 815.41m^3/d，洞线两侧影响范围为 216～239m，断裂带横穿处影响范围为 450～1936m。防护涌水量按正常用水量的 30%进行折减。预测结果详见表 6-3。

表 6-3　引汉济渭秦岭输水隧洞涌水量预测评价汇总表

区段名称		水文地质单元	起止桩号	段长/m	埋深/m	天然涌水量/(m^3/d)	防护后涌水量/(m^3/d)	地表径流量/(m^3/d)	天然漏失率/%	工程防护漏失率/%
岭南段	黄三段	杨家沟	K0+000～K1+113	1 113	144	455.22	151.74	2 530.00	17.99	6.00
		良心河	K1+113～K4+111	2 998	233	5 212.30	1 737.43	37 683.00	13.83	4.61
		东沟河	K4+111～K8+700	4 589	253	1 153.75	384.58	57 613.76	2.00	0.67
		滴水崖	K8+700～K9+943	1 243	451	2 956.60	985.53	29 025.00	10.19	3.40
		沙坪	K9+943～K11+925	1 982	265	1 522.80	507.60	47 508.94	3.21	1.07
		余家沟	K11+925～K13+800	1 875	278	2 360.00	786.67	21 887.00	10.78	3.59
		蒲家沟	K13+800～K16+520	2 720	303	1 222.50	407.50	22 016.86	5.55	1.85
	越岭段	浦家沟	K0+000～K1+250	1 250	225	1 620.00	540.00	40 504.12	4.00	1.33
		椒溪河	K1+250～K2+250	1 000	188	1 120.00	373.33	37 729.36	2.97	0.99
		垭子沟	K2+250～K5+375	3 125	125	5 142.50	1 714.17	28 276.47	18.19	6.06
		蒿林湾	K5+375～K8+000	2 625	438	787.50	262.50	60 417.65	1.30	0.43
		金竹沟	K8+000～K10+750	2 750	337.5	1 124.75	374.92	67 300.00	1.67	0.56
		冷水沟	K10+750～K12+205	1 455	350	3 637.50	1 212.50	190 684.29	1.91	0.64
		构园沟	K12+205～K14+175	1 970	300	4 087.50	1 362.50	583 335.29	0.70	0.23
		余家台沟	K14+175～K16+300	2 125	575	3 188.60	1 062.87	60 431.76	5.28	1.76
		三合沟	K16+300～K18+075	1 775	675	2 259.52	753.17	110 847.06	2.04	0.68
		古里沟	K18+075～K20+725	2 650	575	667.79	222.60	851 794.12	0.08	0.03
		大里长沟	K20+725～K22+800	2 075	833	329.83	109.94	66 684.71	0.49	0.16
		九关沟	K22+800～K25+900	3 100	768	762.85	254.28	187 782.35	0.41	0.14
		罗卜峪	K25+900～K29+125	3 225	1 125	891.45	297.15	75 600.00	1.18	0.39
		木河	K29+125～K37+275	8 150	1 075	570.50	190.17	312 681.00	0.18	0.06
		东木河支沟	K37+275～K43+195	5 920	1 528	414.40	138.13	36 251.87	1.14	0.38
	小计			59 715		41 487.85	13 829.28			
岭北段	越岭段	虎豹河	K43+195～K53+640	10 445	1 270	3 744.33	1 248.11	463 421.16	0.81	0.27
		阴沟	K53+640～K55+075	1 435	1 850	717.31	239.10	29 032.50	2.47	0.82
		小王涧	K55+075～K58+375	3 300	1 195	3 877.04	1 292.35	18 797.87	20.62	6.87
		王家河	K58+375～K64+125	5 750	1 187	4 176.50	1 392.17	61 612.54	6.78	2.26
		干沟	K64+125～K66+175	2 050	680	2 232.17	744.06	24 117.38	9.26	3.09
		嶒上	K66+175～K69+425	3 250	1 178	4 431.23	1 477.08	24 897.00	17.80	5.93

续表

区段名称		水文地质单元	起止桩号	段长/m	埋深/m	天然涌水量/(m^3/d)	防护后涌水量/(m^3/d)	地表径流量/(m^3/d)	天然漏失率/%	工程防护漏失率/%
岭北段	越岭段	柳叶河	K69+425～K72+050	2 625	990	1 903.50	634.50	97 231.11	1.96	0.65
		北沟	K72+050～K75+025	2 975	1 055	2 027.69	675.90	10 183.15	19.91	6.64
		大小干峪	K75+025～K77+525	2 500	840	2 324.65	774.88	16 442.55	14.14	4.71
		大小韩峪沟	K77+525～K80+525	3 000	366	4 500.00	1 500.00	46 227.06	9.73	3.24
		黄池沟	K80+525～K81+779	1 254	130	1 881.00	627.00	59 193.19	3.18	1.06
	小计			38 584		31 815.41	10 605.14			
合计				98 299		73 303.26	24 434.42			

6.1.2　秦岭隧道涌水突泥风险分析

从前面已经知道，秦岭隧道涌水突泥量是通过解析法来预测的。

实际中，隧洞沿线共布置有 12 个钻孔(深钻孔 7 个、浅钻孔 5 个)，其所揭露的地下水类型主要为基岩裂隙水，少数为第四系松散岩类孔隙水，个别为碳酸盐岩类岩溶水，有 2 孔为基岩裂隙承压水。一般单孔涌水量为 40～70L/min，最大可达 470L/min。根据钻孔抽压水试验和水位观测资料，除岩溶区和断层破碎带外，岩层一般呈微-弱透水，局部为中等透水。区内南北两侧均分布有大理岩，岭南虽有岩溶泉发育，但总体上岩溶不发育。因大理岩分布多与片麻岩、片岩互层，片麻岩和片岩对岩溶水的渗流有控制作用，且山区地形陡峻，大气降水的入渗系数不大，则对地下水的补给有限。

秦岭隧洞区区内地下水主要活跃于 120～360m 的深度范围内，其他埋深范围或水量较少，或水流处于滞留状态。但不论何时形成的地下水，隧洞突水均为储存于非均质各向异性裂隙含水介质中的静储量，与地表水体无直接水力联系。在此环境下，预测秦岭隧洞施工中将有地下水出露，但出现大段落突然涌水的可能性不大且出水点分布不均，主要分布于断层破碎带及影响带、节理密集带、软弱结构面、岩性接触带、岩脉和岩溶发育地段。虽然如此，但由于断裂破碎带物质组成和岩溶发育程度不均一，特别是当断层中夹有泥砾等软弱夹层时，局部仍可能出现突水涌泥。

以引汉济渭工程秦岭隧道的 1#洞勘探实验洞的工程地质条件为例。隧洞开挖后地下水出水表现形式以渗水、滴水、线状流水为主，个别地段发生突涌水。图 6-1 和图 6-2 为隧洞地下水主要出水点的水量变化规律。

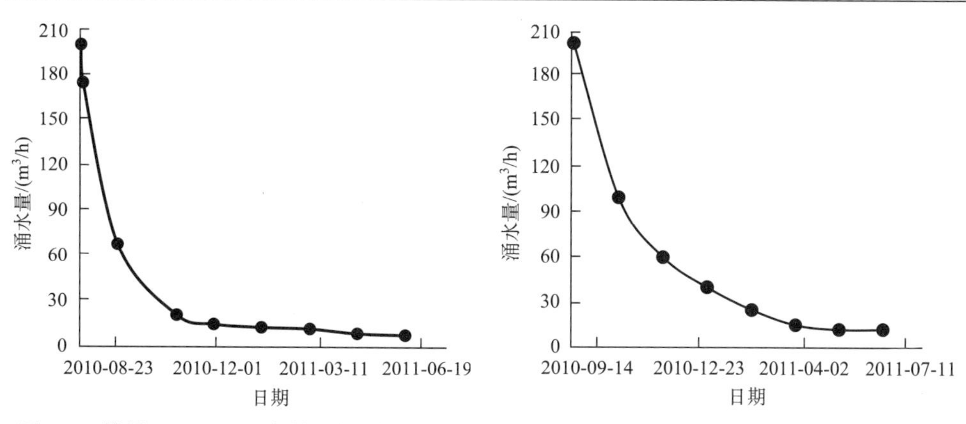

图 6-1　桩号 1+562m 涌水量-时间变化曲线　　图 6-2　桩号 1+623m 涌水量-时间变化曲线

从图 6-1 和图 6-2 可以看出以下几点。

(1) 隧洞地下水水量较丰富，多处初期涌水量大于 100m^3/h。以 1+562m、1+623m 处为例，初期涌水量最大达 200m^3/h。

(2) 疏干持续时间长，一般疏干持续时间在一年以上或更长时间。目前，大部分地段仍在滴水、线状流水及少量涌水，这表明了隧洞大理岩洞段存在较丰富的岩溶裂隙水，但与地表冲沟无直接水力关系。

(3) 洞室开挖后，基岩裂隙水水量随时间延长而逐渐变小。

6.1.3　秦岭隧道涌水突泥风险评价

隧洞通过各断层破碎带、结晶灰岩、大理岩及浅埋河谷地段。由于构造裂隙水及岩溶裂隙带、岩性不整合接触，地下水循环较快，施工中有可能产生突然涌水现象。在通过断层泥砾带、含泥质地层的影响带时也有可能产生突水涌泥现象，具体的突水涌泥如下。

黄三段。地质勘探表明，黄三段隧洞沿线 F_{11}、$F_{11'}$、F_{19} 断层破碎带及影响带附近，施工期可能出现较大的突发涌水突泥。

越岭段。隧洞通过断层及次一级小断层共计 39 条，通过断层破碎带长度 2390m，突然涌水量可能发生在以下部位。

(1) 越岭段起点至 $f_{3\text{-}1}$ 断层(K0+000～K13+225)，其属基岩裂隙水、构造裂隙水，为中等富水段，断层带及蒲河谷底可能产生突然涌水。

(2) $f_{3\text{-}1}$ 断层至古里沟(K13+225～K19+330)，其属岩溶水、基岩裂隙水、构造裂隙水，为强富水段，断层带及大理岩带局部可能产生突然涌水。

(3) 四面沟至冉家梁(K46+130～K54+775)，属基岩裂隙水、构造裂隙水，为弱富水段，断层带可能产生突然涌水。

(4) 北沟至大甘峪沟(K75+345～K77+060)，属岩溶水、基岩裂隙水、构造裂隙水，为强富水段，预测隧洞通过云母石英片岩地段局部可能产生软岩坍塌变形，大理岩带可能产生突然涌水。

隧洞突然涌水多因当天压力骤减，最长的也就在一周内，涌水量迅速衰减。根据已施工勘探试验洞和部分主洞试验段以及前期勘察结果，预测隧洞总涌水量为 1.45m^3/s，所造成的风险较小。

6.2 围岩失稳风险分析与评价

6.2.1 地下洞室围岩稳定分析方法

由于地下工程开挖的岩体特性极其复杂，不仅岩体强度难以确定、岩体所处的地质情况非常复杂，同时岩体内地下水情况极难把握，且岩体所处应力应变状态难以确定，故国内外在地下洞室围岩稳定分析方法上进行了各种不同的探索，也形成了很多特色鲜明的分析方法。总的来说，洞室开挖的围岩稳定分法可以分为以下几个大类。

1. 解析分析法

解析分析法是根据弹性力学理论，对开挖洞室的断面及边界条件都进行适当简化，从而建立简单的弹性力学模型，包括平衡方程、几何方程、物理方程，通过这些状态方程来计算围岩的应力及变形情况的一种方法。但是，由于实际工程问题中洞室断面形状各异，复杂洞室开挖也往往难以简化成平面应力或平面应变问题，故解析分析法目前只能解决洞室形状简单(圆形或方形)、围岩岩性很好(可以简化为各向同性的连续介质)的简单问题。另外，由于浅埋洞室在计算时难以简化边界条件，建立准确的力学模型，目前解析法多用于深埋地下洞室围岩应力与变形的计算分析。

2. 数值分析方法

随着计算机技术的不断进步，如计算机计算速度、三维模拟技术、界面显示效果等不断提高，工程围岩稳定分析中的数值分析方法得到了飞跃性的发展。目前，数值分析方法已有能力解决各类复杂的实际工程问题，包括复杂的边界条件、复杂的洞群交错情况、复杂的岩体介质情况等。

数值方法是将工程岩体通过一定方式划分为一定数量的基本单元，并运用力学及能量理论构建单元刚度矩阵，施加一定的边界条件，求解模型中基本单元及结点的应力及变形情况，从而分析围岩稳定性的一种方法，可分为有限元法、DDA方法(非连续变形分析方法)、离散单元法、有限差分法、边界元法等，其中有限元法是发展最成熟的。

有限元法自 20 世纪 70 年代提出至今，已发展成为目前最普遍运用的一种数值分析方法。该法最常用于地下洞室岩体应力应变分析，不仅可以求解弹性、弹塑性问题，对黏弹塑性等问题也适用。

有限元法的计算结果为围岩的应力、应变、位移的大小和分布，并能够通过应力应变分布规律分析地下洞室结构岩体的破坏机制。但是，有限元法只能通过采用不同的处理方法来模拟岩体中的各种结构面，因为其本质上还是对连续介质进行数值分析，其模拟是否符合实际，主要取决于对前期围岩地质条件及岩体介质物理性质的勘探了解。因此，逐渐出现了许多不同的数值方法来弥补有限元法的缺陷。有限元法之后被提出的边界元法，其单元分布在连续体域的边界上，降低求解的维数，是有限元法的重要补充。

3. 其他方法

除了上述常用的方法外，定性评价方法和模型试验法在一定程度上填补了理论分析的不足。

定性评价方法包括工程地质法和工程类比法。其中，工程地质法是从岩质特性、岩体结构、地下水和岩体应力状态四方面出发，通过对围岩工程地质分类分级，对围岩整体稳定性进行综合分析评价，主要研究陡倾角结构面对高边墙和缓倾角结构面对顶拱围岩稳定性的不利影响。而工程类比法则是根据岩体围岩类别、围岩主要工程地质特征(结构面特征、岩体状态、岩石单轴饱和抗压强度、质量指标和地下水动态情况)、洞室尺寸及规模、类似工程的支护方案形式与参数等进行相似工程综合类比分析，得到工程围岩稳定规律。

模型试验法是指根据相似性原理和量纲分析原理，通过对制作的模型施加与实际工程情况相似的荷载及边界条件，来模拟实际工程岩体的应力应变状态，分析研究地下洞室围岩稳定性。

此外，还有一些新的理论和方法也扩展运用到围岩稳定的研究中。例如，仿真反演分析方法被运用于地下工程的施工过程仿真分析，来研究碎裂块体围岩在支护作用下的力学特性及变形特点。20 世纪 60 年代末期，岩土工程结构设计中成功运用数理统计及概率方法，启发了地下工程工作者寻求可靠度理论来研究地下洞室的各种不确定性及稳定性分析。因此，以模糊数学理论和可靠度理论为依据的不确定性分析方法也在地下洞室围岩稳定性分类中得到广泛应用。

6.2.2　围岩失稳风险评价

秦岭隧道的围岩失稳主要发生在断层破碎带及其影响带、软弱结构面、长大节理和节理密集带地段。断层破碎带物质多由断层泥砾、碎裂岩、角砾岩、糜棱岩等组成，松散、破碎、含水。在软弱结构面、长大节理和节理密集带地段，岩体多呈镶嵌结构，围岩稳定性较差，在人工扰动、地下水、应力重分布等综合作用下，隧洞拱部岩体常会发生滑移和坠落，其坍塌规模一般较小。而在断层带、岩性接触带等受地质构造影响严重地段，岩体多呈镶嵌结构或碎裂结构，富水性强，围岩自稳能力差，易形成规模较大的坍塌。坍塌多发生在拱部，多形成“三角形”或“锅底形”塌腔，少数发生在左右边墙位置，多形成“楔形”塌腔。

秦岭隧洞通过 2 条区域性大断层和 16 条地区性一般性断层，多呈北西西—近东西向在测区连续展布，采用秦岭隧洞时，无法绕避。所以隧洞围岩自稳能力差，施工时容易发生围岩失稳现象，从而对施工人员的安全造成一定的风险。

6.3　岩爆风险分析与评价

6.3.1　岩爆风险分析

1. 地应力与岩爆

大量深钻孔地应力实测资料表明，地应力的大小除与埋深、地质构造有关外，还与岩性密切相关。一般而言，岩石越坚硬完整，越易积聚能量，储藏较高的地应力。岩浆岩由高温高压的岩浆冷凝而成，岩体中地应力较高，最大、最小主应力差也最大。沉积岩为常温常压下的地表松散物经固结成岩作用而成，多为中等或软弱岩石，岩体中的地应力较低，最大、最小主应力差最小。变质岩则介于两者之间，见表 6-4。

表 6-4　秦岭隧洞各类岩体实测最大、最小主应力

岩性	最大主应力/MPa	最小主应力/MPa
大理岩	15.14	9.54
石英片岩	21.70	13.66
千枚岩	20.49	14.14
花岗岩	29.85	13.66

岩爆是在高地应力条件下地下工程开挖过程中，硬脆性围岩由于开挖卸荷导致洞壁应力分异，储存于岩体中的弹性应变能突然释放，而产生的爆裂、松脱、剥落、弹射甚至抛掷现象，是一种动力失稳地质灾害，并伴有不同程度的爆炸、撕裂声(图 6-3)。高应力的产生，一方面来自于原岩应力，另一方面来自于因开挖而产生的应力集中，这取决于工程的地质条件和开挖工艺条件。

岩爆多发生在埋深大于200m的地下洞室中，则对于埋深多大于600m、最深大于2000m的秦岭隧洞，属深埋隧洞，具备产生岩爆的条件。从洞室围岩特性来看，片麻岩、大理岩、花岗岩、闪长岩等均属坚硬脆性介质，从变形特征上讲均为弹性岩体，因此具备储存较高弹性应变能的能力。根据秦岭隧洞已施工勘探试验洞开挖情况分析，岩石产生变形破坏的深度与岩爆等级有一定的对应关系，见表6-5。

图 6-3　岩爆现场图

表 6-5　秦岭隧洞各类岩体发生岩爆的深度

岩性	洞室埋深/m	岩爆等级
大理岩	600～700	中等-强烈岩爆
石英片岩	1100～1500	中等-强烈岩爆
片麻岩	1100～1500	轻微岩爆
花岗岩	900～1000	轻微-中等岩爆
石英岩	900～1000	轻微岩爆

2. 水压致裂法地应力测试优点及其原理

水压致裂法地应力测试是 1987 年国际岩石力学学会试验方法委员会颁布的确定岩石应力建议方法中所推荐的方法之一，是目前国际上能较好地直接进行深孔地应力测试的先进方法。该方法无需知道岩石的力学参数就可获得地层中当前地应力的多种参量，并具有可在任意深度进行连续或重复测试的特点。水压致裂的力学模型可简化为一个平面应变问题，见图 6-4。

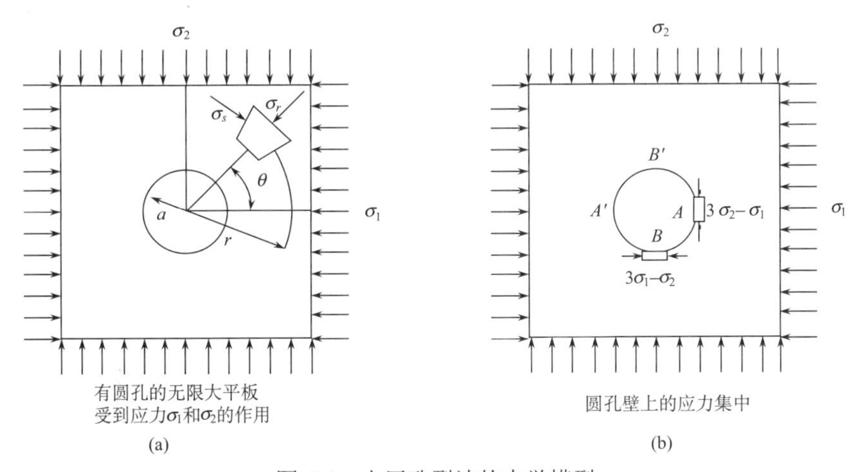

图 6-4　水压致裂法的力学模型

根据弹性力学原理，在作用有两向主应力 σ_1 和 σ_2 的无限大平板内，由一半径为 a 的圆孔上，根据弹性力学分析，圆孔外任何一点 M 处的应力为

$$\sigma_r = \frac{\sigma_1+\sigma_2}{2}\left(1-\frac{a^2}{r^2}\right)+\frac{\sigma_1-\sigma_2}{2}\left(1-\frac{4a^2}{r^2}+\frac{3a^4}{r^4}\right)\cos 2\theta \tag{6-5}$$

$$\sigma_\theta = \frac{\sigma_1+\sigma_2}{2}\left(1+\frac{a^2}{r^2}\right)-\frac{\sigma_1-\sigma_2}{2}\left(1+\frac{3a^4}{r^4}\right)\cos 2\theta \tag{6-6}$$

$$\tau_{r\theta} = \frac{\sigma_1-\sigma_2}{2}\left(1+\frac{2a^2}{r^2}-\frac{3a^4}{r^4}\right)\sin 2\theta \tag{6-7}$$

式中，σ_r 为 M 点的径向应力，N；σ_θ 为切向应力，N；$\tau_{r\theta}$ 为剪切力；r 为 M 点到圆孔中心得距离，m。

当 $r=a$ 时，即为圆孔壁上的应力状态

$$\sigma_r = 0 \tag{6-8}$$

$$\sigma_\theta = (\sigma_1+\sigma_2)-2(\sigma_1-\sigma_2)\cos 2\theta \tag{6-9}$$

$$\tau_{r\theta} = 0 \tag{6-10}$$

由式(6-8)～式(6-10)可得出如图 6-4(b)所示的孔壁 A、B 两点及其对称处(A'、B')的应力集中分别为

$$\sigma_A = \sigma_A' = 3\sigma_2-\sigma_1 \tag{6-11}$$

$$\sigma_B = \sigma_B' = 3\sigma_1-\sigma_2 \tag{6-12}$$

若 $\sigma_1 > \sigma_2$，由于圆孔周边应力的集中效应，则 $\sigma_A < \sigma_B$。因此，在圆孔内施加的液压大于孔壁上岩石所能承受的应力时，将在最小切向应力的位置上，即 A 点及其对称点 A'处产生张破裂，并且破裂将沿着垂直于最小应力的方向扩展。此时把孔壁产生破裂的外加液压 P_b 称为临界破裂压力。临界破裂压力等于孔壁破裂处的应力集中加上岩石的抗张强度 T_{hf}，即

$$P_b = 3\sigma_2-\sigma_1+T_{hf} \tag{6-13}$$

若考虑岩石中所存在的孔隙压力 P_0，式(6-13)将成为

$$P_b = 3\sigma_2-\sigma_1+T_{hf}-P_0 \tag{6-14}$$

在垂直钻孔中测量地应力时，常将最大、最小水平主应力分别写为 σ_H 和 σ_h，即

$$\sigma_1 = \sigma_H \sigma_2 = \sigma_h \tag{6-15}$$

当压裂段的岩石被压裂时，P_b 可用下列公式表示：

$$P_b = 3\sigma_h-\sigma_H+T_{hf}-P_0 \tag{6-16}$$

孔壁破裂后，若继续注液增压，裂缝将向纵深处扩展。如果马上停止注液增

压，并保持压裂回路密闭，裂缝将立刻停止延伸。由于地应力场的作用，裂缝将趋于闭合。通常把刚刚达到裂缝张开时的平衡压力称为瞬时关闭压力 P_s，它等于垂直裂缝面的最小水平主应力，即

$$P_s = \sigma_h \tag{6-17}$$

如果再次对封隔段增压，使裂缝重新张开，即可得到破裂重新张开的压力 P_r。由于此时的岩石已经破裂，抗张强度 T_{hf}=0，这时即可把式(6-16)改写成为

$$P_r = 3\sigma_h - \sigma_H - P_0 \tag{6-18}$$

用式(6-16)减去式(6-18)即可在现场得到岩石的抗张强度

$$T_{hf} = P_b - P_r \tag{6-19}$$

根据式(6-16)～式(6-18)又可得到求取最大水平主应力 σ_H 的公式为

$$\sigma_H = 3P_s - P_r - P_0 \tag{6-20}$$

垂直应力可根据上覆盖岩石的重量来计算：

$$\sigma_v = \rho g d \tag{6-21}$$

式中，ρ 为岩石密度，kg/m^3；g 为重力加速度，m/s^2；d 为深度，m。

以上则为水压致裂法测量地应力的基本原理。

水压致裂法具有以下突出优点。

(1) 测量深度深。

(2) 资料整理时不需要岩石弹性参数参与计算，可以避免因岩石弹性参数取值不准引起的误差。

(3) 岩壁受力范围较广(钻孔承压段长)，可以避免“点”应力状态的局限性和地质条件不均匀性的影响。

(4) 操作简单，测试周期短。

因此，水压致裂法被广泛应用于交通、水利、铁路等行业工程以及地球动力学研究的各个领域。水压致裂法的测试原理是利用一对可以膨胀的橡胶封隔器，在要进行测试的深度先封隔一段一定长度的钻孔，然后再注入液体对这一段钻孔进行施压，根据压裂过程曲线的压力特征值来计算地应力。

6.3.2　秦岭隧道岩爆风险分析及评价

对深埋隧洞而言，其洞室稳定不可避免受到高地应力与岩爆的威胁，秦岭输水隧洞越岭段洞身埋深大，隧洞围岩主要为硬脆岩，同时部分洞段穿越高地应力区，因此具备了发生岩爆的工程地质条件。

秦岭输水隧洞越岭段洞身深孔的地应力中，三项主应力的关系为：$\sigma_H>\sigma_h>\sigma_v$，具有较为明显的水平构造应力的作用，且地应力值较大。根据岩石的极限抗压强度(R_e)与垂直隧洞轴线的最大主应力(σ_{max})之比对岩体初始应力场做出评估，在

SZK-1，孔隧洞埋深部位(约365m)处，R_e/σ_{max}=3.34<4；在 SZK-2，孔隧洞埋深部位(约251m)处，R_e/σ_{max}=3.57<4，均说明存在极高初始应力，有发生岩爆的地应力条件。根据巴顿的切向应力准则，将围岩的切向应力(σ_θ)与岩石的极限抗压强度(R_e)之比作为判断岩爆的判据。在 SZK-1，孔隧洞埋深部位(365m)处，σ_θ/R_e=0.712>0.7；在 SZK-2，孔隧洞埋深部位(约251m)处，σ_θ/R_e=0.719>0.7。从两个孔的计算结果可以看出，在相应的埋深条件下，由于隧洞的开挖，洞室附近产生应力集中，均可能发生岩爆。

类比秦岭铁路特长隧道岩爆段地质条件，可以发现同时具备下列条件的洞段岩爆灾害的可能性较大。

(1) 岩质坚硬，弹性模量大，抗压强度高，新鲜岩石饱和抗压强度均大于60MPa 的脆性岩石。

(2) 所有发生岩爆地段，都是受地质构造影响轻微，断裂构造不发育，节理不发育或较发育，岩体体积节理数 JW 值多为 2～8 条/m^3。岩体完整性系数均大于 0.55，岩体完整或较完整，为Ⅰ、Ⅱ类围岩。

(3) 无地下水活动，岩体干燥，为Ⅰ、Ⅱ类围岩。绝大多数岩爆洞段皆为贫水段，有少数岩爆段属弱富水段，而在富水段落无岩爆。

(4) 绝大多数岩爆发生在埋深大于 500m 的洞段，位于岭脊前后，少数岩爆发生在埋深较浅 50～350m，沿隧洞轴向，洞身段对应地表皆为地形急骤变化的陡坡地段。

从岩爆段隧洞埋深条件分析，秦岭隧洞高地应力区也主要分布在埋深大于500m 的洞段。而在隧洞浅埋段斜坡应力集中带内，也存在局部应力集中，有发生岩爆的可能性。岩爆的等级以中等-轻微为主，局部可能发生强烈岩爆的风险。

根据有关资料以及秦岭地区深钻孔地应力实测资料，分析认为秦岭隧洞区地应力较高，当在坚硬完整、干燥无水的Ⅰ、Ⅱ类围岩地段的花岗岩、闪长岩地层中进行开挖时，由于应力集中，在掌子面或离掌子面一倍左右洞径的地段便有发生岩爆、甚至发生较强烈岩爆的可能。预测隧洞通过岭脊花岗岩、闪长岩地段约20m 范围内岩爆风险在所难免。

6.4　移民安置地质风险分析与评价

由于引汉济渭工程涉及水库移民的人数较多，本着“以人为本，就地安置”的原则，对零散的搬迁户采取就近就地安置，这样导致移民安置点较多，安置点主要选择在汉中市的洋县、佛坪县和安康市的宁陕县，由于移民安置点的选择难度较大，所以往往选取的安置地点存在部分环境影响问题，加之人类活动的频繁对环境破坏越来越大，引发的地质灾害类型和次数也就越来越多。

对移民安置点进行环境评估，发现各个移民安置点均不同程度地存在地质灾害隐患，这些都给安置点的建设带来了不安全的隐患，本节就具有典型的移民安置点的地质灾害风险对移民安置点所带来的危害情况做简要的分析和评价。

引汉济渭工程的移民安置区均在淹没高程以上。迁建集镇和复建公路时建设的场地都需要进行开挖回填，易形成一些高的边坡和松散堆积体，一些居民安置点就建于其中，如果不对其进行必要的防护，将会引起坍塌、山体滑坡以及泥石流等地质灾害。在复建公路时，高程抬高，使得复建公路形成边坡，随着水库蓄水和雨水的冲刷，将可能会发生坍塌和滑坡，这些不仅会造成一定的水土流失，而且会危及当地居民的安全。

引汉济渭移民安置点主要位于秦岭以南中低山区，其中汉中市洋县安置点 10 处、佛坪县安置点 8 处，宁陕县安置点 7 处，移民点发育的地质灾害主要以人类活动引起的滑坡和崩塌为主，此外还发育泥石流等地质灾害(表 6-6)。总体来看，由于佛坪县移民安置点和宁陕县移民安置点地处秦岭南侧中低山区，地质灾害对移民安置点的威胁较大。

表 6-6　移民安置点地质灾害统计表

移民安置点位置	地质灾害类型	地质灾害数量	地质灾害规模	影响情况
洋县	崩塌	1 处	较大	较大
佛坪县	崩塌	5 处	中等	中等
	泥石流	1 处	较小	较小
宁陕县	滑坡	4 处	中等	较小
	崩塌	3 处	中等	中等

1. 崩塌对移民安置点的影响

为了给移民安置点有一个较好的交通条件，一般移民安置点都选择在离公路较近的地点，但是这些地点往往也是人类活动比较密集的地方，人类对自然环境破坏也相对较强烈，如洋县金水镇移民安置点，选择在西汉高速公路施工时一个石料场附近，该石料场已经废弃，但由于当时开采不合理，致使岩体表面风化卸荷严重，崩塌现象时有发生(图 6-5)。当每年夏季雨季来临时，该崩塌处大量碎块石被洪水冲向下游，而金水镇移民安置点就在下游 100m 处，所以该崩塌对移民安置点的威胁较大，存在安全隐患风险。

2. 滑坡对移民安置点的影响

据野外调查，佛坪县五四村移民安置点发育的地质灾害主要为 1 处滑坡(图 6-6)。该滑坡长约 20m，高 15m，厚 1～3m，体积约 600m^3，滑坡体由大小不等的碎块石夹壤土组成。现场调查发现该滑坡体稳定性较好，且距离移民安置

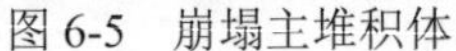

图 6-5　崩塌主堆积体　　图 6-6　滑坡体全貌

点有 50m 左右的避让距离，对安置点威胁性较小，但由于后来施工时正值夏季，雨水较多，加之施工时安全认识不清，对滑坡威胁重视力度不够，导致该滑坡再次滑动。滑坡体在洪水作用下，掩埋正在施工的机械有 2m 有余，并且在滑动过程中带动滑坡周围土体下滑，加大了滑动量，不仅导致该移民安置点场地整片工作滞后影响了移民安置点的建设进度，也对施工人员以及居民造成一定的安全隐患风险。

图 6-7 和图 6-8 分别表示的是滑坡后的影响及移民安置点所存在的滑坡风险。

图 6-7　滑坡后导致的房屋毁坏

3. 泥石流对移民安置点的影响

在佛坪县余家庄移民安置点调查区内发现泥石流隐患点 1 处，位于移民安置点南侧。沟长约 400m，沟口宽度 30m 左右，呈“V”字形，沟道纵坡度 12°～18°，沟侧坡度 25°～40°，沟内植被发育，斜坡地带有部分堆积层，沟口处堆积层较厚，可达 5m，为泥石流孕育提供了物质来源。下方为低山缓坡，地势开阔，沟口无村民居住，为开垦耕地。如图 6-9 所示，在雨水作用下，有可能产生泥石流风险，对当地移民造成人身安全的危险。

图 6-8　滑坡对移民安置点的风险

图 6-9　泥石流对移民安置点的风险

6.5　其他地质灾害风险分析与评价

除了前面所提及的具体地质灾害之外，在工程建设期以及整个水利工程在运行之后，还存在一些其他的风险。在本节中，将对工程建设可能引发的地质灾害、洪水溃坝、水库诱发地震这三种危害发生的可能性进行分析。

6.5.1　工程建设可能引发地质灾害的危险性预测

1. 黄金峡、三河口水利枢纽工程

水库工程有可能引发其他的地质灾害，主要表现为：库区内部分崩、残、坡积物，相对位置较低，水库蓄水后，库水淹没坡体前缘，坡体前缘长期饱水强度下降，易形成局部滑塌，对水库库容及库岸造成一定影响。灾害发生概率较高，但破坏程度较小。

坝址工程可能引发的地质灾害主要表现为，坝址坝肩建设中开挖两侧山体，从而引发崩塌地质灾害，对坝址及工作人员造成威胁。坝址工程可能引发 4 处崩塌灾害，预测评估均为危险性中等。

2. 黄三段隧洞工程

隧洞工程除了涌水突泥、岩爆、围岩失稳等地质灾害外，还有可能引发其他的地质灾害，主要表现为：隧洞进出口在开挖过程中可能引发崩塌灾害，对隧洞洞口及工作人员造成威胁。隧洞工程可能引发 6 处崩塌灾害，预测评估危险性中等 3 处、危险性小 3 处。

3. 越岭段隧洞工程

秦岭隧洞进口段岩性主要为大理岩及灰岩，表面有溶蚀现象；坝址段发育花岗岩。出口段岩性主要为前震旦系宽坪群变质岩和云母石英片岩，坡前普遍发育第四系坡积物、黄土等，洞口段完全被第四系土层覆盖，开挖引发地质灾害风险可能性较大。

隧洞工程可能引发的地质灾害主要表现为，隧洞进出口及各支洞洞口在开挖过程中可能引发崩塌灾害，对洞口及施工人员造成威胁。隧洞工程可能易发 14 处崩塌灾害，隧洞入口和出口 2 处预测评估为危险性中等，其余 12 处支洞预测评估均为危险性小。

6.5.2　洪水溃坝危险性预测

1. 洪水溃坝风险特征

总结国内外溃坝实例，具有以下特征。

(1) 因洪水导致大坝出险的事例，占全部已建水库的比例极小，约万分之几。

(2) 因洪水导致大坝出险的形式有两类，一类为漫坝，另一类为先漫坝后溃坝，前一类风险强度相对较小，后一类风险强度相对较大。

(3) 大坝类型与洪水溃坝风险关系密切，土坝最易因超额洪水溃坝出险，混凝土重力坝稳定性好，出险概率相对较小。

(4) 除了超标准洪水之外，水库调度是否得当，也可以成为大坝是否出险，而不能予以忽视的因素。

(5) 洪水溃坝风险的强度，与溃坝时的流速、流量，坝址下游的地形、地貌，下游地区的社会经济状况相关。

2. 洪水溃坝风险分析及评价

按照《调水工程设计导则》(SL 430—2008) 规定，引汉济渭工程等级为 I 等工程，工程规模为大(一)型。

黄金峡枢纽大坝为混凝土重力坝，混凝土坝等主要建筑物、泄洪消能防冲建筑物、泵站、电站和过船设施、通航建筑物按照各自的洪水标准进行设计与校核。三河口枢纽大坝为碾压混凝土拱坝，混凝土坝、混凝土面板堆石坝等主要建筑物，泵站、电站及连接洞，泄水消能防冲建筑物等也同黄金峡枢纽中的各建筑物按照各自的洪水标准进行设计与校核，其中，在校核泄水消能防冲建筑物时，还需考虑到电站及泵站均紧邻大坝下游的山坡布置。建筑物的洪水设计标准与校核标准见表 6-7。

表 6-7　黄金峡、三河口枢纽各建筑物洪水标准

枢纽名称	建筑物	洪水设计标准	洪水校核标准
黄金峡枢纽	混凝土坝等主要建筑物	100 年一遇	1000 年一遇
	泄洪消能防冲建筑物	50 年一遇	—
	泵站	100 年一遇	300 年一遇
	电站和过船设施	50 年一遇	200 年一遇
	通航建筑物	5 年一遇	—
三河口枢纽	混凝土坝主要建筑物	500 年一遇	2000 年一遇
	混凝土面板堆石坝主要建筑物	500 年一遇	5000 年一遇
	泵站、电站及连接洞	50 年一遇	200 年一遇
	泄水消能防冲建筑物	50 年一遇	200 年一遇

从表 6-7 中可以看出，黄金峡水利枢纽和三河口水利枢纽可能存在大坝漫坝溃坝的风险，但风险概率很小。

6.5.3　水库诱发地震风险预测

水库诱发地震有构造型和非构造型两类，非构造型是以喀斯特塌陷型为主的综合条件在库水作用下诱发地震，三河口库区分布有寒武系、上奥陶系、志留系的结晶灰岩、白云岩、白云质灰岩，属可溶岩，但岩溶发育程度弱，不存在水库诱发地震的地质条件。工程区活动性断裂主要分布于库坝区以外，且相距较远，从库区经过的西岔河—狮子坝断裂(F7)和四亩地—大河坝断裂(F6)，虽在库区交汇，但属压扭性断层，且沿断裂带没有历史地震记录，同时库坝区两岸地下水高于设计库水位，水库蓄水不会改变原构造的水文地质条件，因而基本不会产生水库诱发地震现象。

综合分析认为，水库工程区无论从构造型和非构造型来看，不具备水库诱发地震的基本条件，水库诱发地震风险的可能性小，且危害性小。

参 考 文 献

陈新建, 赵宪民, 段钊. 2011. 引汉济渭工程地质灾害风险预测. 灾害学, 26(4): 47-51.

黄涛, 杨立中. 2002. 山区隧道涌水量计算中的双场耦合作用研究. 成都: 西南交通大学出版社.

江和侦, 周孝德, 李洋. 2007. 水利工程建设项目的风险分析. 水利科技与经济, 13(2): 96-98.
蒋建军, 刘家宏, 严伏朝, 等. 2010. 浅谈引汉济渭几个关键技术问题. 南水北调与水利科技, 8(5): 133-136.
李立民. 2013. 引汉济渭工程秦岭隧洞主要工程地质问题分析研究. 铁道建筑, (4): 68-70.
李立民. 2013. 引汉济渭秦岭隧洞 1 号勘探洞突涌水及软岩大变形问题研究. 中国农村水利水电, (5): 108-111.
李茂昌. 2011. 浅议水利水电工程建设中的风险识别与控制. 内蒙古水利, (4): 139-141.
李绍文. 2015. 陕西省引汉济渭工程建设存在的问题及解决对策. 陕西水利, (5): 57-58.
李召朋, 李鹏. 2015. 引汉济渭秦岭隧洞 TBM 施工段突涌水涌泥施工技术探讨. 水利建设与管理, (3): 12-14.
林耿耿. 2013. 引汉济渭工程控制闸枢纽围岩稳定性研究. 北京: 清华大学硕士学位论文.
刘宏超, 刘贵雄. 2012. 引汉济渭隧洞施工若干技术问题探讨. 电网与清洁能源, 28(11): 69-71.
刘家宏, 严伏朝, 牛存稳, 等. 2014. 浅议引汉济渭配水工程调蓄研究的关键问题. 中国水利水电科学研究学报, 12(3): 244-247.
罗元华, 乔建平. 2003. 水利工程移民问题与政策. 科学新闻, (11): 40- 43.
马凤良, 何绍勇, 尹向阳. 2009. 水压致裂法测量地应力. 西部探矿工程, (1): 86-88.
孙杰. 2012. “引汉济渭”工程移民安置点的地质灾害及防治措施. 资源环境与工程, 26(5): 489-492.
王海云. 2010. 三峡地区中小水利工程建设项目环境风险评价研究. 中国农村水利水电, (11): 29-31.
王朋. 2011. 引汉济渭秦岭深埋特长隧洞高地应力与岩爆关系研究. 成都: 西南交通大学硕士学位论文.
杨宁. 2013. 浅谈引汉济渭工程秦岭隧洞设计及施工的关键技术. 陕西水利, (3): 63-64.
杨晓盟, 王晓昌, 章佳昕, 等. 2013. 引汉济渭工程秦岭隧洞岭北段施工废水污染物解析. 环境工程, 31: 80-83.
原博. 2013. 陕西省引汉济渭工程建设与管理浅析. 中国水利, (20): 24-25.
赵文谦. 1995. 水利工程的环境问题与对策. 四川水利, 17(1) : 34-39.

第 7 章　引汉济渭工程公众健康风险分析与评价

在引汉济渭整个工程建设中和水库蓄水期间，由于存在施工、移民、生活等人为活动，当地本身所存在的健康的生态环境受到一定的干扰，从而威胁公众的健康，如外来施工人员的施工、施工期间各种运输车辆、材料的施工、水库蓄水等，会携带一部分病菌进入，有可能导致传染病的发生，施工期间噪声、空气污染也会对居民以及其他生物造成一定的健康风险，这些风险间接地也会对人的生活、工作产生负效应。本章将从流行传染病、声环境、环境空气方面分析其对公众健康的风险并对相应的风险进行分析与评价。

7.1　传染病流行风险分析与评价

据国内外大型水利工程调查，大型水利枢纽建设存在诱发传染病流行的作用因素，也有因工程建设中未采取有效防疫措施，导致传染病暴发流行的事例。结合引汉济渭工程水源区环境医学背景分析，工程兴建存在传染病流行的风险，风险主要发生在施工期间的施工区、水库蓄水期间的库区。

施工期间，特别是施工初期，大量施工人员在施工区聚集，施工人员住宿条件、卫生条件和饮用水卫生得不到保障，易导致肝炎、痢疾、伤寒等介水传染病和流行性腹泻在施工区流行。

水库蓄水期间，鼠类将向库周迁移，库周鼠密度增大，人鼠接触机会增加；施工人员高度密集，也增大接触鼠类的机会，鼠类传播疾病的危险增大。若不采取措施，建库有可能造成库区局部地区钩体病及出血热等自然疫源性传染疾病发病率上升或流行。

除此之外，工程施工期也有来自不同地区的外来人员大量涌入，可能会带来其居住地的病原体相互感染，对当地居民的健康具有一定威胁，如不加强预防检疫工作，可能导致疾病流行。具体的疾病有以下几种。

1. *疟疾*

根据《中国消除疟疾行动计划(2010～2020)》疟疾疫情分区，水源区洋县、佛坪县等均属三类县(3 年无本地感染病例报告的流行县)。

初期蓄水后库区水面积增大是疟疾大暴发流行的主要生态因素。水面积扩大(如形成大片水田)，造成蒸发量增加，局部湿度增大，使冬季气温变暖，夏季变凉，这些都有可能引起疟疾的传播媒介——蚊虫的滋生，从而导致疟疾发生与传染的风险性增加。

另外，施工期间将有大量施工人员进入施工区，造成局部人口急剧增加。施工人员来自不同地区，若来自疫区，则可能是传染源；若来自非疫区，则免疫力相对较低，成为易感人群。目前整个库区的疟疾发病率较低，但不排除进一步扩大发病率的可能，故具有一定的风险。

疟疾(malaria)是由疟原虫所致的虫媒传染病，是世界上危害最严重的寄生虫病之一。轻者引起患者头痛、全身酸痛、乏力、畏寒，重者有脑膜刺激征、失语、瘫痪、反射亢进等。除此之外，疟疾也会导致人体免疫力下降，导致其他疾病发生的概率增加。图 7-1 为疟原虫在人体内的生殖图。

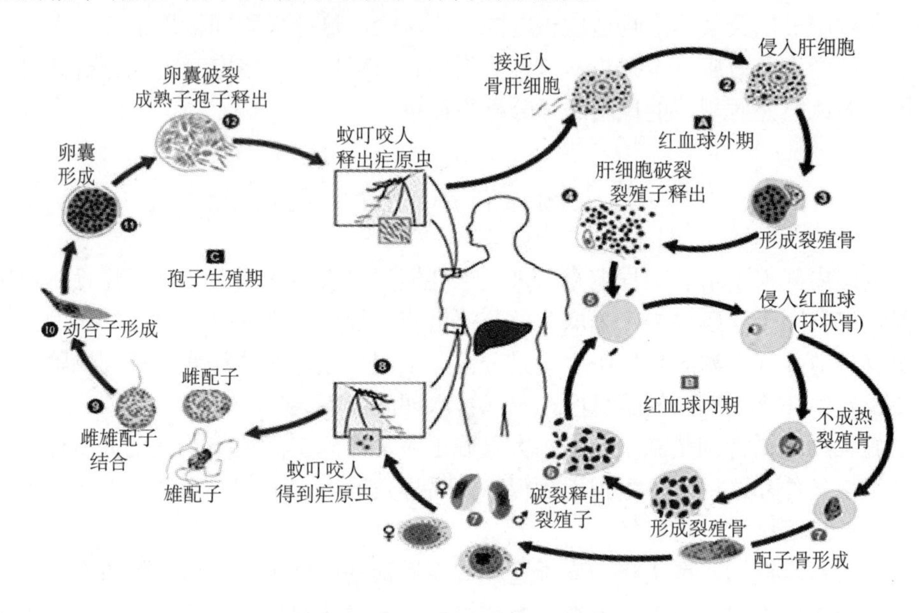

图 7-1　疟原虫感染-生殖图

2. 痢疾与肝炎

由于水源区的水质没有做好水质保护，将会导致水质污染，从而会引起痢疾与肝炎的发生。多年来引汉济渭水源区未发生痢疾与肝炎的暴发性流行，各县(市)的发病率也较低。肝炎发病率近几年已控制在1‰以下，但痢疾则有上升趋势。工程施工后，蓄水面积增大、工程施工和库区移民都会影响库区痢疾和肝炎的流行，导致其发病率的上升。

痢疾是由痢疾志贺氏菌引起的腹泻病，主要表现为腹痛、腹泻、里急后重、排脓血便，伴全身中毒等症状。四季均可发生但夏秋季发病高。痢疾病人和隐性带菌者是传染源。传播途径以粪、口感染为主。

肝炎中以病毒性肝炎较为常见，病毒性肝炎是由多种肝炎病毒引起的常见传染病，具有传染性强、传播途径复杂、流行面广泛、发病率较高等特点。主要表现为乏力、食欲减退、恶心、呕吐、肝肿大及肝功能损害，部分病人可有黄疸和发热。有些患者出现荨麻疹、关节痛或上呼吸道症状，病毒性肝炎分甲型、乙型、丙型、丁型和戊型肝炎五种。

流行性乙肝是由致倦库蚊和白纹伊蚊等传播的一种严重神经性急性传染病。水库蓄水后，因淹没和水库调度，原有蚊类滋生地消失，但局部新形成的浅水区则可能成为媒蚊的新孳生地，造成移动的传染源。

运行期，虽然蓄水面积增大可改善较多的人群饮水状况，利于航运交通，提高人群生活水平，改善边远山区人群卫生服务措施等，从而有利于介水传染病的控制，但是另一方面，水库航运量增加、旅游等行为会对水库水质造成一定的不利影响，如水库水流变缓会降低水体自净能力，以此促进病原微生物的生存繁殖，引发痢疾、肝炎等以水为媒介的水质传染疾病，影响人体健康。

3. 钩端螺旋体病

钩端螺旋体病的传染源主要为鼠类。蓄水初期，迫使鼠类向高地迁移，鼠群密度增大，短期内可能导致疫源增加，但淹没造成的水田、鱼塘减少，有可能缩小水稻型钩端螺旋体病疫区。

钩端螺旋体病(leptospirosis，简称钩体病)是由各种不同型别的致病性钩端螺旋体(简称钩体)所引起的一种急性全身性感染性疾病，属自然疫源性疾病，鼠类和猪是两大主要传染源。主要特点为起病急骤，早期有高热，全身酸痛、软弱无力、结膜充血，腓肠肌压痛、表浅淋巴结肿大等钩体毒血症状；中期可伴有肺出血，肺弥漫性出血、心肌炎、溶血性贫血，黄疸，全身出血倾向、肾炎、脑膜炎，呼吸功能衰竭、心力衰竭等靶器官损害，严重危害人类健康，钩端螺旋体见图 7-2。

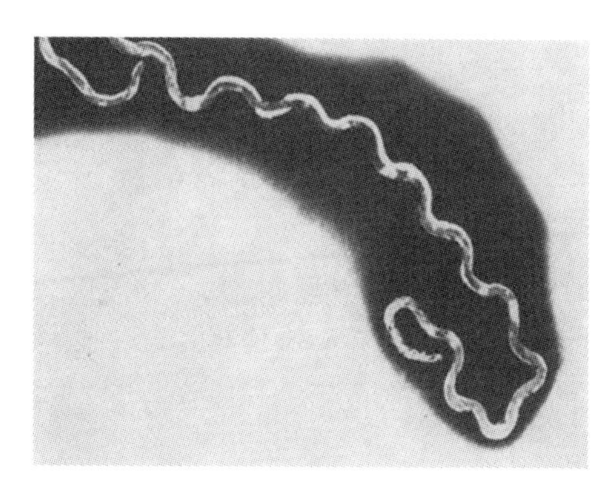
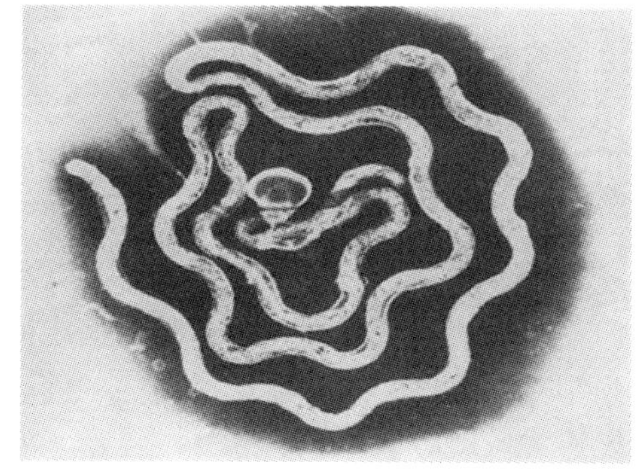

图 7-2　钩端螺旋体

4. 流行性出血热

蓄水初期，将迫使淹没区岸线附近鼠类向上迁移，使得鼠类密度增加，有可能导致鼠类对出血热病毒的传染概率增加，从而导致流行性出血热的感染率增加。

出血热的主要传染源是老鼠，带有流行性出血热病毒的鼠类有大足鼠、黑线姬鼠和小泡巨鼠等。目前认为有以下途径可引起出血热传播：呼吸道，含出血热病毒的鼠排泄物污染尘埃后形成的气溶胶颗粒经呼吸道感染；消化道，进食含出血热病毒的鼠排泄物污染的食物、水，经口腔黏膜及胃肠黏膜感染；接触传播，被鼠咬伤、鼠类排泄物、分泌物直接与破损的皮肤、黏膜接触、母婴传播、虫媒传播。

流行性出血热的主要症状有皮肤充血如醉酒，出现三红(颜面、颈、上胸红)，眼结膜充血、水肿和出血，眼睑和球结膜水肿，重者球结膜突出如水泡称为“鱼泡眼”。软腭部充血和有出血点，腋下、胸背部皮肤有出血，形如搔抓样和条痕样，重症患者可有浆膜腔积液、腔道出血、脑水肿等神志改变，也会引起脑出血、急性心力衰竭、急性呼吸窘迫综合征(ARDS)、高血容量综合征、电解质紊乱等并发症。

5. 立克次体病

立克次体病的传播途径传播媒介绝大多数为节肢动物，如蜱、虱、蚤、螨等，各种立克次体以共生形式存在于节肢动物体内，立氏立克次体、恙虫病立克次体、小蛛立克次体等并可经卵传代，蜱、螨、虱、蚤等的粪便中均含有病原体，而随粪排出体外；此外，蜱和螨体内的立克次体尚可进入唾液腺和生殖道中，各种立克次体主要经节肢动物叮咬从皮肤进入人体，而贝纳柯克斯体主要从呼吸道进入体内而使人受染。多数立克次体病临床上可表现为发热、头痛和皮疹三联征，多发于春季和夏季，伴有神经系统、心血管系统等症状和其他实质器官损害、皮疹等并发症。

随着水库建设，库区生态环境发生改变，鼠类和鸟类迁移及大量易感人群的流动，以地方性斑疹伤寒为代表性的立克次体病(地方性斑疹伤寒是由莫氏立克次体引起，通过鼠蚤传播的急性传染病)可能在局部区域流行，造成公众的健康风险。

6. 卫氏并殖吸虫病和华支睾吸虫病

这两种疾病的宿主有猫、鼠、山羊、业主等，中间宿主主要包括螺类和溪蟹。水库蓄水后淹没区不利于并殖吸虫病中间宿主的生存，媒介螺蟹原生境被破坏，在正常蓄水位以上有可能形成新的中间宿主的孳生地，形成新的传染源，对周围居民造成健康威胁。

根据对大型水利水电工程调查，施工期间，施工区及周边地区娱乐业也会较为发达，若不加强施工人员教育和对娱乐业的监督管理，传染性疾病在施工区有蔓延的危险。

因此，工程建设期和水库蓄水期均存在传染病流行的风险。风险发生的概率主要受自然因素和人为因素的影响。但若不实行一定的预防措施和宣传教育，一旦发生就会导致施工瘫痪甚至严重危害周围居民身体健康以及日常生活。

7.2　声环境风险分析与评价

7.2.1　水源区声环境风险分析与评价

引汉济渭工程水源区施工活动产生的声环境风险噪声主要包括固定噪声源：固定、连续式的施工机械设备运行噪声；露天爆破噪声源；流动声源(车辆运输流动噪声)。

其中主要以施工机械、车辆及加工设备噪声源最强(取值于《环境保护实用数据手册》施工机械噪声实测数据)，详见表 7-1。

表 7-1　水源区工程施工主要机械噪声源强表

设备名称	拌和站	挖掘机	综合加工噪声	运输车辆	装载机	推土机
噪声级/dB(A)	75～88	84	105	75	90	86

1. 固定点源噪声影响预测与分析

黄金峡枢纽施工区固定噪声点源主要来自坝址上游右岸施工区(混凝土拌和系统、综合加工系统)、下游右岸砂石料加工系统以及工程开挖等；三河口枢纽施工区固定噪声点源来自枢纽下游左岸的混凝土拌和系统、枢纽下游左岸瓦房坪施工区、坝址上游的八字台砂石加工系统以及工程开挖作业等。

1）预测模式

黄金峡、三河口水利枢纽施工区采用无指向性点声源几何发散衰减公式(自由声场)进行预测，并选取各设备最大源强参与计算。

固定点源噪声源计算公式：

$$L_{A(r)} = L_{wA} - 20\lg r - 11(\text{自由场}) \tag{7-1}$$

式中，$L_{A(r)}$ 为距声源 r(m)处的 A 声级，dB(A)；L_{wA} 为 A 声功率级，dB(A)；r 为测点与声源的距离，m。

用声能叠加求出预测点的噪声级：

$$L_{总} = 10\lg\sum_{i=1}^{n}10^{0.1L_i} \tag{7-2}$$

式中，$L_{总}$为预测声级，dB(A)；L_i 为各叠加声级，dB(A)；n 为 n 个声压级。

2）预测结果

按最不利情况考虑，混凝土拌和系统 88dB(A)，综合加工厂 105dB(A)，推土机 86dB(A)，挖掘机 84dB(A)，影响范围见表 7-2。

表 7-2　各噪声源的对不同距离影响预测值　[单位：dB(A)]

来源 \ 距离/m	10	20	30	50	100	150	200	250	300	400
混凝土拌和系统	63.02	57.00	56.48	52.04	46.02	42.50	40.00	38.06	36.48	33.98
综合加工厂	80.02	74.00	73.48	69.04	63.02	59.50	57.00	55.06	53.48	50.98
推土机	62.02	55.00	54.48	50.04	44.02	40.50	38.00	36.06	34.48	31.98
挖掘机	59.02	53.00	52.48	48.04	42.02	38.50	36.00	34.06	32.48	29.98
砂石料加工系统	82.02	76.20	74.48	70.64	64.82	60.50	58.20	56.46	54.08	51.15
施工区固定连续累加噪声源	80.30	74.20	70.70	66.20	60.20	56.80	54.20	52.40	50.20	48.20

3）影响分析

预测可知，受施工区综合加工厂、施工机械噪声影响，施工区昼间 200m 范围内、夜间 300m 范围内不能满足声环境 1 类标准；砂石料加工系统昼间 300m 内、夜间 450m 内不能满足声环境 1 类标准。

黄金峡枢纽坝址上游右岸施工区 500m 范围内无居民点分布，下游砂石料系统距离最近的居民点史家梁村 585m，且高程差为 120m，施工区噪声对环境敏感点没有影响。三河口枢纽混凝土拌和系统、八字台砂石加工系统周围 500m 范围内均无居民点分布，施工区噪声对环境敏感点影响较小。

2. 爆破噪声影响预测与分析

1）预测模式

露天爆破噪声主要来自料场开采爆破，属于固定噪声源，可采用《环境影响评价技术导则——声环境》中推荐模式进行预测。

预测模式为

$$L_{w(r)} = L_{A(r_0)} + \Delta L_r - 20\lg(r / r_0) - a(r - r_0) \tag{7-3}$$

式中，$L_{w(r)}$为预测点的噪声 A 声压级，dB(A)；$L_{A(r_0)}$为参照基准点的噪声 A 声压级，dB(A)；ΔL_r 为山谷反射的叠加值，dB(A)；ΔL_r 取 3dB(A)；$20\lg(r/r_0)$为几何发散衰减，dB(A)；r 为预测点到噪声源的距离，m；r_0 为参照基准点到噪声源的距离，m；a 为空气吸收附加衰减系数，取 1dB(A)/100m。

2）预测结果

0.5kg 炸药在距爆破点 40m 处的最大噪声级约为 84dB(A)，山谷反射的叠加值按 3dB(A)计，露天爆破噪声衰减预测结果见表 7-3。

表 7-3　露天开采爆破噪声衰减预测结果

与噪声源距离/m	50	100	150	200	250	300
噪声预测值/dB(A)	85	78.4	74.4	69.9	69	66.9
与噪声源距离/m	350	400	450	500	550	750
噪声预测值/dB(A)	65.1	63.4	61.9	60.5	59.1	54.8

3）影响分析

故距爆破点 750m 以上才能满足《声环境质量标准》1 类标准。

现场调查，黄金峡枢纽 2 处石料场周围 800m 范围内均无居民点分布，三河口枢纽Ⅱ$_1$号石料场位于坝址上游蒲河右岸，800m 范围内无居民点分布，故石料场开采爆破对居民点没有噪声影响。

3. 流动噪声影响预测与分析

1）预测模式

各种自卸汽车和载重汽车的交通运输产生的噪声均可视为流动声源，采用《环境影响评价技术导则——声环境》中推荐的公路交通运输噪声预测模式进行预测。

$$L_{\mathrm{eq}}(h)_i=\left(\overline{L_{\mathrm{OE}}}\right)_i+10\lg\frac{N_i}{V_iT}+10\lg\frac{7.5}{r}+10\lg\frac{\psi_1+\psi_2}{\pi}+\Delta L-16 \tag{7-4}$$

式中，$L_{\mathrm{eq}}(h)_i$ 为第 i 类车的小时等效声级，dB(A)；$\left(\overline{L_{\mathrm{OE}}}\right)_i$ 为第 i 类车当车速度为 V_i、水平距离为 7.5m 处的能量平均 A 声级，dB(A)；N_i 为昼间、夜间通过某个预测点的第 i 类车小时平均车流量，辆/h；V_i 为第 i 类车的平均车速，km/h；T 为计算等效声级的时间，1h；r 为从车道中心线到预测点的距离，m；ψ_1 为预测点到有限长路段两端的张角；ψ_2 为预测点到有限长路段两端的弧度；ΔL 为由其他因素引起的修正量，dB(A)。

混合车流模式的等效声级是将各类车流等效声级叠加求得。如果将车流分成大、中、小三类车，那么总车流等效声级为

$$(L_{Arq})_{\text{交}}=10\lg\left[10^{0.1(L_{Arq})_{\mathrm{L}}}+10^{0.1(L_{Arq})_{\mathrm{M}}}+10^{0.1(L_{Arq})_{\mathrm{S}}}\right] \tag{7-5}$$

式中，$(L_{Arq})_{\mathrm{L}}$、$(L_{Arq})_{\mathrm{M}}$、$(L_{Arq})_{\mathrm{S}}$ 分别为大、中、小型车辆昼间或夜间，预测点接收到的交通噪声值，dB(A)；$(L_{Arq})_{\text{交}}$ 为预测点接收到的昼间或夜间的交通噪声值，dB(A)。

2）参数确定

(1) 车速(V_i)。根据本工程建设技术指标，大、中、小三种车型的平均行车速度见表 7-4。

表 7-4　水源工程施工区车辆行驶速度及平均噪声级

路段	车型	车速/(km/h)	平均噪声级/dB(A)	噪声级计算式	
普通路段	小型	30	63.90	小型	L_{oL}=12.60+34.73 lgV_L
	中型	30	68.59	中型	L_{oM}=8.80+40.48 lgV_M
	大型	30	75.65	大型	L_{oH}=22.0+36.32 lgV_H

车辆行驶辐射噪声级(源强)与车速、车辆类型及路面特性(路面材料构造、粗糙度及坡度等)有关，车辆行驶辐射平均噪声级按与车速关系式进行计算。

(2) 其他因素引起的修正量。

$$\Delta L = \Delta L_1 - \Delta L_2 + \Delta L_3 \tag{7-6}$$

式中，ΔL_1 为线路因素引起的修正量，dB(A)；ΔL_2 为声波传播途径中引起的衰减量，dB(A)；ΔL_3 为反射等因素引起的修正量，dB(A)，该值主要考虑了地貌反射影响因素的修正。

根据施工交通路线布置及路况现场查勘结果，ΔL_1 主要考虑路面修正量，取 1.5 dB(A)。ΔL_2 主要考虑农村房屋的附加衰减量、声影区的附加衰减量，其中农村房屋建筑的噪声附加衰减量按表 7-5 估算；由于道路与两侧敏感点高程均高于路面，则声程差 ΔL_2 取 0。ΔL_3 主要考虑两侧地貌反射声修正量，当线路两侧建筑物间距小于总计算高度 30%，两侧建筑物是反射面时，按式(7-7)计算；公路两侧山体高度远大于根据两侧建筑物平均高度以及反射面之间的间距，ΔL_3 取最大值 1.6dB(A)。

$$\Delta L_3 = 4H_b / \omega \leqslant 3.2\text{dB(A)} \tag{7-7}$$

式中，ω 为两侧反射面之间的距离，m；H_b 为反射面高度，m。

表 7-5　农房建筑的噪声衰减量估算表

房屋排次	房屋占地面积	噪声衰减量/dB(A)
第一排	40%～60%	−3
	70%～90%	−5
其余各排	每增加一排	增加−1.5
	继续增加排次	最大绝对衰减量≤10

预测点在高路堤或低路堑两侧的声影区内引起的附加衰减量 $\Delta L_{声影区}$ 取决于声程差 δ，声程差由图 7-3 计算，即

$$\delta = a + b - c \tag{7-8}$$

式中，a 为声源地离地面距离，m；b 为接收点离地面距离，m；c 为声源点与接

收点的最短距离，m。

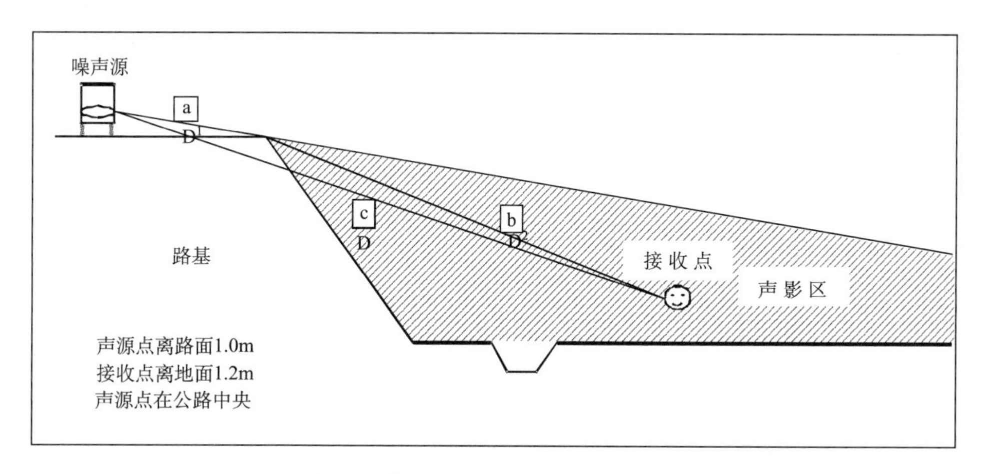

图 7-3 高路堤噪声衰减量计算示意图

由声程差（δ）与噪声衰减量（ΔL）关系曲线图（图7-4）查得声影区的噪声附加衰减量。

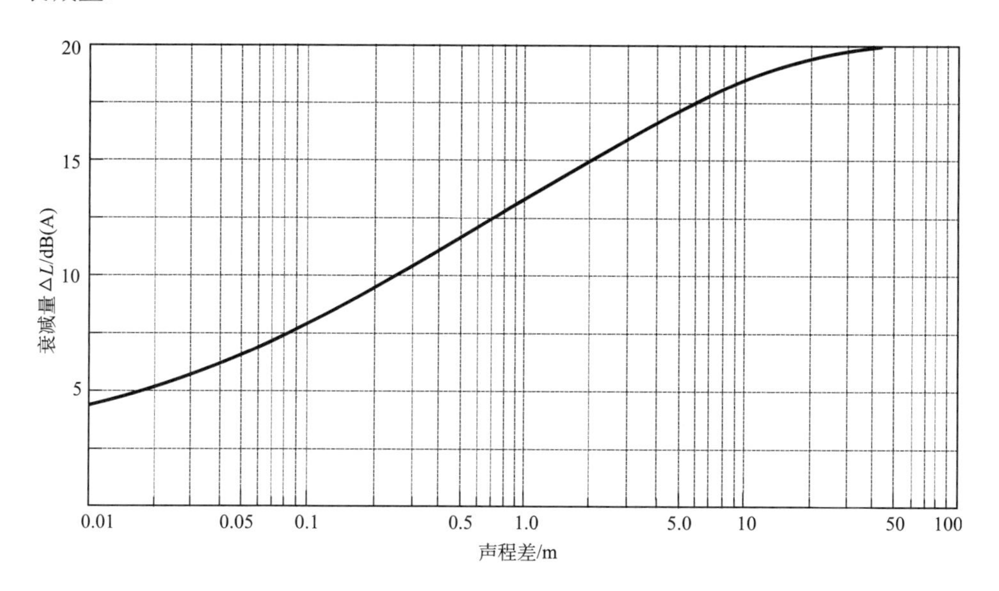

图 7-4 噪声衰减量 ΔL 与声程差 δ 关系曲线（f=500Hz）

(3) 小时车流量（N_i）。根据黄金峡、三河口水利枢纽交通量，推算施工期交通量值。车辆行驶速度及平均噪声值见表 7-4，交通车型构成及昼夜比例见表 7-6，施工期各路段评价年的小时车流量见表 7-7。

表 7-6　水源工程施工区交通车型构成及交通量昼夜分配

工程项目	车型	第 1 年	第 3 年	第 5 年
黄金峡场内交通量	小车	5.1%	7.0%	35.2%
	中车	15.0%	18.0%	45.1%
	大车	80.0%	75.0%	19.7%
三河口场内交通量	小车	51.9%	52.1%	52.6%
	中车	24.4%	24.8%	25.2%
	大车	23.7%	23.1%	22.2%
交通量分配		昼间占日交通量 85%；夜间占日交通量 15%		

注：均为折算小客车的比重。

表 7-7　水源区工程施工区场内交通车流量表　（单位：辆/h）

工程项目	车型	第 1 年		第 3 年		第 5 年	
		昼间	夜间	昼间	夜间	昼间	夜间
黄金峡场内交通量	小车	3	1	12	2	39	6
	中车	9	2	30	5	50	8
	大车	47	9	125	21	22	4
	合计	59	11	167	28	111	18
三河口场内交通量	小车	46	8	131	23	69	13
	中车	21	4	62	11	33	6
	大车	21	4	58	10	29	6
	合计	88	16	251	44	132	25

3）影响预测分析及结果评价

（1）施工期场内交通噪声。黄金峡水利枢纽、三河口水利枢纽施工期场内交通噪声的预测结果可见表 7-8。

表 7-8　水源区工程施工区场内交通噪声影响预测表　［单位：dB(A)］

施工区	年份	时间	计算点距道路红线距离/m						
			10	30	50	80	100	150	200
黄金峡施工场内交通	第 1 年	昼间	57.9	55.7	53.7	52.7	50.9	49.7	48.6
		夜间	50.6	48.4	46.4	45.4	43.7	42.4	41.3
	第 3 年	昼间	62.2	60	57.9	57	55.2	54	52.9
		夜间	54.4	52.2	50.2	49.2	47.5	46.2	45.1

续表

施工区	年份	时间	计算点距道路红线距离/m						
			10	30	50	80	100	150	200
黄金峡施工场内交通	第 5 年	昼间	55.4	53.2	51.2	50.2	48.4	47.2	46.1
		夜间	47.5	45.3	43.2	42.3	40.5	39.3	38.2
三河口施工场内交通	第 1 年	昼间	54.7	52.5	50.5	49.5	47.7	46.5	45.4
		夜间	47.3	45.1	43.1	42.1	40.3	39.1	38
	第 3 年	昼间	59.2	57	54.9	54	52.2	51	49.9
		夜间	51.6	49.4	47.4	46.4	44.6	43.4	42.3
	第 5 年	昼间	56.3	54	52	51	49.3	48	46.9
		夜间	49	46.8	44.8	43.8	42	40.8	39.7

从表中可以看到，黄金峡、三河口枢纽施工期第 3 年场内交通运输量最大，所造成的噪声影响也最显著。第 3 年黄金峡枢纽施工交通道路昼间两侧 135m 内、夜间 250m 内不能满足 1 类声环境功能区要求；三河口枢纽交通道路两侧昼间 50m 内、夜间 100m 内不能满足 1 类声环境功能区要求。

（2）环境敏感点的噪声影响。对于环境敏感点的噪声预测可分为四步，测定环境噪声敏感点的分布、确定预测模型、得到预测结果以及分析噪声影响。

①环境敏感点分布。黄金峡、三河口水利枢纽交通道路 200m 范围内有 3 处居民点，其分布情况见表 7-9。

表 7-9　水源区工程施工交通两侧环境敏感点调查表

工程项目	敏感点名称	与工程的关系	保护对象概况
黄金峡施工区	高家河坝村	汉江左岸，距离施工道路约 56m	约 5 户居民，临路第一排居民约有 1 户
	史家梁村	汉江右岸，距离施工道路约 155m，与公路高差 125m	约 8 户居民，临路第一排居民约有 1 户
三河口施工区	高家坪村	汉江右岸，距离 9#施工道路 20m，高差 2m	约 6 户居民

②预测模型。此处噪声应用下面公式进行预测

$$(L_{Aeq})_{预}=10\lg[10^{0.1(L_{Aeq})_{交}}+10^{0.1(L_{Aeq})_{背}}] \tag{7-9}$$

式中，$(L_{Aeq})_{预}$ 为预测点昼间或夜间的环境噪声预测值，dB(A)；$(L_{Aeq})_{交}$ 为预测点昼间或夜间的交通噪声的贡献值，dB(A)；$(L_{Aeq})_{背}$ 为预测点预测时的环境噪声背景值，dB(A)。

③预测结果。应用上述公式依次对各敏感点进行声环境预测计算，预测结果可见表 7-10。

表 7-10　场内施工道路噪声对敏感点影响预测表

施工区	敏感点名称	施工期	交通噪声贡献值/dB(A)		噪声本底值/dB(A)		噪声叠加值/dB(A)				噪声增加值/dB(A)		超标倍数	
			昼间	夜间	昼间	夜间	昼间	是否达标	夜间	是否达标	昼间	夜间	昼间	夜间
黄金峡枢纽施工区	高家河坝村	第 1 年	53.5	46.2	53.8	43.5	56.6	超标	48.1	超标	2.8	4.6	0.03	0.07
		第 3 年	57.7	50	53.8	43.5	59.1	超标	50.8	超标	5.3	7.3	0.07	0.13
		第 5 年	51	43	53.8	43.5	55.6	超标	46.2	超标	1.8	2.7	0.01	0.03
	史家梁村	第 1 年	48.3	41.1	53.8	43.5	54.8	达标	44.92	达标	1	1.42		
		第 3 年	52.6	44.8	53.8	43.5	56.2	超标	47.2	超标	2.4	3.7	0.02	0.05
		第 5 年	45.7	38	53.8	43.5	54.4	达标	44.5	达标	0.6	1		
三河口枢纽施工区	高家坪村	第 1 年	53.5	46.1	53.5	43.6	56.5	超标	48	超标	3	4.4	0.03	0.07
		第 3 年	58	50.4	53.5	43.6	59.3	超标	51.2	超标	5.8	7.6	0.08	0.14
		第 5 年	55	47.8	53.5	43.6	57.3	超标	49.2	超标	3.8	5.6	0.04	0.09

④预测分析与评价。根据上述预测结果，史家梁村居民点在施工期第 1 年和第 3 年的昼间、夜间均满足 1 类声环境功能区要求，但第 2 年声环境质量不能满足 1 类声环境功能区要求。这是因为虽然史家梁村居民点距离场内公路较远，受交通噪声影响较小，但第 2 年处施工高峰期，交通噪声将会远远超过预期。此外，高家河坝村和高家坪村受施工期交通运输影响，昼、夜声环境质量均不能满足 1 类声环境功能区要求。由此可见，施工噪声将会影响当地居民的生活以及正常作息规律。

7.2.2　输水沿线声环境风险分析与评价

输水沿线的声环境风险主要来源于秦岭隧道的建设，而秦岭隧洞工程固定噪声源主要来自隧洞挖掘施工噪声、爆破噪声、综合加工厂、混凝土拌和系统噪声。流动噪声则主要是交通运输系统，施工噪声影响部位主要是在支洞口以及洞口附近的施工区部分。

1. 固定点源噪声预测与分析

1）预测模式

根据《环境影响评价技术导则——声环境》有关要求，本工程的固定电源噪声采用无指向性点声源几何发散衰减公式(自由声场)进行预测，具体计算公式见式(7-1)和式(7-2)。

2）预测结果

(1) 施工工厂噪声预测。各施工区昼间噪声影响范围为 270m，夜间噪声影响范围为 580m，在上述范围之外可达到 1 类声环境功能区标准。

由此可以知道，由于黄三段施工区距周边最近的居民点直线距离为 1000m，再加上高程差对噪声衰减的影响，所以施工区噪声对居民点基本没有影响。而越岭段 $0^{\#}$支洞口距离回龙寺村(10 户 40 人)约 200m，$0\text{-}1^{\#}$支洞口距离小郭家坝村(10 户 40 人)约 180m，这两处环境敏感点声环境昼间、夜间均将不能满足 1 类声环境功能区要求，即施工区噪声将会影响两处居民的正常生活。

(2) 洞口施工噪声预测。经预测，各隧洞口施工处昼间噪声影响范围为 50m，夜间噪声影响范围为 135m，在上述范围之外可达到 1 类声环境功能区标准。

由于黄三段 4 个支洞口周边 1000m 范围内均无居民点分布；越岭段最靠近 $7^{\#}$支洞口的陈和乡三合村，直线距离为 545m，所以洞口施工噪声对居民点没有影响。

2. *流动噪声影响预测与分析*

1）预测模式

对于流动噪声影响，本工程采用《环境影响评价技术导则——声环境》(HJ/T 2.4—2009)中推荐的公路交通运输噪声预测模式进行预测。

车辆行驶速度及平均噪声级见表 7-4、交通车型构成及昼夜比例见表 7-11、施工期各路段评价年的小时车流量见表 7-12。

表 7-11　秦岭隧洞工程交通车型构成及交通量昼夜分配

项目	车型	施工期			
		第 1 年	第 2 年	第 4 年	第 6 年
黄三段	小车	5%	7%	35%	
	中车	15%	18%	45%	
	大车	80%	75%	20%	
	交通量分配	昼间占日交通量 85%；夜间占日交通量 15%			
越岭段	小车	7%	7%	30%	28%
	中车	23%	22%	25%	51%
	大车	70%	71%	45%	21%
	交通量分配	昼间占日交通量 85%；夜间占日交通量 15%			

注：均为折算小客车的比重。

表 7-12　秦岭隧洞工程场内交通车流量表　（单位：辆/h）

工程名称	车型	第 1 年		第 2 年		第 4 年		第 6 年	
		昼间	夜间	昼间	夜间	昼间	夜间	昼间	夜间
黄三段	小车	3	1	10	2	28	4		
	中车	8	2	25	4	36	5		
	大车	42	10	103	17	16	2		
	合计	52	12	137	22	80	12		
越岭段	小车	8	1	15	2	37	5	22	3
	中车	26	4	46	7	31	4	40	6
	大车	81	13	149	24	55	7	16	2
	合计	115	18	210	34	122	16	78	12

2）预测结果分析

经预测，受交通噪声的影响，在黄三段运输量最大的第 2 年，施工道路两侧昼间 150m 范围内、夜间 200m 范围内不能满足 1 类声功能区标准；在越岭段运输量最大的第 2 年，施工道路两侧昼间 200m 范围内、夜间 300m 范围内不能满足 1 类声功能区标准。施工场内具体交通噪声影响预测见表 7-13。

表 7-13　秦岭隧洞工通噪声预测表　［单位：dB(A)］

工程	年份	时段	距离/m						
			10	30	50	100	150	200	300
黄三隧洞	第 1 年	昼间	58.1	53.3	51.1	49.0	48.1	46.3	45.0
		夜间	50.6	45.8	43.6	41.5	40.6	38.8	37.5
	第 2 年	昼间	58.8	54.0	51.8	49.8	48.8	47.0	45.8
		夜间	51.3	46.6	44.3	42.3	41.3	39.6	38.3
	第 4 年	昼间	50.9	46.2	43.9	41.9	40.9	39.2	37.9
		夜间	43.7	38.9	36.7	34.7	33.7	31.9	30.7
越岭隧洞	第 1 年	昼间	57.6	52.8	50.6	48.6	47.6	45.8	44.6
		夜间	50.1	45.3	43.1	41.1	40.1	38.3	37.1
	第 2 年	昼间	58.3	53.6	51.4	49.3	48.3	46.6	45.3
		夜间	50.8	46.0	43.8	41.7	40.8	39.0	37.8
	第 4 年	昼间	50.5	45.7	43.5	41.4	40.5	38.7	37.5
		夜间	42.7	37.9	35.7	33.7	32.7	31.0	29.7
	第 6 年	昼间	50.0	45.2	43.0	40.9	40.0	38.2	36.9
		夜间	42.6	37.8	35.6	33.6	32.6	30.8	29.6

黄三段场内交通道路两侧 500m 范围内均无敏感点分布；越岭段运渣道路两侧分布有 4 处敏感点(表 7-14)。由此结合预测结果可知，越岭段的 4 处环境敏感点在施工期夜间全部超标，不能满足 1 类声环境功能区要求，而在施工期昼间第 1 年、第 2 年不能满足 1 类声环境功能区要求，可采取环境保护措施予以减缓不利影响。敏感点噪声预测结果见表 7-15。

表 7-14　秦岭隧洞工程施工道路声环境保护目标

保护目标	与工程位置关系	目标特性
蒲河九年制学校	距离 1#支洞洞口约 800m，距离四亩地渣场运输道路约 20m，距离渣场约 50m	9 个年级，16 个教学班，约 700 人
陈河口村居民点	距离 7#支洞施工区运渣道路 10m	受影响约 20 户 80 人
王家河乡双庙子村	距离 7#支洞施工区运渣道路 20m，距离 6#支洞口距离王家河乡双庙子村居民点 585m	受影响约 10 户 30 人
王家河乡散户	距离 6#、7#支洞施工区运渣道路 15m，6#支洞口距离王家河乡分散居民点 650m	受影响约 8 户 25 人

表 7-15　场内施工道路噪声对敏感点影响预测表

敏感点名称	施工期	噪声贡献值/dB(A)		噪声本底值/dB(A)		噪声叠加值/dB(A)				噪声增加值/dB(A)		超标倍数	
		昼间	夜间	昼间	夜间	昼间	是否达标	夜间	是否达标	昼间	夜间	昼间	夜间
蒲河九年制学校	第 1 年	54.6	47.1	52.1	45.2	56.5	超标	49.3	超标	4.4	4.1	0.03	0.09
	第 2 年	55.3	47.8	52.1	45.2	57.0	超标	49.7	超标	4.9	4.5	0.04	0.10
	第 4 年	47.5	39.7	52.1	45.2	53.4	达标	46.3	超标	1.3	1.1		0.03
	第 6 年	46.9	39.6	52.1	45.2	53.2	达标	46.3	超标	1.1	1.1		0.03
陈河口村居民点	第 1 年	57.6	50.1	52.1	45.2	58.7	超标	51.3	超标	6.6	6.1	0.07	0.14
	第 2 年	58.3	50.8	52.1	45.2	59.2	超标	51.9	超标	7.1	6.7	0.08	0.15
	第 4 年	50.5	42.7	52.1	45.2	54.4	达标	47.1	超标	2.3	1.9		0.05
	第 6 年	50	42.6	52.1	45.2	54.2	达标	47.1	超标	2.1	1.9		0.05
王家河乡双庙子村	第 1 年	54.6	47.1	52.1	45.2	56.5	超标	49.3	超标	4.4	4.1	0.03	0.09
	第 2 年	55.3	47.8	52.1	45.2	57.0	超标	49.7	超标	4.9	4.5	0.04	0.10
	第 4 年	47.5	39.7	52.1	45.2	53.4	达标	46.3	超标	1.3	1.1		0.03
	第 6 年	46.9	39.6	52.1	45.2	53.2	达标	46.3	超标	1.1	1.1		0.03
王家河乡散户	第 1 年	56.1	48.6	52.1	45.2	57.6	超标	50.2	超标	5.5	5.0	0.05	0.12
	第 2 年	56.8	49.3	52.1	45.2	58.1	超标	50.7	超标	6.0	5.5	0.06	0.13
	第 4 年	49	41.2	52.1	45.2	53.8	达标	46.7	超标	1.7	1.5		0.04
	第 6 年	48.45	41.1	52.1	45.2	53.7	达标	46.6	超标	1.6	1.4		0.04

3. 爆破噪声影响预测与分析

黄三段主、支洞全部采用钻爆法施工，且越岭段进口段26.14km及出口段16.55km也采用钻爆法施工。隧洞施工爆破噪声主要产生于主洞进出口及支洞施工口区域，影响范围也以主洞进出口及支洞施工口为中心点向四周扩散。

由于爆破噪声为脉冲噪声，输水隧洞爆破噪声属于非稳定有周期的脉冲波。由于目前我国还没有针对爆破噪声环境影响评价的具体标准，针对该项目爆炸生产过程中产生的爆破噪声以《声环境质量标准》为参考标准进行评价。工程区现状声环境质量良好，满足《声环境质量标准》1 类声环境功能区标准，因此夜间爆破噪声最大允许声级为 60dB(A)。

根据《爆破安全规程》，当爆破超压为 20Pa 时，相对应的距离爆破点的位置可用下面计算公式来求解：

$$\Delta P = 14\frac{Q}{R^3} + 4.3\frac{Q^{2/3}}{R^2} + 1.1\frac{Q^{1/3}}{R} \tag{7-10}$$

式中，ΔP 为空气冲击波超压值，10^5Pa；R 为爆破冲击安全允许距离，m；Q 为一次爆破炸药当量，kg。

根据施工组织设计，每炸开 1m^3 石块需 1.25kg 炸药。以每米挖方量最大 60m^3、每次爆破向内挖掘 2.5m 为一个循环，单次爆破最大炸药量为 187.5kg。经计算，当 ΔP 满足≤20Pa 时，对应的安全距离为 236m，此处噪声级对应为 120dB(A)，而衰减到 60dB(A)则需要距离爆破点 736m。因此，在距离爆破点 236m 以外居民点对爆破噪声不会产生明显的不适应感。若要满足 1 类声环境功能区标准，则需要远离爆破点 736m 以上的距离。

黄三段支洞进口处周边 1000m 范围内均无居民点分布；越岭段 7$^{\#}$支洞口距离陈河乡三合村直线距离为 545m，6$^{\#}$支洞口距离王家河乡双庙子村居民点 585m，距离王家河乡分散居民点 650m，0$^{\#}$支洞口距离回龙寺村约 200m，0-1$^{\#}$支洞口距离小郭家坝约 180m。由于回龙寺村、小郭家坝村两处居民点小于 236m 距离，因此，爆破噪声会使居民产生明显的不适应感。而且据秦岭隧洞工程设计，0$^{\#}$支洞、0-1$^{\#}$支洞爆破时间将持续 1 月左右，这加剧了居民的不适感，也可能导致暴躁情绪的产生。

因此，应严格参照《爆破安全规程》(GB 6722—2003)中规定“爆破噪声为间歇性脉冲噪声，在城镇爆破中每一个脉冲噪声应控制在 120dB(A)以下，而爆破超压对非爆破作业人员产生不良感觉允许值为 20Pa，对应的爆破噪声声级为 120dB(A)。”，并结合向家坝水电站爆破噪声控制标准研究的相关成果(表 7-16)来进行爆破控制。

表 7-16　向家坝水电站爆破噪声控制标准研究成果

爆破噪声强度/dB(A)	适应性
＜120	人们对爆破噪声的反应不明显
120～127	人们对爆破噪声有反应
128～130	人们普遍会受惊
130～140	人们普遍有惊吓感
＞140	现场测试人员耳膜有疼痛感，难以忍受

4. 总体分析与评价

由上述各项分析可得，造成声环境风险的最主要风险因子为施工期的混凝土拌和系统、各类施工机械运行、车辆交通运输以及隧洞爆破震动等噪声污染源。根据同类型工程施工噪声监测数据，上述噪声源大多在 80～110dB(A)，其中混凝土拌和系统可达 85～90dB(A)。本工程沿途均近临或穿过多个乡村镇，施工期各施工工地和交通运输均会对村镇居民的生活带来一定的噪声影响。此外，爆破噪声和振动会对野生动物造成惊吓等噪声影响。

若不采取相应的措施，施工区周围的居民将长期生活在噪声的环境中，可能损害他们的身体和心理双方面，如人长期处于噪声范围中就会导致听力受损，而且噪声会影响人的神经系统，容易使人急躁、易怒，除此之外，会严重影响人的睡眠，导致疲倦，从而导致一系列身体亚健康的风险发生。若噪声惊吓了当地的野生动物，也会对动物以及居民的安全造成威胁。

7.3　环境空气风险分析与评价

引汉济渭工程所造成的环境空气风险主要来自于工程的建设期，即施工期。施工期工程施工对作业区造成一定的环境空气污染，主要包括：土石方开挖回填、骨料加工筛分、仓库装卸等施工过程产生的粉尘和扬尘，以及生活区内生活燃煤产生的废气等，使大气中 TSP 浓度增大；坝基开挖、导流隧洞开挖爆破均会产生分散、无组织排放粉尘和 NO_x；土料、石料等物料运输产生扬尘和尾气，使运输路线两侧局部范围产生一定的空气污染；堆场料堆受风吹扬尘、装卸扬尘将产生较大的粉尘污染，对作业点周围环境带来一定的影响。下面将从水源区和输水沿线两部分对其进行具体的分析及评价。

7.3.1　水源区环境空气风险分析与评价

1. 环境敏感点分布

现场调查，黄金峡、三河口水利枢纽施工区附近有 4 处居民点。污染源与敏感保护目标之间相对位置关系见表 7-17。

表 7-17　工程区内大气污染源与敏感保护目标位置关系表

工程项目	主要污染源	敏感点名称	与工程的关系	保护对象概况	主要污染因子
黄金峡	砂石加工系统	史家梁	汉江右岸，距离砂石加工系统约585m，高差约120m	约 8 户居民	TSP
	场内交通	高家河坝	汉江左岸，距离 7#施工道路、17#永久桥、18#永久桥约 56m	约 5 户居民，临路第一排居民约有 1 户	NO_2 TSP
	场内交通	史家梁	汉江右岸，距离 15#施工道路约155m，与公路高差 125m	约 8 户居民，临路第一排居民约有 1 户	NO_2 TSP
三河口	场内交通	高家坪村	汉江右岸，距离蒲家沟弃渣场 10#施工道路 20m，高差 2m	约 6 户居民	NO_2 TSP

2. *砂石料加工系统影响预测与分析*

类比同类型水电站施工期间施工作业面大气污染物排放情况，砂石料加工系统在附近 100m 范围内排放浓度值相对较高，其余施工作业面和 100m 以外排放浓度均符合《环境空气质量标准》中二级标准要求。

3. *爆破及开挖影响预测与分析*

炸药爆破时会产生粉尘、CO 等污染物，污染源主要集中在石料场取料、坝基开挖、导流洞爆破施工等。根据实测资料，在施工现场 50～200m 以外，TSP 符合《环境空气质量标准》中二级标准要求。

黄金峡坝址工区、锅滩石料场、郭家沟石料场，三河口坝址工区、II_3号料场 800m 范围内均无居民点分布，2 水库坝址施工区、石料场开采爆破产生的大气污染物会对施工区局部环境空气质量造成影响。

4. *交通运输系统影响预测与分析*

1）运输扬尘

（1）影响预测。运输车辆扬尘不会在大范围内平均分布，但在小空间内浓度较高，其扬尘影响范围一般在宽 10～50m、高 4～5m 的空间内，3min 后，较大颗粒即沉降至地面，而微细颗粒(所占比例较小)在空中停留时间较长。

（2）环境敏感点影响预测。交通运输扬尘、TSP 均会对靠近场内交通道路的高家河坝居民点产生不利影响，而史家梁与场内施工道路高差较大，受其产生的影响较小。

2）燃油污染排放

（1）预测模式。交通运输的气态污染物排放源强采用如下公式计算

$$Q_j = \sum_{i=1}^{3} 3600^{-1} A_i E_{ij} \tag{7-11}$$

式中，Q_j 为 j 类气态污染物排放源强度，mg/(s · m)；A_i 为 i 类车预测年的小时交通量，辆/h；E_{ij} 为汽车专用公路运行工况下 i 类型车 j 类排放物在预测年的单车排放因子，mg/(辆·m)。

此外，NO_x 与 NO_2 换算系数范围为 0.075～0.100。

(2) 施工期大气污染物排放量预测。经预测，黄金峡场内由施工交通所产生的 CO、NO_2 年均排放源强分别为 0.50mg/(s · m)、0.02mg/(s · m)，第 3 年高峰小时排放源强分别为 0.64mg/(s · m)、0.50mg/(s · m)。三河口场内交通 CO、NO_2 年均排放源强分别为 1.09mg/(s · m)、0.02mg/(s · m)，第 3 年高峰小时排放源强分别为 2.11mg/(s · m)、0.03mg/(s · m)。

据此，黄金峡、三河口枢纽场内交通大气污染物 CO 年均排放总量分别为 258.51t、367.50t，NO_2 分别为 8.97t、5.10t。

具体大气污染物昼间排放源强见表 7-18，预测结果见表 7-19。

表 7-18　施工期场内交通大气污染物昼间排放源强　[单位：mg/(s · m)]

工程	项目	第 1 年	第 3 年	第 5 年	年平均	第 3 年高峰小时排放源强
黄金峡场内交通	CO	0.17	0.54	0.79	0.50	0.64
	NO_2	0.01	0.03	0.01	0.02	0.04
三河口场内交通	CO	0.61	1.74	0.91	1.09	2.11
	NO_2	0.01	0.02	0.02	0.02	0.03

表 7-19　施工期场内交通大气污染物排放总量

工程	项目	第 1 年/t	第 3 年/t	第 5 年/t	年平均/t
黄金峡场内交通	CO	80.51	258.44	436.59	258.51
	NO_2	5.43	14.95	6.53	8.97
三河口场内交通	CO	183.49	523.23	395.77	367.50
	NO_2	2.62	7.19	5.48	5.10

(3) 环境敏感点预测。经预测，叠加背景值后，各环境敏感点处大气污染物浓度日均值及第 3 年高峰小时浓度均低于《环境空气质量标准》二级标准浓度限值。大气污染物浓度预测结果见表 7-20，叠加背景值后结果见表 7-21。

表 7-20　施工期环境敏感点昼间大气污染物浓度预测值

项目	预测因子	敏感点		
		史家梁	高家河坝	高家坪村
本底值/(mg/m^3)	CO	—	—	—
	NO_2	0.01	0.01	0.017
第 1 年/(mg/m^3)	CO	0.01	0.0009	0.1
	NO_2	0.0005	—	0.0014
第 3 年/(mg/m^3)	CO	0.03	0.003	0.29
	NO_2	0.002	0.0002	0.0042
第 5 年/(mg/m^3)	CO	0.05	0.005	0.22
	NO_2	0.001	0.0001	0.0028
第 3 年高峰小时浓度/(mg/m^3)	CO	0.036	0.0036	0.348
	NO_2	0.0024	0.0002	0.005

表 7-21　施工期环境敏感点昼间大气污染物浓度(叠加背景值)

工程项目	敏感点	第 1 年/(mg/m^3)		第 3 年/(mg/m^3)		第 5 年/(mg/m^3)		第 3 年高峰小时浓度/(mg/m^3)	
		CO	NO_2	CO	NO_2	CO	NO_2	CO	NO_2
黄金峡	史家梁	0.010	0.011	0.030	0.012	0.050	0.011	0.036	0.013
	高家河坝	0.001	0.010	0.003	0.010	0.005	0.010	0.004	0.010
三河口	高家坪村	0.100	0.018	0.290	0.021	0.220	0.020	0.348	0.022

7.3.2　输水沿线环境空气风险分析与评价

1. *砂石料加工系统影响预测与分析*

由于黄三段隧洞与黄金峡、三河口水利枢纽共享砂石加工系统，所以本节仅对秦岭隧洞越岭段施工区砂石加工系统环境空气影响进行预测分析。

砂石加工系统在粗碎、中碎、细碎、筛分和运输过程中均会产生粉尘，因此，此处的主要大气污染物是粉尘。据悉，越岭段隧洞施工期需砂石料总量为 77.33 万 m^3。在砂石加工生产中采用湿式作业，使用湿式棒磨机，并配置室粉回收装置，可使粉尘的产生量减少 98%以上。类比其他相关工程，该系统粉尘排放系数取 0.006kg/t，则越岭段隧洞施工高峰期粉尘排强度为 3.3kg/h，施工期间共产生粉尘约 4.64t。

结合实测资料，砂石料加工系统在附近 100m 范围内排放浓度值相对较高，而 100m 以外排放浓度均符合《环境空气质量标准》中二级标准要求。

2. 爆破及开挖影响预测与分析

石料场、隧洞开挖施工中，炸药爆破时会产生 CO、NO_x 等污染物，爆破属于瞬间源，其粉尘、废气的影响范围主要集中在爆破源附近。

(1) 爆破影响分析。越岭段有 2 处石料场，主要由岭南的九关沟料场和岭北的王家河料场供应。在采取措施后，其石料开采工程粉尘排放系数为 0.96t/万 m^3，CO 的排放系数为 41.75kg/t 炸药，NO_2 的排放系数为 15.27kg/t 炸药。

(2) 开挖影响预测。黄三段主、支洞全部采用钻爆法施工，越岭段隧洞施工以2台TBM施工（施工总长度39 082m）为主，钻爆施工（施工总长度42 697m）为辅，进出口均采用钻爆法施工。因此，爆破及开挖的大气环境影响范围主要集中在主洞进出口及支洞施工口附近。根据实测数据，隧洞出口的CO和NO_x浓度分别为0.36mg/m^3和0.15mg/m^3。在洞口处，CO浓度即能满足环境空气质量二级标准；而NO_x浓度在距洞口5m处才能满足环境空气质量二级标准，此时浓度可降至0.001 73mg/m^3。

3. 交通运输系统影响预测与分析

交通运输系统大气环境影响主要来源于道路施工过程和车辆运输行驶过程。道路施工中混凝土拌和作业、材料的运输和堆放、土石方的开挖和回填等都会产生 TSP，且施工期车辆运输将产生道路二次扬尘污染。

1) 施工粉尘

类比其他工程，灰土拌和站下风向 50m 处施工粉尘浓度为 8.90mg/m^3，下风向 100m 处为 1.65mg/m^3，而下风向 150m 处才满足《环境空气质量标准》中二级标准。对于 TSP 污染，其可控制在施工现场 50～200m 内，而在此范围以外则符合《环境空气质量标准》二级标准要求。

据调查，黄三段场内施工道路周边 200m 范围内无环境敏感点；越岭段 1#支洞、6#支洞和 7#支洞运渣道路两侧 50m 以内有蒲河九年制学校、陈河口村居民点、双庙子村居民点、王家河乡散户 4 个环境敏感点，施工粉尘会对其产生一定影响，需要采取一定防护措施。

2) 运输扬尘

(1) 预测评价。车辆行驶产生的扬尘，在完全干燥情况下，按下列经验公式计算

$$Q = 0.123(V/5)(W/6.8)^{0.85}(P/0.5)^{0.75} \tag{7-12}$$

式中，Q 为汽车行驶的扬尘，kg/(km·辆)；V 为汽车速度，km/h；W 为汽车载重量，t；P 为道路表面粉尘量，kg/m^2。

则根据工程实际情况，当汽车行驶速度取 50km/h，载重取 30t，道路表面粉尘量取 0.3kg/ m^2 时，汽车行驶产生的扬尘量为 2.96kg/(km·辆)。

总体上，运输车辆扬尘不会在大范围内平均分布，但在小空间内浓度较高。在

道路局部地段积尘较多的地方，载重车辆经过时会掀起浓密的扬尘。根据实测数据，类似路面交通运输产生的扬尘影响范围一般在宽10～50m、高4～5m的空间内，3min后较大颗粒即沉降至地面，而微细颗粒(所占比例较小)在空中停留时间较长。

(2) 环境敏感点影响分析。分析可知，越岭段隧洞施工交通运输粉尘对蒲河九年制学校、陈河口村居民点、双庙子村居民点、王家河乡散户4个环境敏感点将会产生空气污染的环境风险。

3) 燃油污染排放

(1) 预测评价。燃油污染的预测模式及其参数确定与水源区施工声环境预测相同。

根据秦岭隧洞交通量，施工期各路段评价年的小时车流量可见表7-22。

表7-22　秦岭隧洞工程场内交通车流量表　　(单位：辆/h)

工程名称	车型	第1年		第2年		第4年		第6年	
		昼间	夜间	昼间	夜间	昼间	夜间	昼间	夜间
黄三段隧洞	小车	3	1	10	2	28	4		
	中车	8	2	25	4	36	5		
	大车	42	10	103	17	16	2		
	合计	52	12	137	22	80	12		
越岭段隧洞	小车	8	1	15	2	37	5	22	3
	中车	26	4	46	7	31	4	40	6
	大车	81	13	149	24	55	7	16	2
	合计	115	18	210	34	122	16	78	12

结合表7-23预测，黄三段场内由施工交通产生的CO、NO_2年均排放源强分别为0.29mg/(s・m)、0.01mg/(s・m)，第2年高峰小时排放源强分别为0.54mg/(s・m)、0.03mg/(s・m)。越岭段场内由施工交通产生的CO、NO_2年均排放源强分别为0.59mg/(s・m)、0.02mg/(s・m)，第2年高峰小时排放源强分别为0.88mg/(s・m)、0.05mg/(s・m)。这两段施工期场内交通大气污染物源强具体预测见表7-23。

表7-23　秦岭隧洞施工区场内交通大气污染物昼间排放源强　　[单位：mg/(s・m)]

工程	项目	第1年	第2年	第4年	第6年	年平均	第2年高峰小时排放源强
黄三段隧洞	CO	0.15	0.45	0.57	0.00	0.29	0.54
	NO_2	0.01	0.03	0.01	0.00	0.01	0.03
越岭段隧洞	CO	0.41	0.73	0.66	0.55	0.59	0.88
	NO_2	0.02	0.04	0.02	0.01	0.02	0.05

此外，根据表 7-24 中大气污染物年均排放预测结果可知，黄三段、越岭段场内交通大气污染物 CO 年均排放总量分别为 73.82t、533.93t，NO_2 分别为 2.82t、19.32t。

表 7-24　秦岭隧洞施工区场内交通大气污染物排放总量

工程	项目	第 1 年/t	第 2 年/t	第 4 年/t	第 6 年/t	年平均/t
黄三段隧洞	CO	42.05	112.99	140.23	—	73.82
	NO_2	2.72	6.44	2.10	—	2.82
越岭段隧洞	CO	370.65	670.45	594.93	499.71	533.93
	NO_2	19.17	35.10	15.06	7.95	19.32

（2）环境敏感点影响预测。对公路两侧环境敏感点预测结果表明，叠加背景值后，大气污染物浓度日均值及第 3 年高峰小时浓度均低于《环境空气质量标准》二级标准浓度限值。

秦岭隧洞工程环境敏感点大气污染物浓度预测结果见表 7-25，叠加背景值后预测见表 7-26。

表 7-25　秦岭隧洞施工区环境敏感点昼间大气污染物浓度预测值

项目	预测因子	敏感点			
		蒲河学校	陈河口村居民点	王家河乡双庙子村	王家河乡散户
背景值/(mg/m^3)	CO	—	—	—	—
	NO_2	0.022	0.022	0.021	0.021
第 1 年/(mg/m^3)	CO	0.073	0.14	0.073	0.097
	NO_2	0.004	0.008	0.004	0.006
第 2 年/(mg/m^3)	CO	0.101	0.202	0.101	0.135
	NO_2	0.006	0.011	0.006	0.007
第 4 年/(mg/m^3)	CO	0.095	0.188	0.095	0.126
	NO_2	0.001	0.003	0.001	0.002
第 6 年/(mg/m^3)	CO	0.078	0.154	0.078	0.103
	NO_2	0.001	0.003	0.001	0.002
第 2 年高峰小时浓度/(mg/m^3)	CO	0.124	0.240	0.124	0.165
	NO_2	0.007	0.014	0.007	0.01

表 7-26　秦岭隧洞施工区环境敏感点昼间大气污染物浓度（叠加背景值）

项目	预测因子	敏感点			
		蒲河学校	陈河口村居民点	王家河乡双庙子村	王家河乡散户
第 1 年/(mg/m^3)	CO	0.073	0.14	0.073	0.097
	NO_2	0.026	0.030	0.025	0.027
第 2 年/(mg/m^3)	CO	0.101	0.202	0.101	0.135
	NO_2	0.028	0.033	0.027	0.028
第 4 年/(mg/m^3)	CO	0.095	0.188	0.095	0.126
	NO_2	0.023	0.025	0.022	0.023
第 6 年/(mg/m^3)	CO	0.078	0.154	0.078	0.103
	NO_2	0.023	0.025	0.022	0.023
第 2 年高峰小时浓度/(mg/m^3)	CO	0.124	0.240	0.124	0.165
	NO_2	0.029	0.036	0.028	0.031

根据上述数据分析可知，施工期由于砂石加工系统、爆破以及开挖和不断地物料运输系统使得水源区和输水沿线的空气质量最多只能达到《环境空气质量标准》的二类标准浓度限值。在爆破的过程中，会产生 NO_x 等对身体有害的气体，并且在短期内使得现场的环境空气质量迅速下降，从而影响周围的环境。砂石加工系统虽然也会产生一定量的粉尘、细砂等空气污染物，但对周围的环境空气产生影响较小。总的来说，施工期造成环境空气质量下降，危害周围最严重的风险因子就是交通运输系统所导致的粉尘污染。在运输阶段，在道路局部地段积尘较多的地方，载重车辆经过时会掀起浓密的扬尘，类似路面交通运输产生的扬尘影响范围一般在宽 10～50m、高 4～5m 的空间内，3min 后较大颗粒即沉降至地面，而微细颗粒则在空中停留时间较长。

在工程建设中，受交通运输粉尘影响，越岭段隧洞施工区 $1^{\#}$支洞、$6^{\#}$支洞、$7^{\#}$支洞运渣道路两侧 50m 以内的蒲河九年制学校、陈河口村居民点、双庙子村居民点、王家河乡散户这 4 个环境敏感点的环境空气质量将会明显下降。粉尘影响，轻者导致大气环境差，可见度降低，重者则会危害到当地居民的身体健康。此外，受大风天气作用，料堆场产生的风吹扬尘或物料的装卸扬尘，将加大对施工区周围的环境敏感点的粉尘污染。

综上所述，项目施工期的环境空气污染风险事故发生的风险概率较高。对于局部地区影响一般，但对于环境敏感点则影响较高，风险程度较大。

参 考 文 献

陈广杰. 2008. 三峡坝区主要病媒生物及其相关疾病的调查研究. 武汉: 华中科技大学硕士学位论文.

何盼. 2008. 三期蓄水期间三峡坝区鼠类种群数量变动及其带毒状况的调查. 武汉: 华中科技大学硕士学位论文.

江和侦, 周孝德, 李洋. 2007. 水利工程建设项目的风险分析. 水利科技与经济, 13(2): 96-98.

李培龙, 张静, 杨维中. 2009. 大型水库建设影响人群健康的潜在危险因素分析. 疾病监测, 24(2): 137-139.

李绍文. 2015. 陕西省引汉济渭工程建设存在的问题及解决对策. 陕西水利, (5): 57-58.

鲁生业, 郑丰, 刘金珍, 等. 2011. 水利工程对人群健康的影响及保护措施. 水资源保护, 27(5): 21-24.

马振方, 于瑞. 2006. 水利水电工程声环境影响分析及防治措施. 河南水利, (8): 80-81.

苏培学, 毛德强, 汪新丽, 等. 2005. 水库蓄水前虫媒及自然疫源性疾病监测分析. 中国公共卫生, (9): 51-52.

孙智慧, 王芳. 2012. 流行性传染病的控制预防方法浅析. 中国现代药物应用, 6(12): 64.

熊俊杰. 2008. 三峡工程对坝区自然疫源性疾病影响的研究. 武汉: 华中科技大学硕士学位论文.

杨晓盟, 王晓昌, 章佳昕, 等. 2013. 引汉济渭工程秦岭隧洞岭北段施工废水污染物解析. 环境工程, 31: 80-83.

张渝, 詹平. 2005. 大型水利工程对环境及人群健康的影响. 职业卫生与病伤, 20(3): 185-187.

赵文谦. 1995. 水利工程的环境问题与对策. 四川水利, 17(1) : 34-39.

第 8 章　引汉济渭工程环境风险控制与管理

8.1　引汉济渭工程环境风险控制

由前几章的环境风险分析可知，在整个引汉济渭工程中存在着水环境风险、生态环境风险、环境地质风险及公众健康风险四大风险。下面就这几个风险提出具体的控制方法和预防措施。

8.1.1　水环境风险控制

1. 水质污染事故风险控制

1）水源区

随着流域经济的不断发展，入库点源的污染负荷也将随之增加。为了满足引汉济渭工程的引水功能要求，防止污染负荷大、负荷多而造成供水水质污染事故的发生，必须采取一定的水质保护措施来预防风险。

(1) 点源治理措施。点源治理措施包括：①调整产业结构，推行清洁生产。对于目前正在倾力实施“工业强县”战略的洋县，应在抓住结构调整契机的同时，深化改革工业污染防治管理模式，坚持进行分类指导。对于污染严重的废水，应结合技术改造和技术创新，推行清洁生产。与此同时，相关部门应制定有利于推行清洁生产的经济政策和建立有利于清洁生产的投融资机制。②走新型工业化道路，做好工业污染防治工作。应进行适当的产业结构调整，走新型工业化道路，有计划、分步骤地淘汰库区内技术水平低、资源消耗大、污染严重的产业。一方面，对排污单位加强监督检查和环境执法的力度，并对重点排污企业开展在线监测工作；另一方面，在库区周边、汉江干流沿岸地区，禁止新增高水耗、重污染的行业，并要求库区水域范围内不得新开工业排污口。③及时集中收集、处理生活污水与生活垃圾。为保证黄金峡入库水质达到《全国重要江河湖泊水功能区划》及《陕西省水功能区划》要求，洋县污水处理厂应按一级 A 标准来处理污废水，以使其达到地表水Ⅲ类标准。

同时，在库区人口少、居住较分散且基本无污水管道又无水冲厕所设施的地方，应因地制宜，采用多种实用、经济的分散处理措施。例如，对于在城市管网收集范围外的居民生活污水，采用分散处理(ON-SITE)方式等；对于在居民较集中区所建的小型污水处理站，可采用运行简便、低能耗的微动力生活污水净化装置等处理方式，使出水 COD 能够不大于 100mg/L。

此外，各市、县(乡镇)对水源地保护区内的生活垃圾应及时进行集中收集、处理，从而防止其污染水体。

(2) 面源治理措施。面源治理措施包括：①合理施用化肥农药。为保护水源区水质，应发展高效、无污染的绿色肥料和有机肥料，推广高效、低毒、低残留的化学农药及生物农药，并且大力普及科学施用方式。在鼓励畜禽粪便的无害化处理和资源化利用的同时，提倡以生物防治技术来治理农林病虫害，从而减少农业环境污染。②加强水土流失防治。黄金峡和三河口水库主要污染来源是面源污染，库区水质优劣很大程度上取决于面源污染负荷量的大小，则需采取相应的有力措施来最大限度地防止水土流失。水土流失治理措施主要包括坡面治理工程和林草措施两方面。坡面治理工程主要是将相关设施布设在坡度较缓、土层较厚的坡耕地上。根据黄金峡、三河口水库实际情况，可采取布设配套蓄水池窖、沉沙池、排灌沟渠、田间道路、等高植物篱等坡面工程措施。林草措施则包括经济林果、水土保持林和种草措施。其中，经济林果措施是指选种优良品种的果树，并以此建立和形成规模化、集约化的产、供、销系统。而水土保持林和人工种草措施基本原理相似，主要区别在于相对于主要布设在水土流失较严重的沟坡、沟底及退耕的陡坡、耕荒山荒坡上的水土保持林，人工种草主要布设在土壤水分条件相对较好的退耕地或荒坡上。③集中式畜禽养殖控制。划定水源地保护区，禁止在饮用水水源保护区新建畜禽养殖场。对黄金峡、三河口水库库周，原有的小规模畜禽养殖场进行清理整合，变分散为集中，从而方便管理控制。④库周增加林草覆盖率。以恢复并保护发展森林植被、治理水土流失为重点，结合运用生物措施、工程措施，重点建设天然林保护工程，全面改善生态环境。例如，推广沼气池、省柴灶、秸秆气化、农村太阳能利用等农村新能源利用项目，以此来降低薪炭林的砍伐。⑤建设库岸生态防护带。在库区周边开辟植被过滤带，如草本灌木和林区的交混可有效防止面源污染。

(3) 水生态修复措施。水生态修复措施包括：①库湾水质保护措施。黄金峡、三河口库湾地形复杂，对于库湾及岸边局部水质较差的水域，除了上述点源治理措施外，还可采用种植水生植物的措施来净化水质——利用水生生物来吸收水中的营养元素，将水中的营养物质转化为有用的产品，减轻水体的富营养化程度。②入库支流生态恢复与保护措施。可在黄金峡水库的金水河回水末端建设生态滚水堰工程，通过适当提高坝前水位，形成湿地及滩地；或增加来水停留时间及与湿地植物、挺水植物等的接触时间，净化来水水质，从而增强下游的强化、净化能力。

(4) 管理措施。管理措施包括：①建立并完善水资源保护的政策法规体系。相关部门应尽快建立和完善水源区水质保护法规体系，通过法制来保障相关水质保护工作。对于建设单位，一方面应尽快编制引汉济渭工程饮用水源保护区划分方案，促进地方政府审定饮用水源保护区和依照有关法规进行水源保护；另一方面，加强库区水质保护，配合地方政府有关部门制定并严格落实库区及上游水资源保护规划。②制定污染控制标准。遵循“总量控制”和“浓度控制”相结合的原则，在国家污染控制标准的基础上，相关部门应制定两个水库库区的污染控制标准。③加强污染源管理。相关部门在实行最严格的水资源管理制度的同时，应探索并运用利益补偿机制，合理确定污水处理收费标准，从而建立合理的城市污水处理市场化运营机制。在此基础上，提高城市污水处理后的废水回用率，确保城市污水处理厂正常的稳定运行。④强化水环境与水资源保护监督管理。相关部门应加强对两个水库库区取水、排污及水功能区的监督管理，严格把关行政审批，控制新的污染发生。同时，建立水污染事故应急处理机制，增强监督执法快速反应能力，并进一步重视舆论监督和宣传工作，以充分发挥社会和舆论的监督作用。⑤加强能力建设，开展科学研究。结合两个水库水质保护监督管理的需要，加快建设和完善水环境监测网站，建立水质自动监测系统以及水质保护决策支持系统。另外，应抓紧开展水质保护与水质监测的关键技术研究，为水质保护提供科学依据。

(5) 库底清理环境保护。为保护黄金峡水库、三河口水库水源地水质安全，防止清理过程中出现二次污染，在移民安置库底清理规划的基础上，应对卫生清理和固体废弃物清理提出环境保护要求，制定水库清理环境保护方案。

①卫生清理。通常，卫生清理对象包括一般污染源、传染性污染源和生物类污染源三大类(表 8-1)。根据表 8-1 卫生清理对象的特征，一般情况下，卫生清理工作应在卫生疾控专业机构的指导下，在建(构)筑物拆除之前进行。同时，卫生清理应符合下列规定：首先，卫生清理应与固体废物清理、建筑物清理统筹安排，按照先搬迁、后清理、再拆除的步骤，明确对象，分类处理；其次，清理应与无害化处理相结合，对于难以就地无害化处理的污染物，应将其运至库区以外处置；再次，在收集、储存、运输、处置污染物的过程中，应注意防止其扩散。黄金峡、三河口水利枢纽工程淹没共涉及 4 个集镇，这些集镇中的卫生院工作区及医疗废物均属传染性污染源，蓄水前应及时按照上述原则处理，否则将污染水库水质。②固体废弃物清理。黄金峡、三河口水库固体废物清理对象包括所有可能对水库水质产生污染的固体废物，如生活垃圾、污泥粪便、养殖废物、工业固体废物、危险废物以及废旧工厂、厂矿及仓库原址周围受污染的土壤等。这些固体废物的处理除遵循表 8-2 和表 8-3 中的原则和标准，其收集、储存、运输、利用、处置都应采取防扬散、防流失、防渗漏或者其他防止污染环境的措施，不应擅自倾倒、堆放、丢弃、遗撒。同时，固体废物处置应在库区外进行，危险废物处置应符合《危险废物焚烧控制标准》(GB 18484—2001)、《危险废物贮存污染控制标准》(GB 18597—2001)和《危险废物填埋污染控制标准》(GB 18598—2001)的规定。

③清理技术与方法。此处清理技术与方法的对象共涉及生活垃圾、污泥、粪便、养殖废物、一般工业固体废物和危险废物，其相应的处理原则见表 8-4。

表 8-1　卫生清理对象

卫生清理对象分类	卫生清理对象特征
一般污染源	包括化粪池、沼气池、粪池、公共厕所、畜禽养殖场所、普通坟墓
传染性污染源	包括传染病疫源地，医疗卫生机构工作区和医院垃圾及堆放场所，兽医站、屠宰场及牲畜交易所，传染病死亡者墓地和病死畜禽掩埋地
生物类污染源	包括居民区、集贸市场、仓库、屠宰场、码头、垃圾堆放场及存在鼠类的耕作区

表 8-2　固体废物处理原则

固体废物类别	固体废物处理原则
生活垃圾及其堆放点	废塑料重量含量大于等于 0.5%或有机物重量含量大于等于 10%的，应予以清理
工业固体废物的一般工业固体废物	来源于化肥、农药、染料、油漆、石油等仓库和其产品的销售、储存场所，或其浸出液[采取《固体废物浸出毒性浸出方法》(HJ 557—2009)浸出方法]中一种或者一种以上的有害成分浓度大于或等于表 8-3 中所列指标的，应予以清理
危险废物	列入《医疗废物分类目录》或《国家危险废物名录》，或者被《危险废物鉴别标准》(GB 5085.1—2007)检测确认及来源于农药销售商店和储存点积存、散落和遗落的，应予以清理
危险废物以及废旧厂矿及仓库原址周围受污染的土壤	其浸出液中一种或者一种以上的有害成分浓度大于或等于表 8-1 中所列指标的，应予以清理

表 8-3　库底工业固体废物与污染土壤清理鉴别标准

项目	浸出液浓度/(mg/L)	项目	浸出液浓度/(mg/L)
化学需氧量(COD)	40	铅	0.01
氨氮	2.0	锰	0.1
总磷(以 P 计)	0.2	氟化物	1.0
石油类	0.05	锌	1.0
挥发酚	不得检出	铜	1.0
总氰化合物	不得检出	硒	0.01
氟化物	不得检出	铁	0.3
有机磷农药(以 P 计)	不得检出	硫酸盐(以 SO_4^{2-} 计)	250
汞	不得检出	氯化物(以 Cl^-计)	250
烷基汞	不得检出	硝酸盐(以 N 计)	10

续表

项目	浸出液浓度/(mg/L)	项目	浸出液浓度/(mg/L)
镉	不得检出	阴离子表面活性剂	0.2
总铬	0.05	硫化物	0.1
六价铬	0.05	粪大肠菌群/(个/L)	2000
砷	0.05		

表 8-4　清理技术与方法的对象及其处理方式

清理技术与方法的对象	清理技术与方法的对象的处理方式
生活垃圾	①堆放场和库区分散堆积的生活垃圾均应收集至库区外对库区水质不产生直接影响的区域处置 ②生活垃圾筛下物(筛子孔径为 40mm)可用于移民安置区农用肥料或土壤改良剂，筛上物则进行焚烧或卫生填埋 ③用作农用肥料或土壤改良剂的垃圾剩余部分，其处置应在库外进行 ④库区外生活垃圾的卫生填埋应满足《生活垃圾填埋场污染控制标准》(GB 16889—2008)的有关要求
污泥、粪便、养殖废物	①粪便收集和处理设施中积存的污泥以及禽畜养殖场内积存的禽畜粪便应彻底清理 ②清理的污泥粪便、养殖废物满足或经过处理后满足《城镇垃圾农用控制标准》(GB 8172—1987)和《农用污泥中污染物控制标准》(GB 4284—1984)的有关规定，可用作农用肥料，也可作为土壤改良剂施用于水库淹没区外的农田、林地、绿化用地等 ③污泥用作农用肥料或土壤改良剂的剩余部分应进行卫生填埋 ④无法清理的残留物，应加等量生石灰，或者按 1kg/m^2 的方式撒布漂白粉，混匀消毒后清除 ⑤污泥粪便、养殖废物的坑穴用生石灰或漂白粉(漂白粉有效氯含量均以大于 20%计算)按 1kg/m^2 撒布、浇湿后，用农田土壤或建筑渣土填平、压实。公共厕所地面和坑穴表面则用 4%漂白粉上清液按 1～2kg/m^2 喷洒
一般工业固体废物	按类别分别采取措施，且其堆放场的处置需满足《一般工业固废贮存、处置场污染控制标准》(GB 18599—2001)相应要求，并进行专门设计
危险废物	①危险废物应采用专用容器收集、装运、放置、装载和覆盖。其中，该容器和包装物应具有良好的稳定性，且不应有锈蚀、损坏和泄漏。另外，这种废物不应与一般工业固体废物混装，其装运车辆和容器、包装物及处置设施都应设置危险废物识别标志 ②危险废物(医疗废物除外)的处置应满足《危险废物焚烧控制标准》(GB 18484—2001)的有关规定。医疗废物的处理应满足《医疗废物集中处置技术规范》(环发[2007]206 号文)的规定

2）输水沿线

输水沿线工程多位于地表以下，根据前面分析，工程对地下水环境的风险主要是工程前期施工对地下水动力场的影响、污水的排放对地下水的影响和弃渣的堆放淋滤对地下水的影响三个方面。隧洞凿进过程中势必会在构造破碎带、节理裂隙发育部位和隧洞埋深较浅部位有涌水、突水现象，使洞顶地下水或地表水向隧洞内渗漏，对地下水或地表水造成一定的影响。

(1) 地表水污染防治措施。在废水处理基础上，还需加强污水排放处理监管措施，定期对水质予以监测化验，防止地下水体或地表水体的污染。

(2) 地下水位下降防治措施。应严格贯彻“以堵为主，控制排放”的要求，为限制Ⅰ级富水区段地下水过度排放，采用局部径向注浆的堵水措施，其中辅助坑道堵水率按 70%考虑。正洞由于受结构水压的影响，需设泄水孔，允许适当排水，堵水率按 60%考虑。

对于支洞和主洞洞身地下水发育地段及软弱破碎带地段，采用超前预注浆或径向注浆的措施来加固地层和堵水：①施工缝及变形缝止水措施。隧洞分段浇筑的混凝土施工缝分为纵向施工缝和环向施工缝两种。其中，环向施工缝和纵向施工缝均采用中埋钢边止水带止水构造，但环向施工缝还需贯通二次衬砌拱墙、仰拱。另外，环向施工缝应与变形缝结合设置，其中变形缝也要贯通二次衬砌拱墙、仰拱。在变形缝部位中部设有中埋式橡胶止水带、外贴式止水带及填缝材料(聚乙烯泡沫塑料板材)组成的复合止水层。在变形缝内侧采用密封膏设置嵌缝密封止水带，密封膏要求沿变形缝环向封闭，任何部位均不得出现断点，以免出现蹿水现象。②回填灌浆及固结灌浆措施。回填灌浆孔布置应为拱部 120°范围内的梅花形布置，每排 2 或 3 个孔，排距 3m。灌浆压力则视衬砌厚度和配筋情况而确定：对混凝土衬砌可采用 0.2～0.3MPa；对钢筋混凝土可采用 0.3～0.5MPa。在实际施工中，需根据试验参数对现场参数进行调整。固结灌浆范围主要为Ⅳ、Ⅴ类围岩断层及破碎带，需全断面布设。灌浆孔布置为全断面，每环 7 个灌浆孔、排距 3m 的梅花形布置。其中，拱部 120°范围内，固结灌浆孔结合回填灌浆孔设置。钻孔直径为 50mm，孔深 4m。灌浆压力设计值为 0.7MPa，但应根据现场试验进行参数进行调整。③需要进一步采取措施。根据风险分析，秦岭输水隧洞岭北段涌水比较严重，对地下水径流有一定的影响，主要是断裂构造引起的。虽然按照以上防水方案施工，基本可以达到防止地下水漏失造成地下水位下降、影响地表植被和生态环境的目的，但是由于岭北段断裂构造比较密集，且断裂构造角度较大(基本上可以达到 70°～80°)，即使按照防水方案施工，也有可能难以达到预期的目的，因而需要配合地面浅部的防水措施，如北沟和大小干峪等，需从地面施工注浆孔，堵塞裂隙裂缝，防止浅层地下水下渗或地表水通过裂隙裂缝下渗。

另外，施工期在隧洞周围、断裂带、地表出露泉点、沟流等处应设监测点，对排水变化情况和顶部村庄周围水田及植被进行监督性监测，加强对隧洞顶部村庄生活饮用水源的监测。

(3) 其他措施。除了上述所提到的措施外，还可以采取以下措施来控制环境风险：①在秦岭隧洞出口段(K78+000～K81+779)做好防水措施，建议全断面加设防水板，且适当提高结构强度，以抵御可能的库水沿节理、裂隙入渗所产生的外水压力。对施工中遇到的节理密集带进行注浆处理，用以封堵将来库水升高后可能会发生的入渗，以免隧洞影响水库蓄水。②对于隧洞及其支洞穿越地表水下方岩层的洞身，应采取有效的封堵措施和支护措施，确保隧洞围岩的稳定，同时做好防渗、排导措施，以免对工程造成不利影响。③施工过程中严格贯彻“以堵为主、控制排放”的原则，加强工程防渗措施。对于容易发生涌水、涌泥的洞段，应加强施工监测预报，在排除隧洞发生涌水、涌泥的同时，对涌水处采取封堵措施。④在施工过程中，对于各施工工区的弃渣临时堆放区域，应设置围护挡墙，防止水流冲刷形成泥石流物源，还应做到及时清理，将弃渣运送到指定的堆放场地。对于指定的弃渣堆放场地，应在底部修建拦渣坝，并进行逐级碾压，分层筑坝，施工结束后应进行平整、碾压、覆土、复绿，保护恢复环境。

3）受水区

为了防止受水区水质的污染事故发生，按照《陕西省人民政府办公厅关于印发渭河流域水污染防治巩固提高三年行动方案(2015～2017)的通知》陕政办发〔2015〕38号，受水区22个受水对象必须在当地政府引导下做好以下工作。

(1) 提高生活污水处理能力，保障治理设施正常运营。为了提高生活污水处理能力，保障治理设施正常运营，可以采取：①加强配套管网建设。城镇新区建设均实行雨污分流制度，加快合流制排水系统雨污分流改造。新建污水处理设施同步建设配套管网，城市建成区污水实现全收集和全处理，严格落实污水排入排水管网许可证制度，确保其达到下水道水质标准。按照“集中和分散相结合”的原则，优化布局，确保新增污水得到全面处理。同时，按照《黄河流域(陕西段)污水综合排放标准》督促排污企业对污水处理设施进行升级改造。②促进再生水利用。编制再生水利用规划，建设再生水处理设施和管网，加大向工业企业、景观水体、市政杂用和农业灌溉供水。③加强污泥安全处置与综合利用。实行污泥稳定化、无害化、资源化处置，禁止不达标污泥进入耕地，并取缔非正规污泥堆放点。④加强生态湿地建设。城镇污水处理厂出水口下游要因地制宜，建设人工湿地，如在渭河干流两岸、污染较重的支流入渭口以及重点排污口，建设人工与自然相结合的生态湿地。另外，加强城镇和农业节水，建设雨水收集、利用设施，提高建成区可渗透面积，以使各市(区)全部达到节水型城市标准。其中，发展农业节水可表现为推广节水灌溉技术，完善灌溉用水计量设施。同时，将城镇环保设施建设与提升改造相结合，抓好生活污染治理。

(2) 调整产业结构，加强工业污染全过程控制。为了实现产业结构的调整，工业污染全过程控制能力的加强，可通过以下几步来优化：①进一步优化产业结构。禁止新建和扩建造纸、化工、印染、果汁和淀粉加工等高耗水、高污染项目，继续淘汰严重污染水体的落后产业。新建的低污染项目应全部进入工业园区，纳入统一环境监管，并严格落实“三同时”措施，确保污染物达标排放。②加大治理产业聚集区的水污染。强化泾渭工业园区、西安渭北工业园等高新技术产业开发区、经济技术开发区、出口加工区等产业集聚区的污染治理，健全污水集中处理设施，确保无违法排污行为。③推进清洁生产，发展循环经济。对“双超”（即污染物排放超过国家标准和地方标准，或者虽未超过国家和地方规定的排放标准，但超过重点污染物排放总量控制指标）、“双有”（即生产过程中使用或者排放有毒有害物质）企业全部实施强制性清洁生产审核，鼓励企业自愿开展清洁生产审核，组织好清洁生产重点项目的实施，从源头削减污染，提高清洁生产水平。④持续推进污染减排。将总量控制指标作为新建、改建、扩建项目环境影响评价的依据，实行等量置换。对于未完成水污染物总量减排任务的地区，暂停审批该地区的新增排放水污染物项目。⑤整治重点行业水污染。每年进行专项执法检查，重点针对煤化工（化肥、甲醇、焦化）、石化（炼油）、食品加工（果汁、淀粉、味精）、电镀、造纸、印染、制药（原料药制造）、农药、有色金属等行业，确保企业达标排放。

(3) 抓好化肥施用和规模化养殖管理，控制农业面源污染。抓好化肥施用和规模化养殖管理，通过防治畜禽养殖污染、控制化肥污染和继续开展农村环境连片整治三方面来控制农业面源污染。其中，防治畜禽养殖污染，应规模养殖场并配套建设粪便污水储存处理设施，且在散养密集区中应推广畜禽粪便污水分户收集、集中处理利用，或推广发酵床、干清粪、制造有机肥等技术。控制化肥污染，实行测土配方施肥，推广精准施肥技术和机具；推广低毒、低残留的农药使用，开展农作物病虫害绿色防控和面源污染检测工作。继续开展农村环境连片整治。统筹规划农村污水、垃圾治理，加快推广经济实用、简便易行的小型污水处理技术与垃圾处理模式的应用。

(4) 开展生态修复，建设生态屏障。建设水质监控网络，完善渭河干流和支流水质监测布点，重点监控渭河沿岸泾渭工业园区和西安渭北工业园、重大风险源。

(5) 多项措施并用，加强预防。将污染源企业淘汰关闭和治理相结合，抓好工业污染防治；将水土保持与养殖监管相结合，抓好农业面源污染防治；将城镇环保设施建设与提升改造相结合，抓好生活污染治理；将生态基流保障与湿地建设相结合，进一步降解污染；将强化管理与创新机制相结合，完善污染防治政策措施。另外，应切实加强后续污染源治理工作。

(6) 加强节水措施。节水措施主要包括农业节水措施、工业节水措施、城镇生活节水措施和提高中水回用率 4 个基本方面。其中，农业节水措施包括节水灌溉（田间地面灌水、管灌、微管、喷灌、关键时期灌水）、节水抗旱栽培（深耕深松、选用抗旱品种、增施有机肥、防旱保墒、覆盖保墒）和化学调控抗旱；工业节水措施主要分为技术型工业节水（如加快节水设备、器具等研究开发）、工艺性工业节水（如推广节水新技术、新工艺、新设备）和管理型工业节水（如建立工业节水激励机制）措施三种类型。

（7）实现污水全面处理，加大废水再生水回用。泾渭工业园和西安渭北工业园区、西咸新区的5个新城，必须按照其规划，做好节水、治污和环保工作，加大工业废水的重复利用率和再生水回用率。城市建成区污水实现全收集和全处理，同时排污口污染物浓度应达到《黄河流域（陕西段）污水综合排放标准》一级标准。

2. 洪水溃坝风险控制

目前，水库大坝安全管理存在很多问题，具体如下。

（1）工程先天不足、后天严重失调，工程病险频发。我国已建的水库以中小型水库和坝高30m以下的低坝占绝大多数，设计标准偏低，致使至2011年，全国占总数40%以上的水库属于病险水库，尤其是中小型水库亟需加固处理。

（2）工程管理投入不足，难以维持良性运行。例如，少数施工企业的施工质量管理体系不健全，工程项目施工层层分包、转包，以致使有的水利水电工程因施工质量失控而造成安全隐患。

（3）水库安全与社会公共安全及发展间的矛盾突出。至2011年，全国水库防洪保护范围内约有3.1亿人、百座以上大中城市和3200万km^2农田，水库防洪公共安全突出。

（4）日常管理监管不严。现在对水库的管理主要采用行政手段，注重汛前检查，以安全度汛为主要目标，但是对日常管理监管不严，必要的管理信息发布制度不健全。

（5）工程等级观念较强。水库大坝的除险加固基本上以工程规模或库容大小来制定除险加固计划，安排加固资金，等级观念较强。另外，对工程失事后果考虑较少，且未按水库大坝的风险高低进行排序。

（6）安全监测设计针对性不强。大坝安全监测主要以工程规模，按照现行规范来进行安全监测设计。这样的设计对工程失事模式考虑较少，针对性不强。

（7）预警、预报系统缺乏或不健全。在水库自动化遥测和资料分析评价方面，主要根据水库规模来决定是否建设自动化遥测和预警系统，而很少考虑水库大坝的风险高低和下游的重要性。

（8）水库大坝管理单位尚未走上良性循环道路。迄今，大型水库情况稍好，中型水库和小型水库经济条件相对困难，其安全运行与管理经费难以满足正常管理需求。此外，我国水库管理单位与政府责任不清晰，导致大坝安全管理应急预案中涉及的水库管理单位和地方政府等有关主体的责任划分不明确，即表现为应急组织体系中政府部门和水库管理单位职责范围不清晰、应急指挥机构各成员单位职责不够细化。

(9) 现有工程管理模式已不能满足现代管理的需要。目前我国水库大坝安全的主要评价标准为：水库防洪标准够不够，大坝结构稳定满不满足规范要求，大坝渗流稳定满不满足规范要求，大坝抗震安全满不满足规范要求，金属结构和机电设备是否老化等。这种管理方式很难回答以下问题：怎样的大坝才是安全的；哪些大坝需要优先加固；如何有效利用有限资金；大坝下游是否足够安全等。

(10) 目前我国大坝安全管理体系存在弊端。在我国目前的大坝安全管理体系中，95%以上的水库属于政府，没有真正意义上的业主。政府的监督失去了对象，难以建立完善的大坝安全监管制度。对水库管理单位来讲，由于不是业主，没有必要去追求最大经济利益，亦不必担心溃坝的赔偿责任，只需要根据政府的指令行事。这种由政府管理，又由政府监督的管理体系存在着很大的弊端，使得效益与安全两者都不能很好地兼顾到位。

结合以上现有水库大坝安全管理所存在的问题及前面对引汉济渭调水工程中洪水溃坝风险分析，可通过管理制度建设、预案体系建设、技术能力提高及工程措施，即风险因素管理、工程安全管理和下游公共安全管理三大方面，来降低风险因素的发生概率、降低大坝溃堤的概率和减少溃堤导致的损失，主要措施包括以下几个。

(1) 健全大坝风险管理制度。国务院颁布的《水库大坝安全管理条例》对坝高15m以上或者库容100万m^3以上的水库大坝建设、管理和险库处理都做了明确规定和严格要求。至于坝高15 m以下或者库容10万m^3以上，对重要城镇、交通干线、重要军事设施、工矿区安全有潜在危险的小型水库大坝，其安全管理也应严格参照该条例执行。对这些重点小型水库，需登记注册，发现存在病害险情大坝应抓紧实施除险加固处理，消除安全隐患；要明确水库大坝安全责任单位及责任人，建立健全水库调度运行及大坝维修规章制度，加强安全管理，并比照大中型水库大坝逐座定期检查鉴定，发现问题，及时处理；要制定极端天气局部强降水，导致突发山洪及滑坡泥石流等地质灾害的应急抢险预案，这是保障重点小型水库及低坝安全的重要措施。

此外，政府应在原有大坝安全管理法律、法规、标准体系基础上进一步建立大坝风险管理政策与法规，根据已有的问题完善大坝管理方法，确定风险管理的作用，明确不同利益主体的责任、权利与义务；在各水库管理部门配置专门人员，负责水库风险管理，以加强风险管理各环节间的联系与运行，理顺工程管理机制，加大管理投入力度；同时，应建立大坝风险管理相关的有效机制，以保护管理制度的顺利实施。

(2) 提高建立大坝风险管理的技术支撑能力。风险基础工作包括风险标准、洪水淹没、生命损失、风险图绘制、风险区划研究等，是风险管理的基础与依据。

风险标准是风险管理的目标，洪水淹没、生命损失是绘制风险图的基础。风险图又是风险区划的基础。它们之间相互影响，相互依赖，是实施风险管理的有力基础支撑，应大力推进。

(3) 加强应急预案的技术研究，建立科学合理的应急预案，完善应急救助措施。我国水库应急预案在技术方面普遍存在如下问题：应急预案编制指南不能覆盖大坝安全管理全周期；水库大坝风险评估工作不规范；突发事件预警级别划分采用被动应急理念；与其他水利设施应急管理协调不好；预警硬件现状不满足应急管理要求等。因此，加强应急预案的技术研究非常必要。一方面可以为应急预案的制定或修订提供有价值的参考，另一方面也能提高我国水库大坝的安全管理水平。

在建立科学合理的应急预案时，可对原有的水库，加强汛期总结及应对紧急事件的经验教训的交流，使之系统化、实用化，指导完善本工程水库堤坝的应急预案与应急救助设施；完善通讯、道路交通建设，保障基础设施的通畅；利用现代科学技术，增强应急与救助能力。切实可行的应急预案与应急救助措施，能大大降低下游损失。

(4) 继续推进除险加固，强化工程建设质量。工程除险加固是现阶段我国降低大坝溃堤概率最为有效的方法之一，应继续坚持这一有效措施。但由于我国的资金投入有限，病险水闸数量很多，除险加固工作不能盲目地开展，要基于风险理念，对本工程所涉及的水库进行风险排序，科学制定规划、合理利用资金、明确目标责任、加强组织领导、规范建设管理、强化监管指导，使得除险加固工作更科学、合理、更有效率，使大坝的溃决概率降低到可以接受的水平，其中特别要强化建设质量与基础设施建设，保证工程措施的有效性。

3. 水库水文风险控制

水库水文的风险主要来源于生态下泄流量变化和水温变化。水温变化目前只能通过自动监测来发现其变化规律而无法利用实际措施来避免。本节主要介绍的是本工程的生态下泄流量监管措施。

1) 黄金峡水库

(1) 黄金峡水库生态下泄流量的调度方式。黄金峡水库生态下泄流量根据非汛期、汛期和生态敏感期三个时期采取了 3 种不同的调度方式。在非汛期，当天然来水小于 $38m^3/s$ 时，遵循生态保护优先的原则，黄金峡水库不调水，天然来水量全部下泄；在汛期，当天然来水大于 $38m^3/s$ 时，在满足调水任务要求的情况下，按不小于 $38m^3/s$ 的流量进行下泄；在生态敏感期，鱼类产卵繁殖期间，黄金峡水库通过生态调度，使下泄流量保证有两次持续涨水过程，每次水位日上涨 0.3m，上涨持续 5 天：第 1 次在 5～6 月，流量从 $160m^3/s$ 逐步上升到 $450m^3/s$；第 2 次在 7 月，流量从 $450m^3/s$ 逐步上升到 $830m^3/s$。

(2) 生态调度管理。运行期，水库管理单位黄金峡管理站，应将生态下泄流量的调度原则纳入工程调度方案，统一执行。水利主管部门应不定期进行核查，对水库的运行管理提供技术指导和行政监督。此外，在下泄流量设施内设置一套在线监控设施，可选择高质量的超声波流量计。在线监控设施与大坝同时建设，并于初期蓄水前完成。由水库运行调度人员负责监控初期蓄水和运行期的流量下泄情况，并负责数据的存储、分析、统计和整理，定期向环保部门上报。

2) 三河口水库

为了保证下游河道生态用水量，在下泄流量设施内设置一套在线监控设施，可选择高质量的超声波流量计，其具有自动数据储存功能，并可与电脑连接进行流量检测原始数据的长期备份和储存。这类流量计采用非接触式超声波进行流量的测量，适用于水、海水等可均匀传导超声波、流速在 0～30m/s 的液体，可测量 15～6000mm 的钢、铸铁、水泥等管道，且可安装于放水管处。流量计在线监控设施应与大坝同时建设，并于初期蓄水前完成。由水库运行调度人员负责监控初期蓄水和运行期的流量下泄情况，并负责数据的存储、分析、统计和整理，定期向环保部门上报。

运行期，水库管理单位三河口管理站应将环境用水同其他用水一样纳入日常的用水管理范畴，在编制的用水计划中反映环境用水要求，落实专人负责，对每天下放环境流量的记录进行整理，定期或不定期向水利主管部门上报相关情况，并在年终编制生态下泄情况报告，一并上报给行政主管部门。水利主管部门应不定期对上报情况进行核查，对水库的运行管理提供技术指导和行政监督。

8.1.2　生态环境风险控制

根据前面的识别和分析，引汉济渭工程的生态环境中主要存在生物多样性风险与外来物种风险，因此下面将就这两大风险提出相应的预防控制。

1. 水源区

1) 陆生植物

(1) 生态环境避免措施。在工程施工过程中，首先，结合水保措施，尽量减小开挖、取料对地表的扰动，减少资源消耗，并将开挖破坏与平整恢复有机结合，采用环境友好方案；其次，临时堆料做到不占耕地，不影响河道行洪的同时，工程弃渣按水保方案要求合理堆放并采取拦护措施；再次，在运行过程中，黄金峡、三河口水库应保证下游生态需水，维持下游河道两岸植被的生态功能；最后，在工程结束后，要对所有裸露面进行整平、覆土绿化，恢复土地原有功能。

(2) 生态环境削减措施。保存永久占地和临时占地的熟化土，为植被恢复提供良好的土壤。

(3) 生态环境恢复措施。生态环境恢复措施主要是结合水土保持措施，对施工道路、施工生产生活区、石料场、土料场、弃渣场等施工区域进行植被恢复，主要遵循以下原则：①保护原有生态系统。水源区地处秦岭地区，以森林生态系统为主，森林覆盖率高，生物多样性丰富。在植被修复过程中，尽量保护施工占地区域原有森林生态系统的生态环境。②保护生物多样性。植被修复措施不仅考虑植被覆盖率，而且需要在利用当地原有物种的情况下，尽量使物种多样化，避免单一。在“适地适树、适地适草”的原则下，植物种类选择根系发达、有较好水土保持和水源涵养作用的植物；生长迅速、可尽快形成绿化效果的植物；耐旱、耐瘠薄、生命力旺盛、观赏期较长、管理粗放、有一定景观效果的园林植物；有一定经济价值，抗逆性强、抗污染能力强的植物。对于植物种类的搭配，则以贴近原生植物类型，当地种优先；禾本科与豆科植物搭配；深根与浅根搭配；一年生与多年生植物搭配；乔、灌、草立体搭配等为原则，在适合该区域种植的数百种植物中筛选。③保护耕地资源。工程完工后应尽量恢复原有耕地资源。④林地异地补栽不少于原面积的林地。根据林地损失量，在异地栽培不少于原面积的林地，做到“损一补一”。⑤时间优先。植被恢复区域主要为临时占地区，包括施工道路、施工生产生活区、料场、弃渣场，施工结束后及时进行生态恢复，最大程度减少地表裸露时间。

(4) 生态环境管理措施。生态环境管理措施主要包括：①加强植物保护的宣教工作。秦岭是我国植物种类较丰富的地区之一，在全国植物区系中占有重要地位，需提高施工人员对植物保护重要性的认识。②严格执行秦岭保护有关规定，对于征地范围之外的林木严禁砍伐。③开展施工期、运行期的生态监测和调查。一方面，施工期要加强对区域性分布的重点保护植物的调查；另一方面，运行期主要监测生态环境的变化、植被的变化以及生态系统整体性变化。同时，建立各种管理及报告制度，通过动态监测和完善管理，使生态向良性或有利方向发展。

2) 陆生动物

(1) 生态避免措施。野生鸟类和兽类大多是晨昏外出觅食，为了减少工程施工噪声对野生动物的惊扰，应做好施工方式和时间的计划，力求避免在晨昏爆破施工。

(2) 生态削减措施。施工期间加强取土场、弃土场、弃渣场防护，加强施工人员的各类卫生管理，避免生活污水的直接排放，减少水体污染，以最大限度地保护动物生态环境。另外，在林区边的路段采用加密绿化带，可防止灯光和噪声对动物造成的不利影响。

(3) 生态管理措施。一方面，加强施工人员“野生动物保护法”的宣传教育，严禁猎杀捕食野生动物；另一方面，保护野生动物的栖息地，当施工临时占地结束后应及时清理场地，恢复土层，对临时占地、裸地进行平整绿化，尽可能地增加野生动物的栖息地。

3）重点保护动植物及古树名木

（1）古树名木保护。受三河口水库淹没影响的 7 株古树树龄在 100～250 年，除银杏采取一级保护外，其余古树均采取三级保护，主要包括就地清理、就地保护和迁地保护。对于本身生长状况不良的古树，一般采取就地将古树砍伐，进行林木清理。根据实地调查，这 7 棵古树生长状况良好，未出现大面积枝干坏死的现象，故不采取就地林木清理。由于 7 株古树的海拔在 570～623m，而三河口水库正常蓄水位为 643m，无法实施就地保护措施，因此实施迁地保护措施是最佳选择。

为切实保护受淹的古树，可将 7 株古树全部移栽至三河口水库业主营地。移栽工作主要内容包括：确定古树移栽时间；起挖大树前的准备；大树起挖施工安排；大树的吊运；挖坑；大树的定植；定植后的养护。保护方案则应分三个阶段，第一阶段为断根工程，第二阶段为运输工程和移栽工程，第三阶段为养护工程。

（2）重点保护动物。不同种类动物受到该工程的影响不同，其规避环境风险的方式因种群而论：①两栖类、爬行类。在施工期间，应注意加强取土场、弃土场、弃渣场的防护，避免生活污水的直接排放，减少水体污染，最大限度保护国家Ⅱ级保护两栖类大鲵的生态环境；在林区边的路段采用加密绿化带，防止灯光和噪声对省级保护的两栖类（宁陕齿突蟾和中国林蛙）和爬行类（王锦蛇、宁陕小头蛇、秦岭蝮）动物产生不利影响。在施工完成后，及时恢复临时占地区的植被，有利于动物适应新的生态环境，并且严禁捕猎野生动物。②鸟类。施工对国家级保护鸟类灰鹤、蓑羽鹤等涉禽影响很小，而对省级保护鸟类陆禽（灰胸竹鸡）、鸣禽（小灰山椒鸟、牛头伯劳、发冠卷尾、画眉、红嘴相思鸟等）的影响主要是占地和噪声驱赶。对于这些噪声的影响，主要是要安排好施工时间，并力求避免在晨昏和正午爆破施工。③兽类。为了减少工程施工噪声对兽类的惊扰，应合理安排爆破和施工时间。在施工过程中，应按施工规划要求占地，加强施工区及弃渣场防护；当施工临时占地结束后，应及时清理场地，恢复土层，并对临时占地、裸地进行平整绿化，尽可能地增加野生动物的栖息地。对于分布于保护区内的国家级保护动物，应加强保护区的保护管理。具体保护措施可见下面的环境敏感区部分。

4）水生生物

（1）施工期水生生物保护。施工期可采取以下措施来实现水生生物保护：①施工时要防止施工废水污染水体，避免造成局部范围内浮游生物的生物量损失，并及时清运建筑垃圾及生活垃圾，以减少有害物质对浮游生物的毒害。②施工过程中尽量做到不破坏河床和水库底质。对于无法避免的施工活动，应严格控制施工范围，尽量减少对底栖生物栖息地的破坏，防止局部范围内底栖生物生物量的大量损失。③施工过程中，施工便道建设、河床开挖、施工占道、围堰、边坡加固等对湿生植物的破坏是较为严重的，且其破坏在局部范围内恢复较为困难，因此，应严格控制施工面积，防止破坏范围的扩大。另外，河床开挖、围堰施工所形成的弃渣堆放要尽量减少对湿生植物的埋压。④3～9 月为大多数鱼类产卵期，应尽量避免该期间施工；若必须在鱼类产卵期施工，则应避免夜间施工，从而降低对鱼类的影响。⑤加强对施工人员的管理，严禁施工人员用电、毒、炸等手段非法捕捞。⑥产黏性卵、沉性卵和浮性卵的鱼类产卵场一般处在滩涂浅水区，工程建设应尽量减少对河道中浅水缓流区影响，避开类似区域，最大限度地保证产卵场的功能性。

(2) 运行期水生生态环境保护。运行期水生生态环境保护可采取措施有：①对水库实行生态调度，保证坝下游生态需水量。针对黄金峡、三河口坝下游鱼类繁殖、生存的要求，对下泄最小生态流量进行动态监测，在不同的典型年，根据实际需要及时调整下泄流量。②加强坝下游流量流速、水质、鱼类资源、浮游生物的生态监测，做到及时发现问题和及时反馈问题。③施工结束后要及时恢复原来的河床地貌，对于湿生植被破坏严重的区域要进行必要的修复，防止因雨水冲刷而导致大范围的水生生态环境恶化。

(3) 运行期水生生物保护。运行期水生生物保护可采取措施有：①运行期要加强监督管理，防止库周及水库管理区的各类污染物进入水体。②严格执行禁渔制度，加强监督管理，限制渔船数量和渔具、渔法，杜绝电鱼、炸鱼、毒鱼等。根据各种保护对象产卵、越冬及幼鱼索饵场所的具体分布和时间来划定禁渔期和禁渔区。③鱼类在索饵过程中，进入引水管道的可能性是存在的。为避免被误捕和水轮机造成的机械死亡，需要在引水口建设拦鱼设施。拦鱼设施大致可分为机械和电器两大类，前者又可分为栅栏和网栏。对于本工程，建议考虑设置金属拦鱼栅、网和电栅。其中，固定拦鱼栅适用在水流湍急的进出口上建造。电栅是利用电极形成电场，使鱼感电而发生防御性反应，从而改变游向，避开电场达到拦鱼目的的一种设施。④鱼类潜在的危险是其在未设鱼栅的水轮机中受伤或致死。很多水轮机只是用粗钢筋或拦鱼栅挡住水轮机的进水口和出水口，这些措施主要是为了保证公众安全，以及防止大型物体进入水轮机破坏叶片。对于小到足以通过条式鱼栅的鱼类可应用“对鱼类友好的水轮机”，以保护鱼类不被水轮机致死。

5) 水土保持

(1) 主体工程防治区。为了进一步控制因工程建设而造成的水土流失，一方面，在左、右坝肩岸坡坡面顶部可设置浆砌石排水沟。根据坡面汇流面积及降水量，可初拟排水沟断面为0.8m×0.8m的矩形，并采用M7.5浆砌石砌筑，厚度0.3m；另一方面，在坝肩裸露岩石表面可实施坡面挂网喷混植草措施。

(2) 工程永久生产生活区。工程建成后，按建管统一的原则，工程管理将成立“引汉济渭工程管理局(暂设西安)”，并下设“大河坝管理分中心”、“三河口管理站”、“黄金峡管理站”、“岭北管理站”，占地分别为5.27hm^2、2.13hm^2、

0.78hm^2、1.23hm^2、0.73hm^2。

需要注意的是，施工前应对管理区占地范围内的表土进行剥离，并用编织袋挡墙进行临时拦挡；施工结束后在管理站周围种植 2 排植株行距为 3m×3m 的防护林带，并对管理站建筑物周围进行绿化美化，将办公建筑物点缀得优美得体，且绿化面积不小于管理站占地面积的 1/3。

(3) 弃渣场防治区。弃渣场防治区可采取的措施因地而异：①黄金峡水利枢纽：首先，为减少弃渣场对汉江行洪的影响，弃渣堆置过程中要求进行逐层碾压或逐级向上堆置；其次，为防止洪水对渣体进行冲刷，外边坡采用干砌石护坡。考虑到弃渣体对坝体的荷载作用，弃渣体第一级起坡的坡脚与坝体的距离应不小于 40m，并采用浆砌石坝拦挡的方案。此外，渣场排水工程由导流堤、纵向排洪沟、横向排水沟、跌水、拦渣坝的溢流坝段以及消力池共六部分组成。沟道来水若部分修建在渣面上，应震动夯实再修建排洪沟。②三河口水利枢纽：西湾弃渣场堆置高程与三陈公路相平，临河一侧为防止雨水冲刷，在弃渣时堆置成 1∶2 的自然边坡，上铺设干砌石防护，弃渣顶部进行机械压实。蒲家沟弃渣场堆置可采用逐级向上堆置法。为便于渣面降水排泄，在渣顶面向下游方向保持 1.0%的比降，同时各级平台形成倒坡，向横向排水沟倾斜，比降为 0.5%。另外，弃渣场拦挡工程推荐浆砌石拦渣坝方案。弃渣场沟道洪水由渣面两岸的排水渠道下泄，排水渠尽量修建在原状山坡上，如部分位于渣面，应充分震动夯实后修建，排水沟总长度为 2565m。在各级弃渣边坡处，采用陡坡式跌水连接。

另外，对于上述两个水利枢纽的弃渣场，考虑到日后的环境恢复要求，在施工前，应对堆渣范围的表土进行剥离，剥离厚度为 0.3m，集中堆置在渣场顶端，周围用断面宽 0.5m、高 0.5m 的编织袋装土进行临时拦挡防护。堆土表面用塑料彩条带苫盖，以备后期植物措施使用。渣顶整平后，覆盖先期收集的表土并采取植灌草绿化措施，灌木可选择紫穗槐，栽植株行距为 1m×1m；草种可选择龙须草、小冠花等，用量为 30kg/hm^2。

(4) 取料场防治区。取料场防治区可采取的措施因地而异：①黄金峡水利枢纽：砂砾石料场水土保持可采用长臂反铲开挖，分条带进行开采。先将该条带覆盖层推向两侧，暂时堆起；待相邻料带开采完后，再将堆放的废料推至取完料的坑内；如此反复向前推进，完成整个料场的开采。在取料施工结束后，用履带式推土机对整个料场面积进行平整，平整时料场边沿整修坡比按 1∶5 进行控制。土料开采以机械为主，其水土保持可采用推土机配合挖掘机开挖，要求土料场按照分层阶梯状进行开采，控制每层高度为 10m，开采坡比为 1∶1.5，层与层间留 5m 宽平台。由于该土料场开采范围位于水库正常蓄水位以下，所以只考虑施工期间土料场的降水排导设施，应在取料场上坡面及两侧布设排水沟。此外，石料场开采在清理覆盖层后，其水土应采取分层爆破开挖，从顶部自上而下逐层开挖的方式来保持，开挖时采用潜孔钻造孔，深孔梯段爆破。但是，在开挖前应对表层熟土进行剥离保存，临时堆放于料场一角。使用推土机集料，液压反铲配自卸汽车采运。另外，要求开采控制每层高度为10m，开采坡比为1∶0.5，层与层间留5m宽平台。由于石料场占地面积较小，在石料场上坡面及两侧布设梯形渠道排水沟。在取料结束后，将剥离的表土回填于取料平台上，以利于恢复植被，覆土厚度为0.3m，在取料平台种植灌木并撒播草种。②三河口水利枢纽：砂砾、石料场均位于河滩地上，从下游至上游平行开采、取料，临河一侧开挖边界预留25m，开挖深度为5m。由于程砂石料场均位于三河口水利枢纽死水位以下，开采取料结束后，利用履带式推土机将开挖周边坑壁放缓，筛分出来的不符合要求的砂料回填坑底，并进行推平压实。土料开采以机械为主，其水土应通过推土机配合挖掘机开挖，按照分层阶梯状进行开采的方式来保持，并控制每层高度为5m，开采坡比为1∶1，层与层间留4m宽的机械施工平台。另外，在取料场周边沿开采边界布设一条用M7.5浆砌石砌筑的梯形截排水沟；同时，考虑到各级施工戗台上会有雨水冲刷，在戗台临坡面一侧设置土质横向排水沟，戗台外侧设置边埂拦截雨水，以防冲刷开挖边坡。

(5) 施工生产防治区。施工生产防治区可采取的措施因地而异：①黄金峡水利枢纽：在施工前应将0.3m表层土收集起来，集中堆放。为了有效预防水土流失，采用编织袋挡墙和表面撒播草籽进行防护，并在施工场地周围开挖坡比为1∶0.5的临时梯形排水沟来加强预防。施工结束后，将先期收集的表土覆盖于施工场地表面，进行原地貌的恢复。②三河口水利枢纽：对施工场地在施工结束后进行灌草植被恢复。

(6) 交通道路防治区。交通道路防治区可采取的措施因地而异：①黄金峡水利枢纽：施工结束后，在永久道路两侧种植一排株距2m的行道树进行道路绿化，树种可选择侧柏或松树，采用穴状方式整地；在道路上边坡实施草皮护坡措施，草种可选择黑麦草或龙须草，用量为30kg/hm^2。另外，在疏松平整的基础上，废弃的临时施工道路应种植灌草来恢复原地貌。②三河口水利枢纽：施工过程中，要搞好道路两侧临时排水；施工结束后，留做永久道路的部分需在两侧种植一排行道树进行道路绿化，种植方式同黄金峡水利枢纽。同时，对于占用林地的临时施工道路，应该在疏松平整的基础上种植乔、灌恢复原地貌。

(7) 输水输电线路防治区。施工结束后，占用灌木林地的应恢复原地貌，占用耕地的应进行土地整治后交还给农民继续耕种。

2. 输水沿线

1) 陆生植物

(1) 生态环境避免措施。首先，尽量减小开挖、取料对地表的扰动，减少资源消耗，并将开挖破坏与平整恢复有机结合，采用环境友好方案；其次，临时堆料做到不占耕地，不影响河道行洪，工程弃渣要求合理堆放并采取拦护措施；工程结束后，要对所有裸露面进行整平、覆土绿化，以恢复土地原有功能。

（2）生态环境削减措施。保存永久占地和临时占地的熟化土，为植被恢复提供良好的土壤。

（3）生态环境恢复措施。生态环境主要是依据为水土保持所提出的各项措施，对施工道路、施工生产生活区、石料场、土料场、弃渣场等施工区域进行恢复。其中，上述所提及的各类施工区域均为临时占地，土地利用主要是恢复为原有土地利用类型。此外，土地和植被恢复过程中，需特别重视土地复耕的技术要求和监督管理。

总体上，生态环境恢复需遵循的原则主要有：①保护施工占地区域原有森林生态系统的生态环境；②保护生物多样性，遵守“适地适树、适地适草”的原则；③工程完工后应尽量恢复原有耕地资源；④根据工程造成的林地损失量，在异地栽培不少于原面积的林地，做到“损一补一”；⑤施工结束后及时进行生态恢复，最大程度减少地表裸露时间。

（4）生态环境管理措施。应当遵守秦岭保护条例的规定，征地范围之外的林木严禁砍伐，并控制临时用地范围内的林木砍伐，不准砍伐原始保护林及生态功能保护林。另外，开展生态监测和管理。

2）陆生动物

（1）生态环境避免措施。优化选线，对经过保护区的地段要进行充分论证，以确保该工程对保护区的影响减少到最低程度。为了减少工程施工噪声对野生动物的惊扰，应做好施工方式和时间的计划，并力求避免在晨昏和正午爆破施工。

（2）生态环境削减措施。施工期间加强取土场、弃土场、弃渣场的防护，加强施工人员的各类卫生管理，避免生活污水的直接排放，减少水体污染，最大限度地保护动物生态环境。

另外，在林区边的路段和隧道采用加密绿化带，可防止灯光和噪声对动物产生不利影响；对隧道口和桥下植被的自然景观进行恢复，有利于动物适应新的生态环境；在 4#、5#支洞洞口采用护栏设施，可防止野生动物误入施工区，从而产生不必要的伤害。

（3）生态环境管理措施。首先，应加强对施工人员“野生动物保护法”的宣传教育。其次，应明确施工单位和各自然保护区管理局、国有林场签订植被保护与恢复协议、施工期保护区工程管理规定与协议、森林防火协议等。依法禁止违反规定野外用火，预防森林火灾；禁止擅自砍伐森林和林木、采集野生保护植物，预防乱砍滥伐；禁止擅自移动或者破坏自然保护区界标，禁止擅自进入自然保护区核心区、猎捕杀害野生动物，预防乱捕滥猎等违法行为的发生。

另外，为了保护野生动物的栖息地，在施工临时占地结束后应及时清理场地，恢复土层，对临时占地、裸地进行平整绿化，尽可能地恢复并增加野生动物的栖息地。

3）水土流失

(1) 主体工程防治区。主体工程分别对黄三段 4 个施工支洞口及越岭段 10 个支洞口采用浆砌石挡墙进行防护，以满足水土保持要求。为了预防施工支洞上边坡坡面雨水冲刷洞口而产生水土流失，应在各个施工支洞上边坡设置梯形浆砌石排水沟，将支洞口上边坡雨水引至附近的沟道，按此要求共需修建 1∶1 坡比的排水沟 800m。

(2) 弃渣场防治区。弃渣场防治区可采取的措施因地而异。

黄三段。黄三段共布置 1#～4#支洞 4 个弃渣场，其中 1#支洞弃渣场及 4#支洞弃渣场分别与黄金峡水利枢纽和三河口水利枢纽共享弃渣场。2#渣场弃渣堆置于沟道内，应采用阶梯式堆置方式，分 6 级进行堆置：墙后第一级堆置高度为 6.0m，然后留 20m 宽的平台，进行第二级堆置；第二级至第五级堆置边坡比均为 1∶2，堆置高度为 40m，每 10m 为一级，各级均留 10m 宽的平台后再进行下一级堆置；第六级堆置边坡比均为 1∶2，堆置高度为 12m。3#渣场弃渣堆置于沟道内，采用阶梯式堆置方式，分 5 级进行堆置：墙后第一级堆置高度为 6.0m，然后留 20m 宽的平台，进行第二级堆置；第二级至第四级堆置边坡比均为 1∶2，堆置高度为 30m，每 10m 为一级，各级均留 10m 宽的平台后再进行下一级堆置；第五级堆置边坡比为 1∶2，堆置高度为 6m。

至于该部分的弃渣场拦挡工程，其形式为浆砌石重力挡渣墙。经初步计算，2#渣场挡渣墙长度为 18m，3#挡渣墙长度为 37m。结构稳定主要靠自身重量和底板以上填渣重量维持，墙体采用 M7.5 浆砌石砌筑。根据挡渣墙高度 6.0m，拟定墙顶宽 1.0m，底宽 5.36m，墙外侧表面竖直，墙内侧坡比为 1∶0.56，间隔 10～15m 设置一道沉降缝，缝内填充沥青砂板条。拦渣墙基础埋置最小深度为 1.3m。施工过程中，应首先对挡渣墙基础范围内风化严重的岩石、杂草、树根、表层腐殖土、淤积等杂物进行清除。清基深度按 0.5～2.0m 控制，基础底部应开挖成 1%～2%的倒坡，以增加基底摩擦力。

在墙体砌筑过程中，预留设置尺寸为 10cm×10cm 的排水孔，排水孔间距 2～3m，排距 1.5m，按梅花形布置，排水孔向外坡度为 2%，最低一排排水孔应高出地面 50cm 布设。

另外，弃渣场降水排导设施由纵向排洪渠与横向排水沟两部分组成。弃渣场纵向排洪渠主要用于排导渣场挡渣墙以上汇流面积的降水，沿沟道走向布设于弃渣场两侧与原有坡面交汇处的原状山坡上。该排洪渠共布设两条，2#弃渣场总长度为 970m，3#弃渣场总长度为 895m。弃渣场横向排水沟主要用于汇集渣场弃渣坡面降水，使弃渣坡面降水经横向排水沟汇流后注入弃渣场纵向排洪渠内，经纵向排洪渠排导至下游沟道中。其中，2#共布设 5 条总计 216m 的横向排水沟，3#

共布设 4 条总计 243m 的横向排水沟，分布于各级弃渣平台内侧。

另外，在施工前，应对堆渣范围的表土进行剥离(剥离厚度 0.3m)并集中堆置在渣场顶端，周围用断面宽 0.5m、高 0.5m 的编织袋装土来进行临时拦挡防护，以备后期植物措施的使用。当渣顶整平后，就可覆盖先期收集的表土来进行绿化。2#弃渣场采取灌草绿化措施，3#弃渣场采取种草措施来恢复土壤肥力，然后交由当地农民进行复垦，种植规模同水源区。

越岭段。越岭段规划 10 个弃渣场，本书选择柴家关渣场(临河型渣场)作为典型例子来说明弃渣场中的防护措施。首先，在弃渣场临河一侧修建折背式断面的 M7.5 浆砌石挡渣墙，其在不同位置上均为变断面，并根据不同桩号实际堆渣高度要求来选取，以直线渐变过渡，共修建 1510m 长的挡渣墙，该墙沿线原地面高程 931～898m，墙顶高程 934～922m，齿墙深度 0.9～1.7m；另外，挡渣墙高 4～10m，顶宽 0.5m。墙体每隔 15m 设置 2cm 宽的伸缩缝一道，并用沥青填充。在挡渣墙修建完成后，弃渣低于墙顶 0.3～0.5m 进行水平堆置。按照土地复垦要求，渣面向河道方向倾斜坡比为 1∶1500。其次，在柴家关弃渣场内侧和公路外侧坡面结合部位设置截水沟。该截水沟主要用来排泄发电厂尾水，同时可用作收集雨水及渣面土地复垦灌溉水源之用。截水沟采用梯形断面，并用 M7.5 浆砌石砌筑，厚度 30cm，其过流断面根据设计洪水流量确定。由于本渣场占地类型有旱地等，在弃渣场堆放前，需对占地范围内的 0.5m 表层耕作土、腐殖土进行剥离，并将其集中堆放在就近的表土堆存场进行临时防护，以便后期用作覆土复耕之用。当堆渣结束后，将原收集的表层土覆于渣面，进行场地平整。松土和增施有机肥等土壤改良措施，可提高土壤保水保肥能力。

(3) 取料场防治区。取料场防治区主要是针对秦岭隧洞工程自采料场，该料场分 2 类共 5 个，分别为 3 个砂砾石料场和 2 个石料场。由于砂砾石料场处于河漫滩，在取料施工结束后，需用履带式推土机对整个料场面积进行平整。平整时，按 1∶5 的坡比对料场进行边沿整修。至于石料场，其开采应在清理覆盖层后进行，并用潜孔钻造孔来分层爆破开挖，从顶部自上而下逐层开挖，于深孔梯段爆破。然后使用推土机集料，液压反铲配自卸汽车采运。开采时，控制每层高度为 10m，坡比为 1∶0.5，层与层间留 5m 宽的平台。同时，由于石料场占地面积较小，需在石料场周边沿开采边界布设梯形断面的排水沟，渠道底宽 0.5m，深 0.5m，内坡比为 1∶0.5。初步估算，王家河石料场排水沟布设长度为 450m，九关沟石料场排水沟布设长度为 690m。

在取料结束后，将剥离的表土回填于取料平台上，覆土厚度需达 0.3m，利于恢复植被。另外，可在取料平台上种植灌木并撒播草种；在开挖坡面的坡脚处种植株距 0.5m 的爬山虎，来增加植被面积。其中，所提及的表土是在挖前对表层熟土进行剥离保存而得到的。实际中，将表层 0.3m 的表土进行剥离，并用编织袋临时装土方堆成宽 0.5m、高 0.5m 的矩形挡墙进行围挡而堆放于料场一角，待料场开采结束后覆于取料平台面上。

（4）施工生产防治区。施工生产防治区可采取的措施因地而异：①黄三段：应在各施工生产分区周边布置排水沟，以防沟道洪水和雨水冲刷造成较大的水土流失。排水渠断面可采用梯形，底宽 0.5m，高 0.5m，坡比为 1∶0.5，就地开挖夯实即可；施工结束后，对 1#施工分区实施植被恢复措施，对 2#、3#、4#施工分区实施河床平整措施。②越岭段：同黄三段，在施工生产区周边布置排水沟来防止水土流失。排水沟断面亦可采用梯形，就地开挖夯实，但底宽 0.3m，高 0.4m，顶宽 0.5m；施工结束后，为了进一步预防水土流失，需要对场地实施废渣清理，对占用林地的地区实施植被恢复措施。

（5）交通道路防治区。交通道路防治区可采取的措施因地而异：①黄三段：对占用灌木林地的，应进行表土剥离，并用编织袋装土临时拦挡。道路施工时，为了预防雨水冲刷路面，造成水土流失，在道路内侧设置素土排水沟。排水沟断面为梯形，底宽 0.3m，深 0.3m，坡比为 1∶1，就地开挖夯实。施工结束后，废弃的临时施工道路在疏松平整、覆表土的基础上种植灌草以恢复原地貌。②越岭段：改建的施工道路路基下边坡应采取必要的浆砌片石防护等工程措施。上边坡 3m 范围进行草皮护坡，并加强道路基排水系统工程，以减轻土壤侵蚀，保证施工运输安全。所设置的矩形排水沟，其断面宽 0.5m，高 0.5m，衬砌厚度 0.3m。在施工完毕时，该施工道路可继续使用并留做永久道路，在外侧种植一排株距 3m 的侧柏或松树进行道路绿化，且以穴状方式整地。

3. 受水区

（1）建立有效的生态环境预警机制。建立受水区生态环境预测、预警系统，实施调水资源的科学合理分配，提高来水的运行质量和效益，以此来减少因水资源运用不当而对生态环境所产生的不良影响。该预警系统主要是通过监测可能引起生态环境恶化的水质、水量及水位的动态资料，以及受水区环境恶化的生态环境状况，依据当地生态环境状况的目标值，制定出相应的预警方案，发布生态环境可能恶化的趋势，从而提出生态减免和保护对策。

（2）加强受水区生态建设。一方面，尽快建立适用于受水区生态环境的管理条例，通过法律来加强受水区的生态保护力度；另一方面，加强受水区生态保护的宣传教育，通过提高公众自觉保护生态环境的意识来减少不必要的生态损失。

（3）加强渔政管理。可通过划定渔业资源保护区、设定禁渔期来加强对受水区河段的渔业资源保护。

4. 移民安置

1）生态影响避免措施

（1）在新建集镇及农村集中居民点选点布置时，要合理用地和节约用地，严格控制占用耕地，从而最大限度地减小移民安置活动对植被的破坏。

(2) 在农村移民、生产、开发利用土地时，不允许占用天然林，并且禁止毁林开荒、烧山开荒和在陡坡地上铲草皮、挖树根，从而最大限度地减小因开荒对植被的破坏。

(3) 地方政府在移民安置期间应实行封山育林、育草措施。同时，在封育期间禁止对库周现有林木乱砍滥伐。

(4) 加强管理。在移民安置区中，应积极开展森林法，土地管理法，野生动、植物保护等环境资源保护法律、法规的宣传和教育。

(5) 在移民安置区的开发建设过程中，应当重视野生动、植物资源保护和恢复。例如，在集中居民点建设时，要规划足够的绿化面积；对于有条件的地区可布置农田防护林；在成片耕地的田间地埂可种植一定数量的树木(灌丛)，为农耕区鸟类和其他野生动物提供栖息环境或通道。

2) 生态影响削减措施

首先，在农村移民安置区中，改变原来以林草植被为主的能源结构，推行沼气池建设，同时配置适量的薪炭林，来减少对当地植被的破坏。另外，沼气池生态能源的实施还有利于移民安置区的人群健康和农村面源污染控制、生活污水控制等效益的实现。

其次，利用森林植被来恢复原在水库库周及主要支流两岸的由林地带所营造的库岸防护林，以增加区域森林植被，减少水土流失，涵养水源。

再次，重视移民安置区水土保持，落实本工程前面所提出的水土保持措施。

3) 生态影响恢复和补偿措施

移民安置工程属于区域农业开发，应该要充分利用当地优越的自然资源优势，并利用河谷、山地多样化的气候、土壤和生物资源，将移民的生产开发和当地可持续发展、绿色产业规划相结合并协调实施，如积极发展林果业这一绿色产业，不仅可以促进当地社会经济的发展，增加移民经济收入，而且可以增加库周森林植被面积，有效地改善区域生态环境。

5. 环境敏感区

本工程中所涉及的环境敏感区主要为四大自然保护区，分别为陕西汉中朱鹮国家级自然保护区、陕西天华山国家级自然保护区、陕西周至国家级自然保护区和陕西周至黑河湿地省级自然保护区。这四个自然保护区的生态环境风险控制措施有较大共性，主要体现在以下方面。

(1) 从景观完整性方面看，施工前，需避免过多裸露地貌；施工结束后，需进行临时占地植被恢复并加强后期对库区的控制管理。

(2) 从生物多样性角度看，施工前，需优化施工区域选址，使占地做到“永临结合”，并进行实时监测、调查区域生态影响；施工时，加强施工管理，通过提高施工人员环保意识、素质，减少对生态的干涉；施工结束后，恢复临时占地以尽量恢复、补偿生态影响。

因此，除了类似措施于陕西汉中朱鹮国家级自然保护区的生态环境风险控制措施中详细介绍外，下面将不再重复介绍，且将分别就这四大自然保护区提出其相应的生态环境风险控制措施。

1）陕西汉中朱鹮国家级自然保护区

就前面所涉及的生态环境风险，本自然保护区将通过对景观完整性、生物多样性、水质污染、主要保护物种的控制来减缓风险的可能性。另外，其余三大自然保护区控制方向与之相似。

(1) 对景观完整性的控制及减缓措施。首先，在施工结束后应对临时占地进行植被恢复，尤其是防护工程沿线需进行绿化带建设。其次，在洋县防护工程施工区中应尽量采取有效措施来避免产生过多裸露地貌，如施工期间通过洒水降尘、大风时段停止施工、修筑排水渠、铺盖塑料薄膜、施工车辆做好粉尘防护等措施减少粉尘、水土流失等对保护区景观的影响。再次，黄金峡水库蓄水后应加强对库区农业面源污染、固体废弃物等排放管理，禁止未经处理直接排放和倾倒，以免对保护区水域景观造成负面影响。

(2) 对生物多样性的控制及减缓措施。生物多样性包括植物多样性、动物多样性和水生生物多样性。

①植物多样性保护。为消减和避免生态影响，我们应优化洋县防护工程的取弃土场、施工营地等选址，在避开沙溪等支流山沟的同时，可将取弃土场、施工营地布设在离保护区较远的区域。而施工便道、弃渣场等临时占地也应采取“永临结合”的方式，尽量缩小范围，通过尽量占用荒地的方式来减少对林地和农田的占用。另外，作为朱鹮主要觅食地之一的沙滩、江心洲等浅水湿地，其生态系统是朱鹮赖以生存的重要栖息地，施工过程中应加强保护，如在黄安镇小渠村河段上有较大面积的洲滩湿地，施工期应禁止在该区域进行沙石采挖等行为以保护芦苇、苔草等湿地植物构成的小生境。

为恢复和补偿生态影响，在工程施工结束后，应及时对施工便道、施工营地、弃渣场等临时占地进行植被恢复。工程周边植被恢复除考虑水土保持外，还应适当考虑景观及环保作用(如降低噪声、防止空气污染等)。对占用农田的临时占地，把施工前剥离的表层熟土回填至临时占地区进行复垦。因为工程临时占用的耕地多为水田，复垦时可按原有农田采用的灌溉系统布设复垦区的渠道，以便衔接原有的排水系统，保证复垦区的排水和灌溉，保证农业植被生长。另外，农用地周边结合当地的农田林网营造绿化林带，在“适地适树、适地适草”的原则下，树种、草种可在选择当地优良的乡土树种草种的基础上，适当引进新的优良树种、草种，保证绿化栽植的成活率，并利用剥离的表层熟土回填至周围的植被恢复区内来进行绿化带的覆土改造。

为更好地管理工程的生态影响，工程建设施工期、运行期都应进行生态影响的监测或调查。在陕西汉中朱鹮国家级自然保护区中建设黄安朱鹮监测站，来监测朱鹮种群动态变化和栖息地的变化。施工期主要对永久占地、临时占地、保护区等与施工有关的区域进行监测。运行期主要监测生境的变化（尤其是朱鹮游荡区生境的变化）、植被的变化及保护区冬水田或汉江两岸水田的数量、面积、农田面源污染情况，野生动物的种群、数量变化以及生态系统整体性变化。通过动态监测和完善管理，使生态向良性或有利方向发展。

②动物多样性保护。为避免与消减生态影响，通过在施工营地、施工便道设立宣传碑和宣传牌等措施来提高施工人员的保护意识，严禁捕猎野生动物。同时，应该在施工便道、施工营地等人员活动较易频繁的地带设置围栏，加强施工人员的管理，禁止施工人员惊扰、伤害保护区的朱鹮种群或破坏其栖息地，施工人员除施工区域外不得随便进入保护区内。除此之外，合理安排施工期，减少在湿地鸟类繁殖、迁徙时期的作业内容，如评价区内冬候鸟较多，且主要分布在汉江及其附近水域，施工尽量避开候鸟栖息越冬（10 月至翌年 2 月）和鸟类迁徙时间，以减缓对鸟类的影响。另外，鉴于鸟类对噪声和光线的特殊要求，施工尽可能在白天进行；严禁高噪声设备在夜间施工，施工车辆在保护区内也应尽量减少鸣笛。

由于湿地周围的意杨林、芦苇灌草丛等植被是白鹭、池鹭等湿地鸟类栖息场所，特别是芦苇等挺水植物构成的小生境是湿地鸟类主要的栖息、营巢和觅食场所，各施工场地周围应设置铁丝网和绿色塑料网进行隔离措施，划定工作区和活动范围，防止施工人员和施工机械车辆随意进入保护区。

为恢复与补偿生态影响，工程完工后，在汉江、水库等水域边缘恢复当地的湿地植被，以减轻工程对湿地生物多样性的影响。此外，工程影响保护区段人口密度较大，而且还有西汉高速在其附近穿过，其距保护区最近处为龙亭镇堰坝村附近，约为 0.6km 的距离，同时该区具有较大面积的适宜朱鹮等水禽的觅食栖息的滩涂，因此在该区堤防两侧应该栽种植被带以减少噪声对这些水禽产生干扰。

为有效管理生态影响，应在施工期间制定严格的施工纪律和规章制度，规范施工行为，坚决禁止偷猎、伤害、恐吓、袭击鸟类，并接受保护区管理部门的监督、检查。开展保护区施工期的工程环境监理工作，切实保障各项措施的落实，控制工程施工对植被资源和鸟类的影响，如在施工期和运行期 2 年内积极开展生态环境、生物多样性以及重点保护对象全方位监测；对动物要设计样线、样方，定期调查。在调查数据和观察结果的基础上，进行分析对比，密切监测可能的生态系统变动情况。

③水生生物多样性保护。水生生物多样性保护主要包括施工期水生生物保护措施、运行期鱼类资源恢复措施等，其具体内容见前面水源区水生生物保护。

⑶ 对水质污染的控制及减缓措施。禁止或限制投饵性网箱养鱼。研究表明，目前的网箱养鱼每投饵料100kg，就会有13～15kg直接散失于水体，而被鱼类摄食的只有85～87kg，且其饲料中只有25～35kg用于增加体重，41～48kg被鱼用于维持生命，剩下的10～12kg则未被鱼类消化吸收，以鱼类粪便形式进入水体，增加了水体的氮、磷含量。因此，应充分考虑水环境承载能力，禁止或限制投饵性网箱养鱼，可避免发生内源污染。

对于采沙作业，禁止在黄金峡水库内进行，以避免采沙船作业时油污染。同时也能避免由于采砂作业面广而造成水体悬浮颗粒增多，水质浑浊，水质下降。

另外，要搞好水库周边及洋县防护工程沿线绿化，保护生态环境，防止水土流失。

⑷ 对主要保护物种朱鹮的控制及减缓措施。为避免与消减生态影响，防护工程的施工营地、施工场地、弃渣场、采料场等占地应设在保护区以外，特别注意要绕避开保护区中主要保护对象朱鹮的觅食区，如在影响河段的黄安镇小渠村河段有较大面积的洲滩湿地，且由于该地距朱鹮的主要夜宿地之一草坝村较近，施工期应避开此区域。而且，鉴于鸟类对噪声和光线特殊要求，一方面，施工要尽可能在白天进行，施工车辆在保护区内尽量减少鸣笛，尤其严禁高噪声设备在夜间施工，保护区内不得设置混凝土搅拌站等；另一方面，为减少对朱鹮等鸟类干扰，防护工程施工人员在施工期间不要穿鲜艳的衣服。

同时，科学安排施工时间。根据朱鹮季节性迁移规律，可将施工时间安排在12～6月初，因为此时间段朱鹮分布海拔较高，未迁移到汉江一带低山平原活动，避开了朱鹮的游荡期，从而减少防护工程的施工对其产生的不利影响。对于朱鹮栖息停歇的树木则应实行严格保护，禁止施工时砍伐保护区高大树木。

为恢复与补偿生态影响，在水库蓄水后，结合汉江河道采砂整治，注意保护在黄金峡水库两岸或河道整治区的沼泽湿地植被。对于目前植被覆盖度不高的河滩植被，结合朱鹮觅食地恢复方案，尽可能地恢复汉江两岸沼泽草本植被，增加朱鹮的活动区域。对于洋县城西河口生境，应按照施工管理要求，控制施工活动在征地范围内进行，保护朱鹮的现有栖息地，同时加强冬水田、溪沟、洲滩、水库等湿地的保护。另外，应在汉江两岸洲滩附近朱鹮经常觅食地及建立人工模拟湿地中投放泥鳅、黄鳝、田螺、蛙类等。

在上述恢复朱鹮觅食地过程中，应当遵循3条恢复原则，即在地点选择上，坚持湿地恢复利于朱鹮的繁殖和觅食；恢复建设并注重生态保护，防止大开挖引起水土流失及泥石流等自然灾害；恢复规模按照“损一补一”的原则确定。其中，觅食地位于保护区范围内的苎溪河、党水河、酉水河中朱鹮可能栖息的开阔沟道，人工恢复适宜朱鹮生活的浅水滩、沼泽地、小溪流等仿自然湿地和水田等。

此外，汉江黄金峡水库以上249km干流河段，其中洋县到城固约40km已经位于朱鹮自然保护区实验区，通过汉江两岸草地植被的恢复可以作为朱鹮游荡期觅食的区域。城固以上约 200km 的汉江河段，后期通过加强汉江两岸草地植被的恢复，可满足朱鹮游荡期觅食草地上昆虫和蛙类的要求，朱鹮也将会到改河段两岸活动。因此，通过加强城固以上约 200km 河段两岸的草地植被恢复，将会增加朱鹮游荡期觅食面积，增加朱鹮栖息地范围。

为有效管理生态影响，应通过在保护区设监测点，施工期在保护区管理局临时增加保护和监测人员等方式来提高保护区的管理能力。例如，黄安镇小渠村河段有较大面积的洲滩湿地，该地距朱鹮的主要夜宿地之一草坝村较近，洋县防护工程施工期间，应注意加强施工人员管理，禁止施工人员惊扰、伤害保护区的朱鹮及其他野生动物。

再者，为了完善监测体系，可在保护区建设黄安朱鹮监测站，选择典型的监测样带，以达到对朱鹮种群及生境质量进行监测的目的。

2）陕西天华山国家级自然保护区

（1）对景观完整性的控制及减缓措施。此处需要提及的是支洞施工区应栽种栎类林等原生植被，以达到与周边森林景观相协调。4#支洞工区坡度在 10°～30°，施工场地平整，雨水季节易发生水土流失。根据水保设计，在工区周边布置排水沟，可防沟道洪水和雨水冲刷造成较大的水土流失。

另外，秦岭隧洞越岭段 4#支洞洞口所在的山坡陡峭，山体破碎、钻爆开挖后容易引起周围山体坍塌等自然灾害的发生，为了防止因工程建设引发自然灾害，在做好工程开挖面的山体加固的同时，还应做好保护区内新建道路和河堤的围护衬砌，防止因山体滑坡造成河流堵塞以及自然景观格局发生变化，对野生动物栖息地和森林植被造成影响。

由于施工弃渣运输及弃渣过程中也易造成麻河河岸破损塌陷，所以应加强麻河的水质管理，进行河岸修复治理来保护区水域景观，并禁止弃渣未经处理而直接排放和倾倒。

（2）对生物多样性的控制及减缓措施。为控制与减缓对生物多样性的影响，可采取的措施有：①植物多样性保护。该工程区需注意的是，三叶鬼针草、钻叶紫菀等外来物种，可采用目前防止外来物种入侵的常规方法来避免，即为植物检疫、人工方法防治、化学方法防治、生物防治等。结合本工程特点，建议加大宣传力度，将外来物种的危害以及传播途径向施工人员进行宣传来尽可能避免；对现有的外来种，利用工程施工的机会，将有种子的植物现场烧毁，以防种子扩散。②动物多样性保护。同陕西汉中朱鹮国家级自然保护区，此处不再过多重复。③对水生生物多样性保护的控制及减缓措施。一方面，优化支洞施工工艺，严格执行施工废水处理回用措施，防止油污泄入麻河等水体中，影响水体水质。另一方面，加强施工期管理，禁止施工人员下河捕捞鱼类，保护水生生物资源。

⑶ 对主要保护对象的控制及减缓措施。此处 4#支洞钻爆施工建议采用乳化炸药进行无声爆破，减少爆破震动和噪声对大熊猫等保护动物的干扰。另外，施工期含油废水、生活污水禁止随意排放，以此来保护麻河湿地水质。

在恢复与补偿生态影响时，可根据保护区大熊猫对生境的选择规律，施工结束后应在坡度平缓的地带种植郁闭度适中的大熊猫主食竹——巴山木竹林，同时栽种一定的乔木，为其提供一定的隐蔽条件。

为有效管理生态影响，加强施工人员的管理，禁止施工人员惊扰、伤害保护区的金丝猴及其他野生动物，施工人员除施工区域外不得随便进入保护区内。

为了提高保护区的管理能力，在保护区设置典型的监测点和检查站，施工期间在保护区管理局亦可临时增加保护和监测人员，以此来加强施工期和运行期对大熊猫等保护动物的生境质量及种群变化情况的监测。

3）陕西周至国家级自然保护区

⑴ 对景观完整性的控制及减缓措施。该保护区内的主要工程布置为 5#支洞，与陕西天华山国家级自然保护区类同，另需要注意的是要加强王家河的水质管理。对于施工弃渣运输及弃渣过程中造成王家河河岸破损塌陷的应进行河岸修复治理，禁止未经处理而直接排放和倾倒，以保护区水域景观。

⑵ 对生物多样性的控制及减缓措施。为控制与减缓对生物多样性的影响，可采取的措施有：①植物多样性保护。同陕西天华山国家级自然保护区，此处需要重申的是在运行期，主要监测动物生境的变化（尤其是工程建设后金丝猴等保护区主要保护对象的行为、分布等的变化情况）、施工区域周边植被的变化以及生态系统整体性变化。通过监测，加强对生态的管理，使生态向良性或有利方向发展。②动物多样性保护。同陕西天华山国家级自然保护区，需要注意的是施工结束后应做好保护区内新建道路和河堤的围护衬砌工作，防止因山体滑坡造成河流堵塞，影响王家河水生生态系统，影响保护区野生动物、水源质量。③水生生物多样性保护。同陕西天华山自然保护区。

⑶ 对主要保护对象金丝猴的控制及减缓措施。为避免与消减生态影响，首先，采取工程环保措施，例如，由于工程对保护动物的影响主要是噪声扰动，5#支洞钻爆施工时应采用乳化炸药爆破，减少爆破震动和噪声对金丝猴的干扰，同时鉴于鸟类对噪声和光线的特殊要求，施工尽可能在白天进行，施工车辆在保护区内尽量减少鸣笛，并禁止高噪声设备在夜间施工。其次，合理安排施工期，充分考虑野生动物的生活习性，禁止在觅食期、繁殖期和主要活动期进行施工。该区域有可能是金丝猴、羚牛、斑羚、黑熊、红腹锦鸡、勺鸡等国家重点保护物种冬季和早春的临时栖息地，冬季与早春又是金丝猴、斑羚、鬣羚等野生动物向低海拔区迁移活动期，且夜间也是野生动物活动的主要活动时间。因此，施工要尽可能避开野生动物活动频繁的季节和时段，特别是要合理安排工程材料和弃渣的

运输，减少工程施工的影响程度。再次，应保护王家河湿地水质，对于施工废水，先处理后回用。

为恢复与补偿生态影响，对于沿着王家河河岸的 5#支洞对外运输道路，因其可能受到施工弃渣运输的影响而造成部分路段路基破损，在施工结束后应对受损路基及河岸进行整治修复，防止雨季水土流失污染王家河水质，影响黑河水源地质量。

为有效管理生态影响，加强施工人员的管理，禁止施工人员惊扰、伤害保护区的金丝猴及其他野生动物，施工人员除施工区域外不得随便进入保护区内。同时，为了提高保护区的管理能力，在保护区建设东河口西大监测监督点和黄草坡检查站，加强施工期和运行期对典型监测样带中的金丝猴、斑羚、鬣羚、花面狸和红腹锦鸡等保护动物的生境质量及种群变化情况的全面监测，并于施工期间在保护区管理局临时增加保护和监测人员。

4）陕西周至黑河湿地省级自然保护区

(1) 对景观完整性的控制及减缓措施。同陕西天华山国家级自然保护区，需要关注的是 7#支洞工区坡度在 20°～30°，施工场地平整，雨水季节易发生水土流失。为了保持水土，在工区周边布置排水沟，以防沟道洪水和雨水冲刷造成较大的水土流失，并在施工结束后，对场地实施栽植灌木和播撒草籽的植被恢复措施，如栽种栎类林等与周边森林景观协调的原生植被。

除了做好水土保持工作外，由于越岭段 7#出渣支洞口位置所在的山坡陡峭，还要做好工程开挖面的山体加固和保护区内新建道路、河堤的围护衬砌工作，防止因山体滑坡造成河流堵塞及自然景观格局发生变化，影响野生动物栖息地和森林植被。

此外，更重要的是加强黑河的水质管理。对于施工弃渣运输及弃渣过程中所造成的黑河河岸破损塌陷，应及时进行河岸修复治理，并禁止弃渣未经处理直接排放和倾倒，保护区水域景观。

(2) 对生物多样性的控制及减缓措施。此处对生物多样性的控制及减缓措施同陕西汉中朱鹮国家级自然保护区。

(3) 对主要保护对象的控制及减缓措施。该区域需要注意7#支洞对外运输道路为国道108，沿着黑河河岸，施工弃渣运输可能会造成部分路段路基破损，在施工结束后应对其受损路基及河岸进行整治修复，防止雨季水土流失污染黑河水质，影响黑河水源地质量。

为了有效管理生态影响，在施工支洞、施工便道、施工营地等人员活动较易频繁的地带设置围栏，加强施工人员的管理，禁止施工人员惊扰、伤害保护区的大鲵、秦岭细鳞鲑及其他野生动物，施工人员除施工区域外不得随便进入保护区内。

同时，为了提高保护区的管理能力，可在保护区建设陈河监督监测站，并在施工期间临时增加保护区管理局的保护、监测人员。在施工期和运行期对典型监测样带的大鲵、秦岭细鳞鲑等保护动物生境质量及种群变化情况进行监测，可完善监测体系。

8.1.3 环境地质风险控制

1. 地质灾害风险控制基础

我国从 1999 年 2 月国土资源部颁布部长令《地质灾害防治管理办法》后，紧接着在随后的 12 月就实施了《关于实行建设用地地质灾害危险性评价的通知》。2004 年 3 月 1 日起实行的《地质灾害防治条例》和 2006 年 1 月 8 日国务院发布的《国家突发公共事件总体应急预案》等法律法规将我国的地质灾害风险评估与管理工作逐步推向法制化和科学化，并在减少和控制人为诱发的地质灾害方法中起到了不可低估的作用。

在这些法律法规的指导下，结合经济手段（如筹措减灾资金、推行灾害保险等）、行政手段（如进行减灾宣传教育、实施地质灾害勘查与监测等）、法律手段（如利用法律武器进行地质灾害管理）和技术手段（如制定各项减灾措施和技术标准）进行地质灾害的管理工作，已形成了一套有效的风险控制与管理手段。根据我国地质灾害划分，即 22 个崩塌滑坡易发区、17 个泥石流易发区、12 个地面沉降和地裂缝易发区，按照“属地为主，分级分类负责；以人为本，预防为主；统筹规划，突出重点；合理避让，重点防治；依靠科技，注重成效”的原则进行重点防治。因此，在一般地质灾害控制过程中，可以采取以下措施。

(1) 坚持“以人为本”，以防为主，防、抗、救相结合。坚持“以人为本”，把人民群众的生命安危放在首位，尽可能地减少人员伤亡，重点对受威胁的乡镇居民点及厂矿企业、学校、铁路、公路、水电站周围隐患点进行检测、勘查与治理。

(2) 树立全民减灾意识，提高全社会的防灾抗灾能力。事实上，大部分灾害损失都是人们减灾防灾意识的淡薄导致的，因此，提高全民的减灾意识是减少、减轻地质灾害造成损失的有效途径之一。

(3) 群众性与专业性相结合。一方面，利用高科技水平的专家队伍，运用科技方法和手段，通过综合勘查与评价研究，掌握各类灾害在不同地区的发生规律与成因机制，提出减灾对策；另一方面，事实证明，依靠灾区群众开展全民性的“群测群防”也是行之有效的方法。

(4) 突出重点，兼顾一般。首先，全面规划与重点防治结合，特别是对重大的关乎国家经济命脉的工程项目，要在沿线进行重点调查治理。其次，需要根据地质灾害点的稳定性、危险性和危险等级，结合地方经济发展规划，对地质灾害进行分期、分级治理。

(5) 减灾与发展并重，走可持续发展道路。发展才是硬道理——在发展的同时应兼顾减灾，绝不能因噎废食，更不能只发展而不减灾。事实上，地质灾害造成的损失往往都会很大，而且减灾的投入与效益比一般在 1:10 以上。

(6) 积极开展灾害科学研究，充分发挥政府的协调职能。灾害科学是涉及自然科学、社会科学以及人文科学的一种新型交叉学科。在研究灾害科学的过程中，不仅要加强相关学科的交流与交叉，加强合作，而且要引入新的技术手段，认清地质灾害发生发展规律，开展灾害评估、灾害社会学、灾害心理学等新兴领域的研究。

(7) 避免盲目发展，保护生态环境。事实证明，盲目的发展不仅是对环境资源的浪费，更是祸国殃民、贻害子孙的行为。因此，必须要走可持续的发展道路。

总体上，按照阿布拉莫夫的分类，上述的防治地质灾害措施可以归为两类：一是消极的或预防性措施——各方面的禁止(开挖及填土、植物的破坏及开垦、灌溉及引水、爆破工程的施工等)和限制(运输的行车速度、爆破的装药量等)；二是积极的或工程措施。对于降低地质灾害风险，工程措施是最直接的方法，但也是最昂贵的方法。因此，为了充分发挥环境与发展之间的效益，新建工程必须经过严格的成本效益分析，才可付诸实施。如果防灾减灾的投入比其本身的收益还要大，那么防灾减灾就没有了意义，此时就应该考虑规避或转移风险等措施。

实际中，防灾效益取决于防治条件下减少的地质灾害(期望)损失费用与防灾工程的投入费用，其表达式为

$$E = Q / I \tag{8-1}$$

式中，E 为防灾效益；Q 为防灾收益(或地质灾害期望损失费用)，亿元；I 为防灾工程投入费用，亿元。

从式(8-1)可以看出，防灾效益的高低主要取决于防灾收益与防灾成本之比。

因此，在进行地质灾害的减灾方案选择时，经常会用到三个指标，即减灾投入(又称减灾成本)、减灾收益和减灾效益。减灾投入是指减灾过程中投入的人力、物力、财力折算而成的经济指标。减灾收益是指没有采取减灾措施时地质灾害所造成的损失与采取减灾措施后地质灾害所造成的损失之差，这里不考虑成本问题，与减灾投入无关。用公式可表达为

$$\text{减灾收益=无减灾措施时造成的损失}-\text{有减灾措施后造成的损失} \tag{8-2}$$

减灾效益是指采取减灾措施后的实际经济效益，与减灾投入有关。用公式可表达为

$$\text{减灾效益=减灾收益}-\text{减灾成本} \tag{8-3}$$

由式(8-3)可以看出，当减灾效益＞0 时，说明收益＞成本，此种方案可行；

当减灾效益≤0 时，说明收益≤成本，没有可行性。

从经济学角度看，要以最小的减灾投入获得最大的防治效果，实现最佳的地质灾害防治效果与减灾投入比。

2. 地质灾害风险控制措施

根据上述地质灾害风险控制基础内容，对于本工程中地质灾害可能引发的滑坡、崩塌、泥石流等风险，可以采用下面这些针对各个风险而提出措施来专门预防。

(1) 滑坡的防治措施。引汉济渭工程需重点防治的滑坡共 3 处(H27、H47、H50)，其均为松散堆积层滑坡，稳定性较差，且分别对三河口库区和坝址构成了威胁。为了减少滑坡带来的环境风险，可采用以下措施：①将松散堆积层全部或部分开挖掉，增加滑坡体整体稳定性；②对浅层滑坡建议采取刷坡放坡、地表截排水等措施；③夯填裂缝，整平夯实滑坡体坡面，防止地表水渗入；④结合中小型抗滑支挡措施防治；⑤对威胁较大的滑坡，需勘察并治理以保证蓄水后滑坡保持稳定；⑥对水库蓄水后未完全淹没的滑坡，在蓄水前可在坡体后缘修建临时排水，必要时修建截排水沟。

(2) 崩塌的防治措施。根据建设规划不难发现，秦岭隧洞工程建设将产生 21 处硐口边坡，水库工程建设将形成 13 段边坡。随着工程的实施，其中有 4 处属于中等危险性，分别为 2 处(P5、PT)管坡开挖和 2 处(P9、P10)硐洞开挖，其均对拟建泵站设施及工作人员构成较大威胁。由此，我们可以采取以下几点防治建议：①对明显的小型或零星危石、孤石应及时清除，而范围较大的则可采取锚索加固，以防治掉渣掉块；②由于开挖高度较高，开挖形成的弃渣应及时运移至较低位置，防治弃渣随雨水冲刷，引起新的地质灾害；③硐口边坡部分可采用挂网、喷浆，修建护脚墙等防护措施；④必要时在边坡后缘修建截水沟，截取上部汇水；⑤管坡开挖时应对表层覆盖的松散对基层进行相应处理。

(3) 弃渣引发泥石流的防治措施。考虑到部分弃渣可能会设置于支洞洞口附近沟谷中，从而引发泥石流灾害，由此可采用以下防治建议：①对弃渣选择合适的堆放地，且弃渣不应过多压占河道，宜留出足够的行洪通道；②弃渣场应根据沟谷汇水面积大小而设置多级拦渣坝。拦渣坝建设时要注意建设质量，需稳固可靠，以免垮坝；③渣场堆积不宜过高，且渣场纵向需分段，这样即使一部分被破坏，也不至于引起全部溃坝。另外，弃渣场应结合当地水文参数设置排水设施。

(4) 隧洞穿越断层区的防治措施。由于秦岭地区东西走向断层发育，而引汉济渭隧洞类工程均为南北走向，穿越断层破碎带，因此，不难知道，在破碎带区域内开挖隧洞会引起随洞内发生崩塌灾害。在实际施工中，一方面，我们可以在开挖至断层破碎带区域内，减缓开挖速度，边开挖边治理；另一方面，可在洞内采取挂网、喷浆等临时防护措施来预防。

（5）其他一些防治措施。除了以上工程措施外，相关部门还可以采用监测预警、防灾减灾教育来降低运行中突发性灾害发生的可能性及减少其带来的损失。监测预警是由地质灾害具有多点、群发、突发性强的特点，且可能存在有很多明确意识到有风险但尚不清楚其大小和规模的滑坡而产生的。我国也在这方面投入了大量的人力物力，建立起群测群防的地质灾害监测预警体系。事实证明，这一体系在我国地质灾害中减少人员和财产损失作出了卓越的贡献。引汉济渭工程应根据自身条件建立起一套卓有成效的群测群防体系，让广大人民群众直接参与到地质灾害点的监测预防，能捕捉灾害前兆，并能及时发现险情预警和开展自救。而且，在汛期根据预警预报信息及时启动群测群防体系，能有效减少地质灾害造成的人员伤亡和财产损失。目前形成的中国特色群测群防体系、群专结合道路是我国地质灾害预防工作取得进一步提升的表现。所谓群测群防、群专结合就是在专业技术部门的指导下，在政府部门的组织下，以本地群众为主体，通过监测、查险、报险、避险等手段建立起地质灾害监测预警体系来开展地质灾害防灾减灾工作，是对专业监测的补充。据统计，全国已建立了多个地质灾害群测群防监测点并完成地质灾害群测群防网络发布系统，以随时了解监测信息。防灾减灾教育则包括两个主体，一个是对决策者的教育，一个是对公众的教育，两者缺一不可。对决策者的教育主要是对其辖区内进行地质灾害风险分析，让其意识到地质灾害危害程度及不采取有效措施可能导致的后果，以及如何在土地利用规划分区中贯彻地质灾害防治分区等。

8.1.4　公众健康风险控制

1. 传染病流行风险控制

传染病的特点是来势凶猛、危害大、传播范围广、社会影响大等，采取针对性的预防措施可减少、可控制传染病的传播。

1）建设中传染病流行风险防范

对于水利工程建设中传染病流行风险防范，主要是采取以下两种措施。

（1）改善环境卫生条件。由于传染病流行需要借助合适的媒介，因此对生态环境加以改善来消除细菌赖以生存的因素，对控制与预防流行性传染疾病具有重要的意义。改善环境卫生条件可通过改善施工人员的饮用水条件，保持饮水卫生，对饮用水要进行消毒；做好施工废物、生活垃圾、污废水等处理工作；让施工单位和施工人员积极贯彻《食品卫生法》，做好消毒、灭鼠和杀虫工作等方式来实现。

（2）加强卫生宣传和管理工作。健康教育是控制和预防疾病传播的有效方法。一方面，可以提高施工人员对各种流行疾病的传播途径、危害性及预防等相关知识的了解；另一方面，可以提高施工人员的自我保健意识，通过各种途径包括电视、讲座等，使其改变不良卫生习惯，从而达到预防疾病的效果。

倘若在工程建设中真的出现了传染病，第一，应在2h内通过疫情报告及时上报，立即成立疫情应急小组；第二，对传染病患者采取有效的隔离措施，疫区实行封闭式管理，同时加强宣传教育，避免出现恐慌及混乱；第三，凡与传染病患者有过接触的人员，应安排进入隔离观察区进行观察；第四，用消毒剂早晚进行消毒；第五，确定传染源与传播途径，采取相应的控制措施；第六，做好疫情检测的记录工作。

2）库区人群传染病流行风险防范

库区中的传染病大多通过水传播，因此，在防范过程中除了提高群众的自身抵抗力外，主要是保证水源的卫生性。

⑴ 健全卫生防疫。健全库区乡镇医疗卫生防疫机构，强化基层医务人员业务培训。另外，库区应按行政单位明确卫生防疫责任人，负责管理范围内的卫生防疫工作。

⑵ 进行库区清理。水库蓄水前要彻底清理库底。清理之前，应确定清理内容，制定卫生清理计划，具体库底清理环境保护可见本章水环境污染预防部分。至于原来在库区危害较大且易流行的疾病，可采用预防性服药、免疫接种等方法进行防治，以提高群众对该种疾病的抵抗力，预防疾病蔓延。

⑶ 进行库区卫生清理。在水库蓄水前，应该对农村居民生活区进行一次性清理和消毒。这种形式的消毒可选用苯酚药物按照《消毒技术规范》的要求，用机动喷雾器进行。

⑷ 消杀病媒生物。加强卫生管理，在库区生活区内大范围开展灭鼠、灭蚊和灭蝇活动，使鼠密度降至无危害水平，控制钩端螺旋体病、流行性出血热、立克次体病等自然疫源性传染病的流行。通过控制和减少媒蚊滋生地，预防疟疾、流行性乙脑的流行。其中，灭鼠可采用鼠夹法和毒饵法；灭蚊、灭蝇可选用灭害灵，但需要在卫生防疫人员的指导下，将药物和工具分发给居民使用。

⑸ 加强生活饮用水保护。蓄水后的第一、二年，需对库区生活饮用水源进行统一检查，并按规定对饮用水定期监测，加强对库区水源的改氟工作，使供水水质能符合《生活饮用水卫生标准》(GB 5749—2006)。

⑹ 加强卫生宣传与管理。加强库区卫生宣传与管理工作，利用黑板报、墙报、宣传画报等多种形式，宣传自然疫源性传染病、介水传染病、肠道传染病的防治知识，提高库区人群卫生知识水平和健康保护意识。

3）移民区传染病流行风险防范

与库区略有不同，移民区的人口密度大，所产生的生活垃圾、污废水量大，因此这个区域的卫生防护工作尤为重要。

⑴ 建立医疗卫生防疫保健体系。为确保移民健康，必须加强对移民新镇所

在乡(镇)卫生院、村卫生室医务人员及卫生防疫人员的业务培训工作。培训内容主要包括常见传染病的临床诊断；人群健康保护与监测的有关基础知识、基本技能和预防接种专业基础知识；对不同环境进行消杀和对消杀药品反应或中毒症状的观察急救等专业基础知识。据调查，当地主要乙类传染病为病毒性肝炎、肺结核、痢疾等，地方病主要为地氟病，因此，应该重点加强这些疾病的知识和技能的宣传与培训。

(2) 改善环境卫生。移民迁入新居时必须对居住区及周围环境进行卫生清理，如清除建筑垃圾；填平沟洼地及无用的池塘、泥潭；铲除房前屋后杂草；对排水沟、阴沟进行衬砌，疏通积水沟道等，尽量减少蚊虫孳生地，做好生活垃圾堆放点的规划工作。

(3) 加强病媒生物控制。病媒生物控制主要是通过灭鼠措施，使安置区淹没线以上鼠密度在水库蓄水后不超过现状水平或国家规定的标准，从而控制水库蓄水后传染病的流行。灭鼠的重点区域为室内及室外人群经常活动的地方，如鼠类较多的房前屋后及农田。考虑到水库蓄水后鼠类向高地迁移的影响，将范围扩大到水库淹没线以上。其中，室内灭鼠面积按移民建房的面积确定，采用 0.5%溴敌隆作灭鼠药品，间断投药，主要分两次投完，在第一天和第三天各投一次。另外，在灭鼠期间应加强卫生宣传教育工作，防止发生鼠药误伤人畜事件，并配备足够的医务人员和药品，能及时处理意外发生的鼠药中毒事件。

(4) 加强卫生宣传。通过在人群集中的地方办墙报和张贴宣传画，人群分散的区域发放卫生宣传小手册等方式，或利用广播、电视等媒体来加强卫生宣传，宣传内容应包括乙类传染病防病知识和计划免疫预防接种知识，主要目的是提高移民人群卫生防病知识和健康保护意识。

综上所述，要有效控制与预防传染病，归根结底就是破坏易感人群、传染源或传播途径中的任意一个传播因素。

2. *声环境风险控制*

声环境所造成风险主要集中在施工期间，则其控制主要分为水源区、输水沿线、移民安置三部分。

1) 水源区

(1) 施工机械噪声控制措施。施工时，应选用低噪声机械设备和工艺，若无法避免使用振动大的机械设备，则其在使用时要配套使用减振机座或减振垫，从根本上降低噪声源强，如砂石料筛分系统采用橡胶筛网、塑料钢板、涂阻尼材料等。同时，加强施工设备的维护和保养，保持机械润滑，降低运行噪声。另外，可运用吸声、消声、隔声等技术措施来降低施工噪声。

(2) 交通噪声控制措施。首先，施工单位必须选用符合国家有关环保标准的施工车辆，如符合《汽车定置噪声限值》(GB 16170—1996)的运输车辆等。机动车辆必须加强维修和保养。其次，在施工期间应合理安排施工时间，禁止夜间施工。黄金峡枢纽工程施工车辆在经过高家河村居民点和史家梁居民点、三河口枢纽工程施工车辆在经过高家坪村居民点时，均要尽量降低车速，夜间通行时还需禁鸣喇叭。

根据调查，黄金峡施工区左岸场内道路 17#、18#永久桥及两桥之间的路段附近和三河口施工区高家坪附近有居民点，则应分别在高家河坝所在场内公路和高家坪所在 9#施工道路设置 2 个限速标志。但由于受施工噪声影响的居民较少，且相对分散，建立隔声屏障的措施除投资较大，经济性较差外，还可能阻碍居民出行，经综合考虑，可针对受交通运输影响而声环境超标的高家坪村、高家河坝村受影响的 11 户居民点发放噪声补偿费来弥补其受到的施工运输噪声影响。

2）输水沿线

除施工机械噪声的控制同水源区外，输水沿线在爆破噪声、交通噪声控制方面可根据沿线施工特点而使用不同措施。

(1) 爆破噪声控制措施。首先，爆破噪声主要是在爆破过程中产生，可通过减少单孔最大炸药量，减少预裂或光面爆破导爆索的用量来降低噪声。其次，合理安排时间，禁止夜间(22:00～6:00)施工，同时应将爆破计划对周边的陈河乡三合村、王家河乡双庙子村居民点、王家河乡分散居民点进行告知，使得村民对爆破噪声有一定的心理预期，减少突发性爆破噪声带来的影响。对于受爆破噪声影响较大的0#支洞口附近的回龙寺村(10 户 40 人)、0-1#支洞口附近的小郭家坝村(6 户 24 人)，在施工期内实施环境临时搬迁(投亲靠友)，搬迁费用计入主体工程投资。

(2) 交通噪声控制措施。根据敏感点居民分布特点，在蒲河九年制学校、陈河口村居民点这两处受噪声影响较集中的区域于靠近施工道路一侧修建隔声屏。根据当地实际情况，隔声屏可采用砖砌，屏厚 48cm，高 3.5m，面向道路一侧抹灰刮平。而双庙子村居民点、王家河乡散户居民点这两处受影响敏感点由于受交通噪声影响的居民相对较少，且居住分散，对这两处敏感点受影响的居民点则可通过发放噪声补偿费来弥补其受到的施工运输噪声影响。

3）移民安置

施工单位除必须选用符合国家有关标准的施工机具，尽量选用低噪声设备和工艺，加强设备的维护和保养外，在选择机动车辆的喇叭时应选用指向性强的低噪声喇叭。同时，在居民区、学校附近，应控制车流量，对所经过的施工运输车辆还需减缓车速并禁止夜间鸣放高音喇叭。

此外，综合加工厂厂房应采用隔音材料对加工噪声进行降噪。

3. 环境空气风险控制

1）水源区

一方面，加强大型施工机械和车辆的管理。加强洒水降尘及清扫路面的力度，建议成立公路养护、维修、清扫专业队伍。黄金峡、三河口施工区可采取租车形式，在无雨天进行洒水降尘，每天 3～4 次，重要干道非雨日洒水不少于 4～6 次，特别是在两侧有居民点的道路段更应注意加强除尘；另一方面，优化施工工艺，采用除尘设备，可在运输车辆安装尾气净化器。同时，加强一线工人防尘劳动保护措施的实施，如加强办公生活区和交通道路两侧的场地绿化，在满足其绿化功能的同时，应尽量选择吸尘作用较强的树种。

2）输水沿线

(1) 燃油废气削减。加强大型施工机械和车辆的管理。施工单位应选用符合国家有关卫生标准的施工机械和运输工具，并定期维修、保养机械设备，对排污量大的车辆及燃油设备需配置尾气净化装置。另外，应及时更新老、旧车辆。

(2) 交通扬尘降尘处理。在施工阶段，可采用租车形式在无雨日对汽车行驶路面进行每天 3～4 次的洒水降尘，且重要干道非雨日洒水不少于 4～6 次。四亩地渣场运渣路、6#支洞和 7#支洞运渣路两侧有居民点，应更加注意加强除尘。

另外，各承包商营地内应结合水土保持和生态修复措施进行一定的景观绿化，起到同时吸尘、滞尘的作用。

3）移民安置

移民安置区的环境空气风险主要来源于洋县防护工程。一方面，对于施工中产生粉尘较大的筑堤土料场、弃渣场采取定点喷水湿法作业；施工开挖土料临时堆放地采取篷布遮盖，以免大风时产生扬尘。另一方面，对施工道路进行定期养护、清扫，每天定时对施工区道路洒水，给运输车辆加盖篷布、密闭运转，保持道路运行正常和清洁卫生，减轻车辆二次扬尘。

8.2 引汉济渭工程环境风险管理

环境风险管理体系是环境风险管理功能的系统集合，能指出针对突出的、具有共性的环境风险问题，并以风险防范为基本原则，对环境风险防控所涉及的风险识别、评估、应对、事故应急等内容，采取计划、组织、协调、监督等管理手段，以经济有效的方式降低环境危害，实现环境保护目标。本节将从管理机构、应急计划以及其他具体的管理措施三方面来展现引汉济渭工程在建设、运行期间的环境风险管理手段。

8.2.1 环境风险管理机构

目前，我国环境风险管理机构建设尚处在起步阶段，但是该机构的建设在环境风险管理中具有举足轻重的作用，尤其面对突发性的环境事件时，可避免因缺少专门的机构、专职的人员来行使环境应急管理行政职能而造成的不必要的社会经济损失。

1. 建设期

陕西省引汉济渭工程建设有限公司作为工程建设期的项目法人，负责引汉济渭工程建设、协调等管理工作，并下设综合管理部、计划合同部、工程技术部、移民环保部、财务部、信息中心等。其中，与环境保护工作有关的是移民环保部，其职责是组织、协调移民搬迁安置过程中的有关问题；并管理、协调工程项目区环境保护、水土保持和生态建设工作，协调工程影响区文物保护工作。按照职责划分，施工期环境管理临时机构作为移民环保处的组成部分，监督落实各项环境保护措施，协调各项环境保护工作。各施工期环境管理临时机构及职能见表 8-5。

表 8-5　施工期环境管理临时机构及职能

机构名称	机构职能
建设单位环境管理办公室	全面负责施工区环境保护管理工作，监督、协调、督促施工区内施工单位依照合同条款及审批的环境影响报告书、水土保持方案报告书及其批复意见，组织开展、落实各项环保措施的设计、施工及运行管理
环境监理机构	由具有监理资质的单位承担，依照合同条款及国家环境保护法律、法规、政策要求，根据环境监测数据及巡查结果，监督、审查和评估施工单位各项环保措施落实情况；及时发现、纠正违反合同条款及国家环保要求的施工行为
承包商环境管理办公室	作为工程施工期环境保护工作的主要责任机构，严格按照合同条款和招标文件中规定的环境保护及水土保持内容，具体实施施工单位承担的环境保护任务

2. 运行期

运行期，环境风险管理机构(现未确定具体机构)的主要职责如下。

(1) 负责落实工程运行期各项环境保护措施。

(2) 根据环境保护管理规定和要求，协同地方环保部门开展环境保护工作，参与库区蓄水前生态保护工作及库底清理工作。

(3) 通过监测，掌握各环境因子的变化规律及影响范围，及时发现可能与工程运用有关的环境问题，提出防治对策和措施。

(4) 制定库区生态与环境保护和建设规划方案，协同地方环保部门，开展库区生态恢复和环境保护建设工作。

(5) 组织开展环保科研工作。

8.2.2　环境风险应急计划

在建设工程项目实施的过程中，必然会遇到大量未曾预料的环境风险因素，或环境风险的后果比已预料的更加严重，使事先编制的计划不能奏效，所以必须重新研究应对措施，即编制附加的环境风险应急计划。

为减少引汉济渭工程的环境风险事故发生的危害，设立环境风险管理与应急处理办公室，并由建设单位移民环保处以及下设的现场环境保护管理机构环境管理(咨询)中心、工程环境监理单位、工程建设监理单位、施工单位、设计单位共同形成了引汉济渭工程环境管理核心。

该环境风险管理与应急处理办公室根据应急响应机制对可能发生的环境风险事故制定相应的环境风险应急计划，即应当清楚地说明当发生环境风险事件时要采取的措施，以便可以快速有效地对这类事件做出响应。

环境风险应急计划的编制程序如下：①成立预案编制小组；②制定编制计划；③现场调查、收集资料；④环境因素或危险源的辨识和风险评价；⑤控制目标、能力与资源的评估；⑥编制应急预案文件；⑦应急预案评估；⑧应急预案发布。

其中，一个完整的环境风险应急预案主要内容如下：

(1) 责任人。环境风险管理与应急处理办公室为风险应急预案责任人，由具备协调各地方和各职能部门能力的单位组织成立，统一负责应急计划的制定、启动、实施与演练，负责领导、协调各相关单位和机构共同参与应对环境风险事故，负责事故调查处理和对外发布信息。

(2) 人员组成。应急预案组成人员涉及各单位、职能部门和机构，应包括各级环保局、环境监测站、交通主管部门、公安部门、安全监管部门、各级水利局、河道管理局、工程建设单位、施工单位、沿线居民等。

(3) 制定应急抢护方案。相关单位组成污染、安全事故处理应急抢护小组，制定详细的应急抢护方案，应对可能发生的风险。

(4) 建立高效的应急机制。为确保应急预案顺利实施，高效有力地应对风险，妥善解决各方面的问题，需建立以下应急机制：①监测、监控机制。对于运输危险品的船舶和车辆，进行全过程监控。②事故报告及应急响应机制。环境风险管理与应急处理办公室、监测人员、应急抢护小组之间配备相应通讯器材，随时保持联系畅通，一旦发生污染或安全事故，立即通过层层上报，启动应急程序，并形成现场报告。③事故原因调查及责任追究机制。污染或安全事故发生后，在对其进行应急抢护的同时，组织相关人员进行事故原因调查，形成事故原因调查报告，并追究相关直接责任人的责任。

(5) 后勤保障及应急准备。风险管理与应急处理办公室保障应急预案涉及的各单位、部门人员之间应配备应急保障设备，并对各项设施进行定期维护，保证管理通畅有效、应急预案高效可行。平时，风险管理与应急处理办公室定期或不定期组织应急预案预演，检测处理效果并对预案进行及时补充修正。在风险事故发生后，风险管理与应急处理办公室负责对各相关部门和公众进行通报。一般应急响应的过程可分为接警、判断响应级别、启动应急预案、控制及救援行动、扩大应急、应急终止和后期处置等步骤。针对应急响应分步骤制定应急程序，并按事先制定的程序指导事故应急响应。图 8-1 表示应急响应流程。

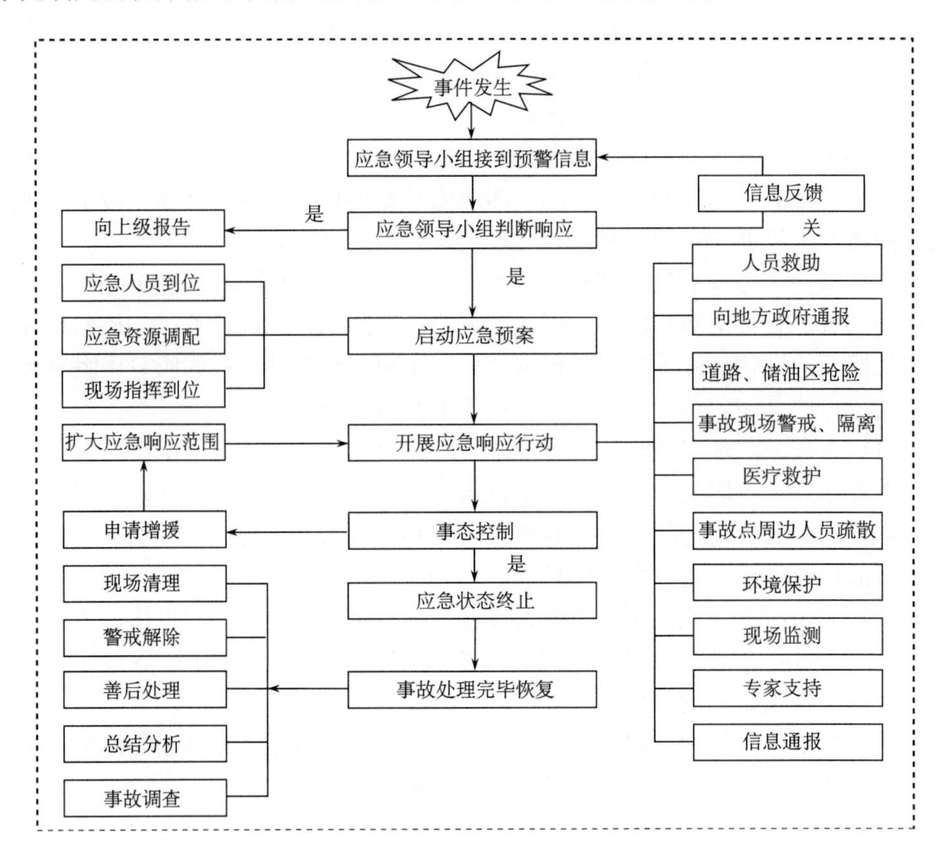

图 8-1　应急响应流程

(6) 环境污染应急处理。一旦发生环境污染事件，施工单位必须立即启动应急预案，并在事故发生后 30 分钟内向环境监理单位、环境管理办公室、建设单位归口部门如实通报事故发生的时间、地点、污染现状等情况；事故处理后，应当向环境管理(咨询)中心提交事故发生的原因、过程、排放污染物的种类、数量、危害程度、应急措施、处理效果、遗留问题等情况的详细书面报告。收到环境污染事故报告后，环境管理办公室应立即组织对施工可能的影响区域进行应急监测，组织对事故进行调查处理，并及时向当地人民政府环境保护主管部门通报相关情况。

8.2.3　环境风险管理措施

1. 加强环境监测和风险监控

工程项目在实施过程中，由于面临的各种自然条件非常复杂，与此相应的，面对自然条件所需要的技术手段也在不断变化，因此，预期环境风险会经常消失，而新的环境风险因素会不断产生。通过对工程建设和运行过程中可能产生的环境污染的监测，随时掌握工程环境影响范围内各环境因子的变化情况，及时发现环境问题并提出对策措施；并对工程影响区和移民安置区内的环境变化情况进行监测，以检查所采取环保措施的实施效果。此外，通过监视项目的进展和项目环境，核对环境风险管理策略和措施的实际效果与预见情况，可更加完善和细化环境风险应对计划，使将来的决策更符合实际。表 8-6 为环境风险总体的应对管理策略和应对措施。

表 8-6　不同环境风险总体的应对管理策略及应对措施

风险类型		管理策略	应对措施
自然环境风险	对永久结构的损坏	风险转移	购买保险
	对材料、设备的损坏	风险控制	加强保护措施
	火灾	风险转移	购买保险
	洪灾	风险转移	购买保险
	地震	风险转移	购买保险
	泥石流	风险转移	购买保险
	塌方	风险控制	预防措施
社会环境风险	法律、法规变化	风险自留	索赔
	污染及安全规则约束	风险自留	预留损失费

(1) 生态调查。水源区的生态调查包括黄金峡水利枢纽工程和三河口水利枢纽工程生态监测。监测区域为工程施工区、水库淹没区和移民安置区的生态环境。输水沿线生态调查对象包括秦岭隧洞施工区陆生生态，工程沿线国家重点保护野生动植物、受地下水影响区域植被。

(2) 水生生物调查。水生生物调查包括调查黄金峡库区和三河口库区鱼类资源量(种类组成、种群结构、资源量、种群动态)、早期资源种类组成与比例、分布、早期资源量、水文要素(温度、流速、水位)、产卵场的分布与规模、繁殖时间和频次；浮游植物、浮游动物种类和数量，底栖动物的种类和数量。

(3) 水环境监测。为更好地实现水环境监测，应建立不同的监测站：①常规监测站。在黄金峡水库、三河口水库库尾设置监测断面，以反映水库入库水质状况；在黄金峡水库、三河口水库坝上断面设置监测断面来反映水库出库水质状况，并与自动站监测结果相互参照、比对和补充。②自动监测站。在黄金峡水库泵站取水口、子午河两河口建设自动监测站，起到水源区水质预警预报的作用。③移动监测。通过移动监测车、船等方式进行现场水质监测，主要加强对库区突发性污染事故的机动、快速、应急监测，并对库区主要取水水域、排污口开展监督性巡查，通过移动实验室监测分析，满足快速反应的要求。④事故应急监测。加强水库内污染事故监测(包括水体富营养化的监测)，拟通过监测船对库心、水库沿岸和库湾进行巡测。

(4) 施工期环境监测。施工期环境监测主要包含三个方面：①饮用水源水质监测；②施工生产废水、生活污水、周边地表水等污染源监测；③噪声和环境空气监测。在砂石料加工区、办公生活区、渣场居民点、运输道路沿线集中居民点等处设置监测点。

(5) 移民安置区污染源监测。在迁建集镇和农村集中安置点生活污水处理设备排污口处、河流下游 500m 断面处分别设监测点。

2. 提高建筑物检查与养护强度

建筑物在建成到竣工验收期间，生产运行管理人员需了解工程设计与施工概况，掌握施工过程中的质量情况及地质条件等，在工程竣工移交运行管理单位前，应根据设计文件和有关竣工移交运行管理单位前，根据设计文件和有关竣工验收规定进行全面检查，发现问题及时处理，并做好详细记录以便存档备查。除此之外，建筑物在运用中，仍需要定期检查与养护，包括闸、坝、泄水建筑物及输水建筑物等。

(1) 闸、坝的检查与养护。为了更好地实现对闸、坝的检查与养护，应遵循以下原则：①闸、坝表面有磨损、冲刷、风化、剥蚀或裂缝等缺陷时，应加强检查观测，分析原因后采取补救措施。如果继续发展，应立即修理。②闸、坝本身的排水孔及其周围的排水沟等，均应保持通畅，如果有堵塞、淤积，应加以修复。修复时可人工掏挖、压缩空气或高压水冲洗，但压力不宜过大，以免建筑物局部受损。③闸、坝运用中发现基础渗漏或绕坝渗漏时应仔细摸清渗水来源。在查明原因后，应立即进行处理。④闸、坝附近禁止爆破，如果确因工程需要而爆破，应事先做好安全防震措施。⑤闸、坝首次达到设计水位后，应进行全面检查。

(2) 泄水建筑物的检查与养护。为了更好地实现对泄水建筑物的检查与养护，应遵循以下原则：①泄水建筑物在泄洪前要进行详细检查，彻底清除溢流面上或消力池内的堆积物及引洪障碍物。②泄洪过程中除要进行定期观测外，应注意检查建筑物的工作状态和防护工作，如打捞或拦截上游漂浮物，以免堵塞拦污栅、泄水孔口或撞击坝面、闸墩或闸门。严禁船只在泄洪时靠近泄水孔的进出水口附近，以免发生事故。③泄洪后应对消能设施进行检查，如果有冲坏，应及时处理；检查上下游截水墙等防渗设备是否完整；检查泄洪洞及消力池内有无砂石等杂物堆积；检查隧洞的进口段、弯曲段、闸墩和门槽等易发生气蚀部分是否发生气蚀损坏。

(3) 输水建筑物的检查与养护。在水库蓄水过程中，主要加强对洞身有无变形、裂缝的检查。在输水期间，一方面要经常注意观察和倾听洞内有无异常声响，如听到洞内有咕咕咚咚阵发性的响声或轰隆隆的爆炸声，说明洞内有明满流交替的情况，或者有些部分产生了气蚀现象；另一方面，要经常观察洞的出口流态是否正常，如泄流不变、水跃的位置有无变化、主流流向有无偏移、两侧有无漩涡等，以判断消能设备有无损坏。在停水后，应注意洞内是否有水流出，检查漏水的原因，并对下游消能建筑物要定期检查有无冲刷和损坏。

此外，输水建筑物的闸门和启闭机械要经常进行检查养护，保证其完整和操作灵活。对闸门启闭机械要经常擦洗上油，保持润滑灵活；启闭动力设备要经常检查维修，确保工作可靠，并应有备用设备。

3. 强化环境监理

环境监理机构应召开首次会议和定期例会，明确并细化工程有关各方的职责分工、工作程序、各阶段环境保护工作重点和敏感地区环境保护工作要点等情况，时常通报阶段性环境保护现状，并提出相应的整改要求和改进措施。其中，环境监理人员可通过核实与对比、巡视与旁站、检查与追踪、记录与报告、类比分析、监测验证、专题会议和组织协调等方法来高效完成其主要工作。

(1) 定期监督检查施工单位的环境风险管理体系执行情况，并对体系运行的有效性进行评估。

(2) 开工前必须审查施工单位编制的施工组织设计和环境保护措施。

(3) 应按照法律、法规和工程建设强制性标准、环境影响评价报告及其批复文件核实设计文件的符合性。

(4) 对工程建设中产生的污染环境、破坏生态的行为进行监督管理。发现各类污染环境、破坏生态的隐患时，应立即书面通知施工单位，并严格督促其限期整改；情况严重的，总监理工程师应及时下达工程停工令，要求施工单位停工整改，并同时报告建设单位。

(5) 定期组织施工单位、工程监理单位对存在重大环境污染和生态破坏隐患进行巡视排查，并提出解决建议。及时要求施工单位采取相关解决措施，避免重大环境事故发生。

(6) 对发生的环境污染和生态破坏事件应及时向移民环保处进行汇报，向施工单位进行技术指导和处理建议。

(7) 时常组织环保宣传和培训，指导和监督“三同时”的有效执行。

(8) 对环境保护工程建设过程中的主要部位的隐蔽工程、防渗措施进行重点旁站监理。

(9) 对现场环保设施的运行情况和效果进行监督管理。

(10) 参加环保试生产审查和环保专项验收工作。

4. 推进公众参与力度

为了加大公众对引汉济渭工程特别是库区环境保护的参与度，一方面，可通过建立健全环境信息公开制度(如规定库区环境管理机构应该向公众发布有关库区环境容量、污染物排放总量控制指标和重点排污单位排放等情况)、维护公众参与库区环境管理的权利(如规定在库区环境管理的决策过程中广泛听取公众的意见和建议)、加强公众对库区环境管理的监督权等方式来保障公众参与的权利；另一方面，通过宣传引汉济渭工程相关知识及相应的环境保护法律法规等来提高公众参与决策的能力和质量。通过强化公众参与，更好地实现环境风险的群防群治。

5. 开展前言科学研究

目前，在环境风险管理系统中，识别、预测、分析和评价都有许多不完善的地方，需要不断深入研究。其中，非常重要的是建立完善的污染物释放、迁移模型，人群照射损害模型等，进一步降低其对环境和人类的危害。

参考文献

冯宁. 2010. 工程项目管理. 郑州: 郑州大学出版社.

耿雷华, 姜蓓蕾, 刘恒, 等. 2010. 南水北调东中线运行工程风险管理研究. 北京: 中国环境科学出版社.

顾慰慈. 1994. 水利水电工程管理. 北京: 水利水电出版社.

罗冬兰, 傅春, 鄢帮友. 2003. 公众参与水利工程决策浅议. 中国水利, (12): 13-14.

刘立忠. 2015. 环境规划与管理. 北京: 中国建材工业出版社.

李升. 2011. 大坝安全风险管理关键技术研究及其系统开发. 天津: 天津大学硕士学位论文.

邱海军. 2012. 区域滑坡崩塌地质灾害特征分析及其易发性和危险性评价研究——以宁强县为例. 西安: 西北大学博士学位论文.

王金南, 曹国志, 曹东, 等. 2013. 国家环境风险防控与管理体系框架构建. 中国环境科学, 33(1): 186-191.

王少军. 2007. 溃坝洪水与大坝风险管理. 中国减灾, (11): 30-31.

乌云娜. 2009. 工程项目管理. 北京: 电子工业出版社.

孙云书. 2014. 流行性传染病的控制与预防措施. 药物与人, 27(12): 362.

孙智慧, 王芳. 2012. 流行性传染病的控制预防方法浅析. 中国现代药物应用, 6(12): 64.

肖进. 2009. 重大滑坡灾害应急处理理论与实践. 成都: 成都理工大学博士学位论文.

肖伟能. 2011. 浅析水利水电工程的风险管理. 建筑工程, (2): 52-53.

周建国. 2007. 工程项目管理基础. 北京: 人民交通出版社.

张慧. 2013. 我国地质灾害防治法律制度探析. 延安职业技术学院学报, 27(3): 115-116.

张士辰, 彭雪辉. 2015. 我国水库大坝安全管理应急预案存在的主要问题与对策. 水利发展研究, (9): 25-29.

郑守仁. 2012. 我国水库大坝安全问题探讨. 人民长江, 43(21): 1-5.